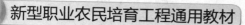
新型职业农民培育工程通用教材

新编叶类蔬菜高效优质生产技术

◎王 昊 王海忠 主编

U0393263

中国农业科学技术出版社

图书在版编目（CIP）数据

新编叶类蔬菜高效优质生产技术／王昊，王海忠主编．—北京：中国农业科学技术出版社，2017.7

新型职业农业培育工程通用教材

ISBN 978-7-5116-3071-1

Ⅰ.①新⋯ Ⅱ.①王⋯②王⋯ Ⅲ.①绿叶蔬菜–蔬菜园艺–技术培训–教材 Ⅳ.①S636

中国版本图书馆 CIP 数据核字（2017）第 096210 号

责任编辑	徐 毅
责任校对	马广洋

出 版 者	中国农业科学技术出版社
	北京市中关村南大街 12 号 邮编：100081
电 话	（010）82106631（编辑室） （010）82109702（发行部）
	（010）82109709（读者服务部）
传 真	（010）82106631
网 址	http://www.CASTP.cn
经 销 者	各地新华书店
印 刷 者	北京昌联印刷有限公司
开 本	850mm×1168mm 1/32
印 张	9.125
字 数	220 千字
版 次	2017 年 7 月第 1 版 2017 年 7 月第 1 次印刷
定 价	32.00 元

前　　言

　　叶菜类蔬菜种类较多，营养丰富，风味独特，是人民生活中必不可少的一大类蔬菜。由于叶菜类蔬菜多为植株营养体，大多数种类适应性强，在一般气候环境、土壤条件下均能生长。一年中可以多次播种、多季节生产，但是要达到高产、优质、高效益的目的，就必须按照先进的、科学的栽培技术和有效的、实用的管理措施进行生产，尤其是高质量的种子生产，遵循各类蔬菜的生物学特性并与当地的生产条件相适应，促使其快速、健康生长发育，使当地生态条件与自然资源得到充分利用。大力发展叶用蔬菜生产，不断提高种植者经济效益，是保障和满足群众对叶菜类蔬菜的消费需求，改善和提高人们生活膳食水平的基础。

　　作者根据自己长期的农业科技推广、科学研究、教学培训实践工作与体会，结合培训学员、蔬菜生产专业户、广大菜农对实用技术的渴望与需求，对生产中常见问题的了解以及普遍对叶菜类蔬菜高产栽培方法、新品种的利用、高质量种子生产等技术方面的浓厚兴趣，在多次调研与培训学员交流的基础上，又查阅了大量的相关文献资料佐证完善本书内容。编写过程中力求突出实用性强、可操作性好、技术要点明确、叙述简单清晰、语句通俗易懂、内容新颖系统，从商品菜高产优质生产和原良种种子高效生产两方面重点对 30 余种叶菜类蔬菜从概述、高产栽培关键技术、主要利用的品种类型、种子繁育技术等方面作了较为详细的介绍。全书结构严谨，具备了科学性强，技术先进成熟，利用价值高等特点，对指导叶菜类蔬菜生产实际，推动蔬菜生产的快速发展具有重要的意义。

由于作者水平有限，加之时间仓促，书中不妥之处在所难免，敬请广大读者批评指正。

编　者
2017 年 3 月

目　录

第一章　普通叶菜类

【学习目标】了解当地主要的普通叶用蔬菜的名称、类型，生物学特性，生长发育特点，大田生产基本环节，关键栽培技术要点，熟悉其生产栽培全过程，市场需求状况及变化规律，能够科学高效的进行普通叶菜类蔬菜种植，能生产出更多的普通叶菜类优质蔬菜；熟练掌握普通叶菜类蔬菜种子的繁育特点、基本方法、种子生产关键技术、制种基本环节与技术要求和种子生产的全过程，能生产出各种普通叶菜类蔬菜的优质种子以满足市场需要。

【小知识】叶菜类概念与特点

（1）叶菜类蔬菜概念。其概念是以肥嫩的植株叶片、叶柄和嫩茎作为食用部位的蔬菜。为人类最主要的蔬菜类型之一，它们营养丰富，品种繁多，生长期短，采收灵活，因此，备受喜爱，栽培十分广泛，我国栽培的叶菜类有 10 多个科、30 多个种，常见的有苋菜、菠菜、小白菜、荠菜、大白菜、结球甘蓝、芹菜、韭菜、葱、茼蒿、茴香苗、蕹（weng）菜、芫荽（sui）、油麦菜、乌塌菜、苦菊菜、空心菜、芥蓝、莴笋叶、甘蓝、包菜、甜菜、雪里红菜、香菜、生菜、黄芽菜、小叶芥菜、木耳菜、叶用野菜等。

（2）叶菜类蔬菜的分类。其分类按照植株特点一般可分为：普通叶菜、结球叶菜和香辛叶菜 3 种类型；按照对环境条件要求不同，一般分为两大类型。一类为喜冷凉湿润环境，如菠菜、黄心菜、茼蒿、芫荽、芹菜、莴苣等冬菜类，生长适宜温度 15 ~

20℃，能耐短期霜冻，多属高温长日照作物，低温冷凉条件下生长良好，在高温长日照条件下有利于抽薹开花；另一类是喜温暖而不耐寒，如苋菜、落葵（空心菜）、蕹菜等，生长适宜温度20~25℃，高温条件下，生长迅速，多属于短日照作物，日照缩短有利于生殖生长。

（3）叶菜类蔬菜生产特点。尽管叶菜类蔬菜种类繁多，形态各异，适宜的生存环境不同，但其有许多共性特点，如多为植株营养体，一般个体小，生长迅速，以叶片、叶球、叶丛、变态叶和叶柄、嫩茎为产品，没有严格的采收标准或采收期限，适于分期排开播种，较长时期收获上市，对满足人们日常需要，改善群众生活，保障市场供应有着重要意义。而且生产技术简单易操作，生产周期较短、市场需求量较大，销售价格比较稳定，种植风险较低，种植效益较高。

（4）叶菜类蔬菜营养特性。叶菜类蔬菜一般含有丰富的叶绿素、维生素、多种氨基酸、胡萝卜素、核黄素、膳食纤维素以及糖类、磷、钾、铁、钙、镁、锌等元素，对维持人体新陈代谢和营养元素平衡有着积极作用，有的叶菜类蔬菜还有提神醒目、降低血脂、宽肠通便、润泽皮肤、延缓衰老、清热止咳、解毒消肿、防癌抗癌、增加食欲、调节人体酸碱平衡、强身健体等特效功能。

（5）叶菜类蔬菜需肥水特点。大多数叶菜类蔬菜的根系较浅，生长迅速，而且种植密度很大，因此，对肥水条件的要求较高。其营养特性是氮素充足时，叶片柔嫩多汁而少纤维；氮素不足时，则植株矮小而纤维多，叶面积小，色黄而粗糙，食用品质降低，商品价值减少。多性喜硝态氮，当以硝态氮为主要氮源时，生长良好；对磷钾的吸收量高，缺磷钾时则反应敏感，对产量、品质、风味有一定的影响。大多数为营养体，对肥水养分需要量大，复种指数高，所以，需养分量比粮食作物要多；叶菜类蔬菜的可食部分比例大，归还给土壤的养分相对比较少，所以，带走的养分多；对某些养分有特殊需求，对磷、钾和钙的需求量大，对缺硼、缺铁、缺锌和缺钼比较敏感。

第一节　上海青（小青菜类）

一、概述

上海青，又称为小青菜或青菜，也有称为上海小白菜、上海白菜、苏州青、青江菜、青姜菜、小棠菜、青梗白菜、青江白菜、瓢儿白、汤匙菜，是各地区最常见的叶菜类品种之一。小青菜包括不结球白菜（小白菜）、青菜、油菜等，植物学分类上属十字花科芸薹属芸薹种小白菜亚种的变种，其种类和品种繁多，生长期短，适应性广。上海青为小青菜的一个种类，叶少茎多，菜茎白的像葫芦瓢，叶片椭圆形，叶柄肥厚，青绿色，株型束腰，美观整齐，纤维细，味甜口感好。上海青喜冷凉，在18～20℃，光照充足下生长最好，-3～-2℃可安全越冬。有些品种也可在夏季栽培，栽培时，必须按季节选择适当的品种。栽培土壤以壤土或沙质壤土为佳，排水、日照需良好。

二、高产栽培技术要点

1. 选择对路品种

生产上应根据种植季节，选择对路品种。早春或秋冬栽培，要选用抗冻耐寒、耐涝、抗病虫的品种如上海青。春末夏季应选择耐热、抗抽薹、抗病虫害性较强的品种如热抗白等。

2. 施足基肥整好地

高效种植小青菜，需要选择土壤肥沃，排灌方便，没有土壤传染的十字花科蔬菜类病害的地块，前茬作物收获后及时清除田间杂草杂物残茬，每亩地施优质腐熟有机肥 2 500～3 000kg、氮磷钾复合肥 50kg 作基肥，撒匀后深翻耕 20～25cm，整地作畦，一般畦宽 2m 左右。

3. 适时播种

一般采用撒播或条播，也有育苗移栽的，露地栽培 3—10 月均可种植，以秋播较好，即 8—10 月播种，每亩（1 亩 ≈ 667m²。全书同）用种子 0.5～1.0kg，要求做畦后，用铁耙或者铁锹将土坷垃打碎，田间畦面整平，种子拌少量细沙土均匀撒播。播种后早晨和傍晚各浇洒 1 次水，保持土壤湿润，有利于小青菜的出苗生长。

4. 出苗后管理

出苗后结合土壤墒情和天气情况，轻浇勤浇水保持地面湿润，可结合浇水施 1～2 次稀粪水，以后只浇水不施肥，以水调肥。

5. 除草治病虫

生产叶菜类最好采用人工除草，确保蔬菜质量。若用除草剂除草，一般应根据当地田间杂草针对性选择，小青菜宜在播前用丁草胺乳油 100～125mL 加水 50kg 均匀喷洒，注意不能用乙草胺除草剂。出苗后或 2 叶期前喷一次乐斯本防治跳甲。有少量害虫为害即用菜喜、绿净等高效、低毒、低残留农药对水低浓度喷洒防治。采收前 15 天停止喷施任何农药，有条件的提倡覆盖防虫网防虫。

黄淮流域春、夏、秋三季均可播种，夏季炎热生长快商品性差，以春、秋种植生产为佳。小青菜极易出苗，可直播，也可育苗移栽。大田种植以直播为主，关键技术是高质量整好地施足基肥，耕地深度以 15～20cm 为宜，作好畦，用细孔喷壶浇透水，待水下渗后，将种子均匀撒播在土壤表层，用种量适中，然后覆一薄层土，若温湿度适宜 2～3 天即可出苗。小青菜采收没有统一的标准，一般在播种后 20~60 天均可采收。属喜温暖湿润的环境，不耐热，有些品种较耐寒，发芽适宜温度为 20~25℃，生长适温在 15~20℃，25℃以上生长不良，易衰老，口感差。如果遇到长时间缺水，品质会变差，纤维含量会增多。小青菜对光照要求不严，阳光充足有利于生长，光照过弱会引起徒长。在肥沃疏松的土壤上栽培为宜，夏天每天轻浇 1 次水，春秋两季每 3~7 天轻浇 1 次水，以保持土壤表面不干燥有利高产。

三、主要品种简介

1. 长征 2 号

长征 2 号系杂交种，由上海市嘉定区农业技术推广服务中心和长征种子公司共同选育而成的杂交新品种。该品种叶色鲜绿略深，叶勺形，叶帮绿，生长速度快，耐热性较强，适口性好，适宜夏季栽培。一般播种后 30 天株高 19~20cm，开展度 26~29cm，叶数 10~12 片，最大叶长 19~21cm，叶宽约 8cm，叶柄长 9~11cm，叶柄宽 2.1~2.3cm，平均单株质量 45~60g，亩产量（1 亩 = 666.7m^2，下同）1 600~2 000kg。

栽培要点：夏季栽培以直播方式为主，采用精量播种或育苗移栽的，宜在播种后 30~40 天上市。

（1）播种育苗。播种前 10 天左右，亩基施蔬菜专用复合肥（N∶P∶K = 10∶5∶10）40kg，翻耕 25~30cm，平整作畦，畦宽 2m（连沟），沟深 0.25m，每 20m 开 1 条腰沟，四周开围沟，做到深沟高畦，三沟配套，以利排灌；播种前，隔夜浇足底水，床面均匀撒播，亩用种量 300~400g，夏季播种后覆盖遮阳网保湿。

（2）加强苗期管理。出苗后及时揭去遮阳网，及时拔除细嫩苗控制密度，同时，拔除苗床杂草，适时补水保持苗床适宜墒情，水分过多时及时排水。

（3）及时定植。定植前 1 天，苗床浇足水，起苗时用手拔起即可，按大、小苗分级摆放定植，剔除劣苗，定植株行距为10cm×8cm，定植后浇定根水，一般选择阴天或傍晚定植。

（4）重视田间管理。夏季温度高，水分蒸发量大，土壤应保持湿润，若干旱一般应在傍晚浇水；可根据市场行情及时匀稀，间大留小，逐步上市；一般无需追肥，也可根据苗情长势适量追肥，一般亩施尿素10kg左右。

（5）虫害防治。主要有黄曲条跳甲、小菜蛾、菜青虫等虫害，对黄曲条跳甲可在播种前用辛硫磷颗粒剂进行土壤处理，亩用量4~5kg，出苗后用啶虫脒2 000倍液喷雾防治1~2次；小菜蛾、菜青虫可用除尽（溴虫腈）、三令（甲氨基阿维菌素）、安打（茚虫威）等高效低毒低残留农药轮换防治。

（6）采收。夏季青菜生长速度快，一般播种后20天左右第一次采收，播种后35天左右第二次采收。一般定植后约25天，待植株封行、单株质量40~50天时即可根据市场行情进行采收。

2. 新矮青

（1）特征特性。该品种植株直立型生长，成熟植株高19cm左右，开展度32cm，叶绿色、叶面光滑、阔椭圆形，最大叶片平均为17cm×15.5cm，叶柄长5.8cm、最宽处6.4cm、厚1.2cm，叶柄淡绿色、扁平肥厚。该品种抗病毒病、霜霉病和黑斑病，耐寒性强，适宜秋冬季节栽培，适宜播种期为8月中旬至9月下旬，成株平均单株重约57.5g，平均单产3 000kg/亩，比小叶青增产10%以上。

（2）产量表现。新矮青不仅园艺性状优良，抗病性强，而且丰产性明显，三年区试平均单产为3 061kg/亩，比小叶青平均增产10.6%。试验结果还表明，新矮青具有较强的耐寒性，冬季栽培品质好、产量高，综合性状优良，丰产性能好，适应范围广，市场潜力较大，增产效益显著。

（3）栽培要点。新矮青宜作秋冬季节栽培，适宜播种期为8

月中旬至 9 月下旬。播种后应保持充足的土壤含水量，以利出苗。该品种可作原地菜或移栽菜栽培，作移栽菜栽培时苗龄以25~30 天为宜。整个生长期间，肥水管理以促为主，不控制水分，肥料以基肥为主，追肥 1~2 次，每次一般亩施尿素 10kg 左右为宜。

3. 新夏青

（1）特征特性。新夏青中矮生类型，生长势强，叶绿色偏淡，椭圆形，叶面光滑，叶柄宽、淡绿色，播种后 15~40 天均可采收，产量高，耐热、耐湿，抗病毒病和霜霉病，具较强的抗逆性，适应范围广。该品种生长迅速，粗纤维含量少，质地脆嫩，品质优良，风味鲜美。

（2）产量表现。多年多点试验结果表明，新夏青不仅园艺性状优良，抗逆性强，适合夏季生产，而且产量高，播种后 35 天平均总产量可达 1 600kg/亩以上，比"华王"对照品种增产30%以上，比对照"605"增产 10%以上。同期进行的多点示范推广试验也表明，该品种综合性状优良，丰产性能好，由于"新夏青"具有良好的商品性，适应范围广，受到生产者和消费者的欢迎，应用潜力较大，增产效益显著。

（3）栽培要点。新夏青宜夏秋季栽培，4—10 月上旬均可播种，特别适合夏季（6—7 月）生产，以直播为主，也可育苗移栽。直播用种量 1.5~2kg/亩，播种后出苗期应保持的土壤湿润，以利齐苗。前期间苗上市。育苗苗龄为 20~25 天，种植密度为10~15cm^2。秋季栽培 8—9 月上旬播种，以育苗为主，苗龄为 25~30 天，种植密度为 15~20cm^2。整个生长期间，肥水管理以促为主，不控制水分，肥料以基肥为主，追肥 1~2 次，每次一般亩施尿素 10kg 左右为宜。

4. 绿星青菜

绿星青菜属杂交一代青梗小白菜，株高 30cm 左右，株型直立，头大束腰，生长整齐，叶片广卵圆形，绿色、光滑，叶柄绿白色。成株采收叶片数 22~25 片，单株重可达 600~700g，外形优美，商品性好，可周年栽培，比"上海青"小白菜增产 30% 左右。适应性强，耐热、耐寒，抗病虫，尤其在高温三伏天，病虫害重发生期，受害株率显著低于其他品种，成为无公害蔬菜首选品种。

四、种子生产技术

小青菜类蔬菜的常规品种多是异质稳定的群体，其种子生产方式主要有成株采种法、半成株采种法和小株采种法；生产的种子级别（世代）与纯度一般分（系种）原原种、原种和大田生产用种 3 个层次，每个层次又可分 1~3 个等次；种子生产程序都是：原原种（系种）→原种→大田生产用种。

1. 原种生产技术

原种生产大多采用母系成株选择法进行提纯。具体做法是：秋季在原种繁育田或采种田中，从苗期到莲座期进行多次观察比较，选择若干具有本品种典型性壮的优良单株，加以标记，在采收前再复选一遍，随时淘汰表现不良或感病的植株，将多次选择中表现良好的植株连根挖出，置于温室或地窖中保持适宜湿度防寒越冬。

华北地区在翌年 3 月中、下旬定植在采种田或大棚内，如定植在采（繁）种田，则四周必须保持 2 000m 以上隔离距离，采（繁）种田周围不得有任何其他十字花科品种蔬菜种植。定植时要做到下不露白、上不压心，栽后及时浇水确保成活。缓苗后开始生长，要及时中耕松土保墒提温，还应及时追肥促长，有助于定植后的扎根，提高种株耐寒、耐旱能力。当植株开花后，让群体内植株间自然传粉，如在大棚内定植，棚内最好放蜜蜂辅助授粉，种子成熟后，各单株分别采收、脱粒、留种和保存。

第二年秋季各单株的种子分别种 1 个小区，建立母系圃。在各个生育时期进行观察比较，选出具有本品种特征特性的、系内株间无差异的、系间也基本表现一致的、抗病丰产的母系若干个，插杆标记。收获时将各中选的母系的优良单株收在一起（一般最少要在 50 株以上，最好总株数在 200 株以上），冬季窖藏防寒。

第三年春季，采用与上年相同的方法定植栽培和田间管理。采用株间自然授粉，种子成熟后混合采种，既为原种。如果第一次母系选择后纯度仍达不到要求时，可再连续进行 1~2 次母系选择，直到达到要求为止。

2. 大田用种生产技术

小白菜常规大田生产用种的生产，一般采用成株采种法、小株采种法或半成株采种法。

（1）成株采种法。具体程序是：第一年秋季培育种株，即使其长成健壮单株。从中选择生长势强、具有典型性突出的原品种特征特性的植株，不能露地越冬的地区需要采取连根挖出保温保湿贮藏越冬。第二年春季将当选的种株重新栽植，使之抽薹开花结实。这是小白菜最典型的成株采种方法。成株采种法需经过充实莲座阶段，可对种株进行严格的选择，从而能保证品种的种性和纯度，易于高产。但这种方法占地时间长，又需经过越冬（冬藏），种株定植后要经历缓苗，发根，消耗体内养分，甚至导致死株现象。

（2）小株采种法。利用小白菜萌动的种子就能感受低温而通过春化阶段，春化后在长日照条件下就能抽薹开花结实的特性进行种子生产。在不同地区的不同气候条件下，生产方式有多种。第一种方式是前一年底到当年年初苗床育苗，到 2 月底 3 月初定植于采种田，这是华北地区常用的方法；第二种是冬前露地直播，种子冬季在土壤中越冬，当年发芽出苗当年夏季收获种子，小株采种法生产的种子仅供生产之用。

（3）半成株采种法。这种方法介于成株采种法和小株采种法之间。采种过程类似于成株采种法，主要不同点是秋季播期较前者晚 10~15 天，越冬前不能形成健壮的成株和充实的叶片。此种方法种子产量较高，在种子质量、生产成本，选择效果及后代生产力等方面居于前述两者之间。

采用上述方法生产小白菜良种时，因小白菜为虫媒花植物，所以，空间隔离距离最少要在 1 000m 以上。

3. 杂交制种技术

目前，小白菜杂交制种主要以利用自交不亲和性为主，还有利用雄性不育两用系及三系配套制种。

（1）利用自交不亲和系杂交制种。包括自交不亲和系开花后自交不亲和，但蕾期授粉可正常结实。因此，克服自交不亲和性的方法是进行蕾期授粉，也就是利用蕾期柱头尚未充分成熟，对不亲和的花粉还未产生排斥时进行授粉，以便受精结子。蕾期授粉的最佳蕾龄为开花前 2~4 天。

①小白菜自交不亲和系的繁殖：可以采用成株采种法，栽培管理方法同常规品种的原种生产，自交不亲和系的种株多定植在大棚等保护设施内，以便用纱网隔离。授粉时，用小镊子剥开花蕾，露出柱头，然后用当天开放花朵的花粉涂抹在柱头上。授粉结束后可将花序末端以及新生的花蕾去掉，以免消耗营养，有时为了节省蕾期授粉用工，可在开花期每隔 1~2 天用 5% 食盐水喷到柱头上（还有采用花期喷 2%~3% 食盐水的办法能克服自交不亲和性的报道）。这样能引起乳突细胞失水收缩，对乳突细胞合成胼胝质具有抑制作用，导致自交亲和从而克服自交不亲和性，收到了良好效果。

②一代杂交种子的生产技术：利用自交不亲和系生产小白菜一代杂交种子，常采用小株采种法，于冬前在阳畦或大棚播种，

父母本播种量相等，每公顷用种量约450g，幼苗2~3片真叶时分苗1次。当种株幼苗6~10片叶时按父、母本1∶1的比例定植于采种田，四周隔离1 000m以上。如果选两个自交不亲和系互为父母本的杂交组合，采种时在两个亲本上收获的种子都是杂交种子，制种产量也高。如果父母本一个为自交不亲和系（母本）；另一个为自交系（父本）时，父母本比为1∶2。由昆虫自然授粉的杂交组合，制种田内收获的种子可混合使用，仍然为杂交种子。

（2）利用雄性不育两用系杂交制种。

①雄性不育两用系的繁育：目前，小白菜所应用的雄性不育系多为核型雄性不育系，即不育株上生产的种子50%不育，50%可育。因此，不育系的保持不需要特定的保持系，只需在安全隔离条件下，让兄弟姊妹株自然授粉，从不育株上获得的种子既为两用系种子，其中，50%不育。为了在采种田区别可育株和不育株，应在花期进行检查，将不育株做好标记，以便成熟时收获。

②杂交种子生产技术：利用两用系生产杂交种时，将可育株在始花期拔除，再让父本给其授粉，就可配成一代杂交种，具体可采用小株采种法。在早春将两用系种子进行低温处理后（华北地区不处理也可）于1月中旬在阳畦播种育苗，当幼苗6~10叶时，将父、母本按1∶3~4的比例定植于采种田，定植时应适当增加母本行的密度，以提高产量，当两用系生长进入初花期时，将母本行的可育株拔除，并把不育株上的主苔摘除，这样做的目的，一是给不育株作标记；二是可将不育株的花期适当推迟，以避免在两用系中有可育株尚未拔除的情况下就授粉，当母本行一级侧枝开花时，可育株基本拔除完毕，即可与父本自然授粉杂交。待杂交制种田的种子成熟后，先收母本种株，其母本上采收的种子既为杂交种子，父本种株可晚收，其种子仍为父本系种子。利用两用系生产一代杂交种子技术的关键是拔除可育株，一

般要求从初花期开始，每隔 1～2 天检查拔除 1 次，直到拔除干净为止，一般需要 15 天左右的时间。为了更好的防止制种田父母本种株上的种子发生人为混杂，也可以在盛花期过后，立即将父本行种株拔除。每年制种所需的父本系，可在专门设置的父本系繁殖区生产。

第二节　菠　菜

一、概述

菠菜，又名赤根菜、波斯菜。为藜科，属 1～2 年生草本植物。原产亚洲西部波斯即现今的伊朗地区，约在唐朝传入我国，栽培历史悠久，分布很广，我国南北各地普遍种植。它适应性和耐寒性强，生长期较短，耐贮藏，供应期长，且易种快收，产量较高，可周年生产，但以秋末冬初、早春上市供应为主，是北方秋、冬、春季的重要蔬菜之一。菠菜全株翠绿，柔嫩可口，营养丰富，每 100g 鲜菜中含水分 94g、蛋白质 2.3g、碳水化合物 3.2g、维生素 C59mg、磷 55mg、钙 81mg、铁 3.0mg，菠菜还具有养血、止血、润燥、促进胰腺分泌、助消化等药用价值，是人民大众喜爱的一种营养价值很高的叶用蔬菜。

二、高产栽培技术要点

菠菜可周年生产，以秋季、冬春季较为普遍

1. 春菠菜栽培技术要点

（1）栽培时间。2 月上旬至 4 月下旬播种，5 月上中旬前收获。

（2）品种选择和播种期。种植春菠菜应选择抽薹迟、叶片肥大的圆叶类型的菠菜品种。早春当土壤表层 4～6cm 解冻后，就应尽量早播，以"顶凌播种"为好。可根据气象资料在日平均气温上升至4~5℃时播种，一般在2月中旬播种为宜，直到4月中下旬。由于春菠菜播种时前期温度低，出苗慢，不利于叶原基分化，可地膜覆盖提高地温有利高产；后期气温上升，日照延长，有利抽薹开花，所以，营养生长期短，叶片数少，产量低，易抽薹，采取遮阳降温设施有利高产。

（3）整地做畦。种植春菠菜的地块应选择前茬未种植过黎科类蔬菜的地块或其他大田作物的地块，因为，菠菜不宜连作。对土质要求不严格，沙壤土到黏壤土均可。最好亩施用腐熟圈肥3 000~5 000kg作基肥，再加氮、磷、钾复合肥30kg，然后浅耕，做成宽1.8~2m的平畦备播。也可在年前先整地做畦，夹好风障备播。

（4）高质量播种。播种方法有干播和湿播、撒播和条（开沟）播两种，干播是指先播种，镇压，然后浇水。湿播是指先灌足底水，等水渗完后再播种子，然后覆土，厚1~2cm。在生产上常采用浸种催芽的方法，先将种子用温水浸泡5~6小时，捞出后放在15~20℃的温度下催芽，每天用温水清洗1次，3~4天便可发芽。一般采取撒播的方法，春菠菜的生长期短，植株较小，播种量应增加到每亩5~7kg。早春播种时最好采用湿播，覆土要细，要盖严，防止种子落干。由于畦面有一层疏松的土壤覆盖，既减少了土壤水分的蒸发，又有保温的作用。种子处在比较温暖湿润而且通气良好的环境中，可以较早出苗。

（5）加强田间管理。春菠菜前期最好覆盖塑料薄膜保温，可直接覆盖到畦面上，出苗后及时划破薄膜封严保温或搭建小拱棚覆盖+地膜覆盖的双膜增温保温措施，小拱棚昼揭夜盖，晴揭雨盖，让幼苗多见光。采取湿播法播种的春菠菜，由于土壤水分充足，一般在1~2片真叶时，土壤湿润，3~4片真叶时浇第一水，促根系发育。开始旺盛生长后，在浇第二水时，每亩随水追施尿素 15kg 或追施氮磷钾复合肥 10~20kg，尤其是采收前 15 天要追施速效氮肥，及时浇水，促进生长，发挥肥效。以后浇水应根据气候状况及土壤湿度灵活进行，原则是保持土壤湿润，不干旱为佳。

（6）适时收获。一般播种后 30~60 天均可采收，黄淮地区最晚在 5 月上中旬要采收结束，否则，抽薹开花、茎秆、叶柄木质老化。

2. 夏菠菜栽培技术要点

夏菠菜又称"伏菠菜"，一般是 5—7 月播种，6—8 月上市的菠菜。幼苗生长期处于高温长日照季节，气温高，蒸发量大，植株生长速度快、呼吸旺盛、养分消耗多积累少，叶面积的增长受到影响和限制，病虫害易发生，菜苗相对品质差，产量低。夏菠菜栽培关键技术，解决出苗、保苗和健壮生长等困难。

（1）栽培时间。5 月中下旬至 7 月播种，播种后 30~50 天收获。

（2）品种选择。夏菠菜应选择抗旱、耐热性强，生长迅速，耐抽薹，抗病，产量高和品质好的品种。比较适宜夏季种植的品种有：荷兰比久 5 号菠菜、F1、K5、日本北丰、绍兴菠菜等；其次可用广东圆叶菠菜以及南京大叶菠菜、华菠 1 号等。

（3）确定适宜播期。播种期可安排在计划上市以前 50 余天。同时，要尽可能安排在夏季最高温来临以前播种，使幼苗生长一段时间后再进入高温期，才有利于获得较高产量。所以，夏菠菜适宜播种期为 5 月中下旬至 6 月上中旬。

（4）种子处理。夏菠菜播种时种子必须进行低温浸种催芽。其方法是将种子用凉水（井水）浸泡 12~24 小时，放在 15~20℃下催芽，3~4 天后种子即可出芽（用纱布包好，吊在水井中距水面 20cm 左右处，每天将纱布包沉入水中将种子淘洗 1 次，2~3 天后待种子胚根露出再播种。也可将浸过的种子，摊在室内阴凉处催芽，注意翻动并保持一定的水分，经 5~6 天即可出芽）待播种。

（5）高质量播种。每 667㎡ 施入腐熟农家肥 2 000~3 000kg，三元素复合肥 20kg 和尿素 10kg。最好再施入 1.5kg 锌肥、0.7kg 硼肥作基肥。基肥撒施均匀后及时浅耕细耙，做成 2m 左右宽的平畦（或高畦），畦面必须平整，畦不可太长，以 15m 左右为宜，方便节水灌溉。播种应采用湿播法，以 10：00 前，16：00 后为宜，最好在日落后播种。先开沟浇足水，待水渗下后，撒播种子，随后覆盖 1.5~2cm 细土。为保证足够的苗数，每 667㎡ 播种量应增加到 8~10kg。播种后用作物秸秆覆盖畦面，降温保湿，防大雨冲刷，有利苗齐苗匀。出苗前尽量不浇水，以免土壤板结或浇水时冲掉盖土，使种子外露，影响出苗。若土壤干结，可早晚洒水保持土壤表面湿润，当 2/3 以上幼苗出土时于傍晚或早上揭去覆盖物。

（6）田间管理。出苗后，对过密的地方要进行及时间苗。夏菠菜生长期间的施肥灌水，应以轻浇勤浇为原则，浇水有利降低地温和气温，改善小气候条件。第一次浇水，水流要缓，水量要小，以免泥浆将幼叶浸泡后引起死苗。一般 5~7 天浇 1 次水，经常保持土壤湿润，以降低地温。浇水时间要放在清晨或傍晚，要浇井水，不浇坑塘污水及河流污水，确保蔬菜质量。幼苗生长期间，不喜高温和强光照射，必要时，可搭棚遮阴。覆盖物早盖晚揭，既降温又防雨。

（7）防治病虫害。夏菠菜主要病害有猝倒病、霜霉病、炭疽病、病毒病。

猝倒病防治方法：菠菜出苗后，可用绿亨 1 号 3 000 倍，或用克菌 600 倍液喷洒地面和植株。如发病较重，可用 72.2% 普力克 600 倍液加 68.75% 杜邦易保 1 000 倍液喷雾。

霜霉病防治方法：可喷 72% 锰锌霜脲 600 倍，或 58% 甲霜灵可湿性粉剂 500 倍液，或用 64%杀毒矾锰锌可湿性粉剂 500 倍液，或用 40%乙膦铝可湿性粉剂 200 倍液，隔 7 天交替喷 2 次。

炭疽病防治方法：用 70%甲基托布津 1 000 倍液，或用 50%多菌灵可湿性粉剂 600 倍液，或用 70%代森锰锌可湿性粉剂 500 倍液，隔 7 天交替喷 2~3 次。最好根据不同药剂特性复配防治。

病毒病防治方法：及早消灭蚜虫，减少传染病毒机会。对潜叶蝇害虫，要加强预防，均可用阿维菌素、敌杀死、抑太保或溴氰菊酯斑潜净、安打等农药轮换交替使用进行防治。

3. 棚室越夏菠菜栽培技术要点

菠菜是重要的绿叶蔬菜，耐寒性强，大多在秋、冬，春季广为栽培，在夏季高温多雨种植菠菜难度很大。可利用冬暖大棚，拱圆大棚夏季闲置时期抢种以茬菠菜，40 天左右即可收获，亩产量可达 1 500kg 以上，有效缓解夏季青菜短缺，淡季青菜市场前景看好，收入较为可观。种植越夏菠菜的主要技术措施如下。

（1）利用已建温棚温室等保护设施。5—7 月期间播种的菠菜都属于越夏菠菜，在种植越夏菠菜时采用遮阳避雨的方法容易高产，提高已建温棚温室利用效率。

①盖遮阳网：可利用日光温室（冬暖大棚）夏季休置期，去掉薄膜，覆盖遮阳网，达到遮阳的目的；也可利用大拱棚，去掉薄膜，覆盖遮阳网遮阴降温。最好利用遮阳率 60%的遮阳网。在晴天的 9：00~16：00 的高温时段，将温室、大棚用遮阳网遮盖防止强光直射，在阴雨天或晴天 9：00 以前和 16：00 以后光线弱时，将遮阳网卷起来，这样既可防止强光高温，又可让菠菜见到充足的阳光。

②加防虫网：蚜虫、灰飞虱是传播病毒病的媒介，阻止这些传毒媒介体进入大棚，是种植越夏菠菜主要技术措施之一。种植前，可在拱棚的四周或大棚的南边。加封 60~70 目的防虫网，这样既不影响透风，又可安全隔绝传毒媒介进入大棚。总之，采

取遮阳降温是夏菠菜高产栽培的有效措施。

（2）选用耐热品种。应选用抗旱、抗抽薹、耐热的品种，目前多选用荷兰必久公司生产的 K4、K5、K6、K7、胜先锋等品种，其特点是较耐热抗病、耐抽薹、生长快、产量高。

（3）栽培方式。温室温棚的土壤若为沙壤土时，因水易下渗或蒸发，可用畦栽，一般畦宽 150cm，其中，畦面宽 130cm，垄宽 20cm，每畦种 9 行，行距 15cm，株距 2.50cm，每亩用种 2kg 左右。棚室内的土壤若为黏质土时，因土壤水分不易下渗或蒸发，最好用起垄栽培的方式，垄宽 50cm，每垄种 3 行，实践证明，菠菜夏季栽培最怕长时间潮湿，易得茎腐病，起垄栽培叶片基部通风好，不易生病。

（4）肥水管理。菠菜喜肥沃，湿润，有机质含量高的土壤，在温棚温室内种植夏菠菜，因土质肥沃，一般不再施底肥；如在土质不肥沃的新温室温棚里，每亩可施充分腐熟的鸡粪 3m³ 左右做底肥。追肥最好用氮磷钾复合肥，沙壤土质每亩分 3 次追施磷酸二铵 20kg 或硝酸钾复合肥 30kg，随水冲施，根据菠菜的生长需肥量追肥，要做到前期少后期多。黏质壤土分 3 次追施磷酸二铵 15kg 或硝酸钾复合肥 25kg 即可。夏季浇水应视天气变化和土壤墒情状况，适时适量浇水、浇后适时划锄，既保湿又可防止苔藓生长，这是防病的关键。特别是刚出苗后的划锄，至关重要。如果地面长满苔藓，菠菜就易出现严重的死苗和烂叶现象。

（5）病虫害防治。越夏菠菜易发生猝倒病、霜霉病、细菌性腐烂病等病害和白粉虱、美洲斑潜蝇等虫害。一般在播种后第五天（刚出全苗）时用大生 600 倍+霜霉威 600 倍液喷 1 次，10 天后再用大生和霜霉威喷 1 次，第 20 天和第 30 天用克露 600 倍+阿维菌素+农用链霉素各喷 1 次可控制病害的发生。预防病毒病，注意灭蚜虫、叶蝉、飞虱，防止昆虫传播。还要注意遮阴降温，防止过分干旱，增施有机肥、钾肥和微肥。每 7 天喷 1 次植病灵、病毒 A 等，可预防病毒病。

（6）适时收获。当菠菜长到 20～30cm 高时（约 40 天）要及时收获。也可根据市场价格适当提前或延后收获上市。但不要拖的时间太长，因在夏季菠菜易腐烂，所以，收获期宁早勿晚，为了保证蔬菜安全优质，在收获前 10～15 天应禁止喷洒任何农药和杀菌剂。

4. 秋菠菜栽培技术要点

秋菠菜是指 8 月播种、9—10 月上市的菠菜。"立秋"（8 月上旬）以后，温度逐渐下降，日照时间逐渐缩短，气候条件对营养生长有利，对生殖生长不利，所以，比较容易达到高产、优质的目标。

（1）栽培时间。8—10 月播种，播种后 30～60 天可分批采收，9 月中下旬至 11 月陆续上市。

（2）选用适宜品种。秋菠菜播种后，前期气温高，后期气温逐渐降低，光照比较充足，适合菠菜生长，而且日照逐渐缩短，不易通过阶段发育。一般秋菠菜不抽薹，因此，在品种选择上不甚严格。早播种的，因气温仍然很高（俗称"秋老虎"），可选用比较耐热、易发芽的圆叶菠菜品种如全能菠菜、K 系列菠菜品种等；播期较晚时，可选用高产的圆叶菠菜品种或尖叶菠菜品种。

（3）种子处理。8 月播种时，日平均气温对菠菜种子的发芽仍有影响，特别是 8 月上旬播种时，日平均气温常达 24～29℃，如播种前不进行浸种催芽，则出苗慢，植株营养生长期缩短，进而影响产量。浸种催芽方法同夏菠菜。

（4）选地作畦。在符合无公害蔬菜生产条件的基地，选择向阳、疏松肥沃、保水保肥、排灌条件良好、中性偏碱性的土壤。在前茬收获后，深耕翻土，清除残根，及时整地，每亩施腐熟有机肥 3 000～4 000kg，NPK 复合肥 30～50kg，然后深耕翻，耙碎土表坷垃，做成平畦或高畦并整平畦面，畦宽 1.5~2.0m。

（5）适期播种。秋菠菜一般采用直播，以撒播为主。在 8—9 月，也可延迟至 10 月上旬，分期分批播种。可播干种子，也可将种子用井水浸种约 12 小时后，放在 15~20℃ 下催芽，或放在 4℃ 左右低温的冰箱或冷藏柜中处理 24 小时，然后在 20~25℃ 的条件下催芽，经 3~5 天出芽后播种。播前先浇底水，播后轻轻梳耙表土，使种子落入土缝中，并用稻草覆盖或覆盖遮阳网，以降温保持土壤湿润，以利出土促全苗，还可防止高温和暴雨冲刷，出苗前，每天早、晚洒水 1 次，出苗 2/3 后及时除去覆盖物，5~7 天后即可齐苗。由于早秋气候炎热、干旱，且时有暴雨，应根据土壤墒情及天气状况浇水保苗。处暑前气温高菠菜生长较差，且常死苗，需要增加播种量，每亩用种 6~8kg 为宜。后期（白露后）温度逐渐降低，出苗率较高，播种量可以减少至 4~5kg。

（6）栽培管理。秋菠菜幼苗生长时期气温、地温都较高，要勤浇水轻浇水，保持土壤湿润并降低地温，对幼苗生长提供良好的环境条件。以后随着植株生长与气温降低，逐步加大追肥浓度。但应在土面干燥时施用，如果土壤潮湿，菠菜生长缓慢，容易滋生病害。在 2 片真叶后，结合间苗定苗，拔除过密小苗，拔除杂草，注意追肥催长。施肥要注意掌握轻施、勤施、先淡后浓的原则。前期多施有机肥，即腐熟粪肥，尤其是采收前 15 天应停止粪肥浇施，后期进入生长盛期，应分期追施速效氮肥 2~3 次，每亩每次施尿素 5~10kg，促进叶丛生长，提高产量，改善品质。

（7）采收。秋菠菜生长期较短，应根据长势和市场需要及时采收上市。一般在苗高 10cm 时，开始分批间拔，陆续上市，注意先将密的和即将抽薹的菠菜采收上市，通常在第一次间拔后追肥 1 次，第二次采收选大苗、留小苗，再追肥 1 次，第三次净园。秋菠菜一般亩产2 000~3 000kg，高产者可达5 000kg。

5. 秋冬菠菜栽培技术要点

（1）选择对路品种。秋冬栽培菠菜，应选择长势强、产量高、抗冻耐寒性强的品种如耐抽薹全能菠菜、胜先锋菠菜、急先锋菠菜、荷兰菠菜等。

（2）适期播种。适宜的播种期为9月下旬至11月下旬，最好在国庆节前后播种。一般在播后60天左右开始采收上市。

（3）整地施肥。先清除前茬的残留物质，再施足基肥，每亩施腐熟人畜粪2 000~3 000kg、高浓度复合肥30kg、硝酸铵20kg，然后耕翻耙平作畦。采用平畦或高畦栽培，应视当地土质、地下水位高低、土壤墒情和降雨状况等灵活决定，一般畦宽1.5~2m，确保能排能灌。

（4）湿墒播种。菠菜的种子果壳坚硬不易吸水，齐苗困难，而此期又非常适宜菠菜生长，因此，尽可能缩短出苗时间，应采用催芽或湿播法播种，播前田间的底水要足，应提前灌水，撒种和覆土要均匀，保温保墒。若采用条播，沟距18~20cm，沟深2cm，开沟后要在播种沟内浇足水，待水渗下及时播种，播后覆土2~3cm，保墒促出苗。如果墒情适宜的话，一般播后5~7天即可齐苗。

（5）肥水管理。菠菜喜肥沃湿润、冷凉，忌干旱、积水，为速生型蔬菜。生长期间需及时供给充足的肥水。从播种到齐苗需保持土壤湿润，确保齐苗。3叶期中耕锄草，透气促根；封行前6~7叶期要以水带肥，肥水结合，促进菠菜旺盛生长，每亩可施尿素10~15kg，施肥方法：干施后浇水或在下雨时及时施肥；封行后，若要追肥，则可随水冲施。如生长期间遇干旱，要勤浇保湿。遇连续下雨要及时排水。

（6）病虫害防治。为害菠菜的病害主要有病毒病和霜霉病，要彻底去除病株、防治蚜虫，可用吡虫啉防治，控制病害传播。

对霜霉病要加强田间管理，合理密植与灌水，降低田间湿度，发病初期要及时喷药，可用85%疫霜灵可湿性粉剂500倍液，每7~10天喷药1次，连喷2次。对菜青虫和小菜蛾，可用敌杀死、抑太保或苏云金杆菌等农药，轮换交替使用进行防治。

（7）适时采收。待菠菜植株长到20~40cm时，可进行一次性采收或多次去大苗留小苗间苗采收，上市销售。

6. 越冬菠菜栽培技术要点

（1）栽培时间。10月上中旬至11月中旬播种，春节前后开始收获。

（2）选地整地。菠菜不适宜重茬，应选择近2年没有种过菠菜的地块，在前茬作物收获后，每亩施入5 000kg优质腐熟农家肥、30kg三元复合肥，深翻耕20~25cm，耙耱耢实，整平做畦，畦宽1.5~2.0m。

（3）选择良种。菠菜越冬栽培，容易受到冬季和早春低温影响，到开春后，一般品种容易抽薹，降低产量和品质。因此，应选用冬性强、抽薹迟、耐寒性强、丰产的品种，如尖叶菠菜、菠杂10号、菠杂9号等耐寒品种。

（4）适时播种。越冬茬菠菜在停止生长前，植株达5~6片叶时，才有较强的耐寒力。因此，当日平均气温降到17~19℃时，最适合播种。此时气候凉爽，适宜菠菜发芽和出苗，一般直接播干籽和湿籽，不需要播催芽籽。方法是：先将种子用35℃温水浸泡12个小时，捞出晾干撒播或条播，若条播可按行距10cm左右开沟，沟深3~4cm，均匀撒种子，然后盖土，踏实，浇水。若撒播，应均匀撒种，播后覆土踩踏，浇水。如果种子纯净度低、杂质多，应先去除杂质及瘪种，用饱满的种子播种，确保出苗整齐，长势强。播种时，若天气过于干旱，应当先将畦土浇足底水，然后翻耕、整地、播种、覆土，确保播种质量，实现苗齐、苗全、苗匀、苗壮，为高产打好基础。

（5）田间管理。播种后出苗前要保持畦土表面湿润有利出苗，利以促进菠菜的健壮生长。出苗后要进行 1 次浅锄松土，以起到除草保墒作用。当植株长出 3~4 片叶时，可适当控水，促进根系发育与下扎，有利菠菜越冬。为满足春节前后市场的需要，严冬来临时有条件的要注意设立风障或搞好防寒防冻覆盖，以免冻坏叶片，严重影响菠菜的产量和质量。当植株长出 4~6 片叶时要浇封冻水，浇水时机应掌握在土表夜冻昼消。浇封冻水最好用粪水，有利于菠菜早春返青加速生长。翌年 2 月中旬拆除风障，搂净畦面及畦沟内杂物。

（6）防治病虫。越冬菠菜病虫害一般较轻，常见有炭疽病、霜霉病、病毒病和蚜虫等。霜霉病和炭疽病可在发病初期用 75% 百菌清 600 倍液、25% 甲霜灵 700 倍液、40% 乙膦铝可湿性粉剂 500 倍液等喷雾防治。病毒病除实行轮作外，还应及时防治蚜虫等传毒媒介，蚜虫盛发期可用 10% 吡虫啉 2 000 倍液或 2% 阿维菌素 2 500~3 000 倍液喷雾防治。

7. 冻藏菠菜的栽培及冻藏技术要点

该技术适用于高纬度冬季严寒时间较长的地区采用。冻藏菠菜于仲秋播种，在生长期间，气候逐渐凉爽，昼夜温差增大，日照逐渐缩短，适合菠菜叶原基分化和叶片生长，在生长后期又进行培土软化，所以，植株积累的养分多，叶肉肥厚，色深绿，心叶鲜黄，口味甜，品质好，耐贮藏。一般在冬季收获后经冻藏，在元旦、春节期间取出上市，供应期长，效益较好，因此，菜农乐于冻藏技术。

（1）栽培时间。9 月上中旬播种，生长 70~75 天，11 月下旬 12 月上旬收获。

（2）品种选择。冻藏菠菜宜选用较耐寒、叶色深绿、叶片肥厚、叶柄短粗、产量高的尖叶品种或尖圆叶品种。如双城尖叶菠菜、上海尖圆叶菠菜、洋串等品种。

（3）整地做畦。冻藏菠菜的整地做畦同普通菠菜。因为它在生长后期要培土软化，所以做畦时要留出取土的夹畦。方法是：东西延长并排做3个畦，两侧的2个畦宽1.8m左右，供播种菠菜用，中间留一个宽0.7m左右的夹畦，不种菠菜，畦内的土壤供培土时取土用，畦长10~20m。

（4）播种。冻藏菠菜从播种到收获适期需70~90天，所以，播种期较严格。播种早了，茎叶徒长，叶肉薄，积累的养分较少，质量较差，收获时植株趋于衰老，影响冻藏效果。播种晚了，植株生长时间不足，影响产量。播种适期在9月上中旬。冷藏菠菜在生长后期要进行培土，多采用宽幅条播，行距10cm，播幅宽5~6cm，每亩用种量3~3.5kg，干籽直播。田间的各项管理如浇水、追肥、中耕、间苗、除草等同越冬菠菜。其不同点如下。

①间苗：冻藏菠菜生长在温度、光照最适合于菠菜营养生长的季节里。植株生长健壮，叶片肥大，分蘖多，能形成较大的株丛。所以，适当间苗，保证株间有足够营养面积，有利于光合作用和营养物质的积累，是冻藏菠菜增产优质的关键。间苗应分次进行，一般间苗2次，最后定苗时株距7cm左右，间下来的小苗可以捆扎上市。

②上土：上土可使菠菜株丛增大，叶肉增厚，心叶鲜黄，提高菠菜的品质。一般在植株长到20cm高时开始。由于上土以后田间不再浇水、追肥，在上土前要把行间杂草除尽，浇1次大水，顺水追施速效氮肥每亩20~25kg，同时，将夹畦里的土翻好、拍碎、过筛，准备上土。

上土的方法：手持铁锨，将细土均匀撒在菠菜畦的行间，每次上土厚度1cm左右。上土后用软齿竹耙把被土压住的叶片搂出来，使叶片接受阳光，制造养分，防止叶片被埋在土中腐烂。一般共上土6~7次，上土总厚度5~6cm。上土厚度视菠菜植株的生长情况而定，植株长势弱的要薄些。

（5）收获及冻藏前的处理。冻藏需适时收获，使菠菜很快结冻，处于生理活动极低的休眠状态，降低损耗。收获早了，外界气温尚高，不能入沟冻藏，菜体呼吸作用旺盛，易在堆中发热，使叶子捂黄、腐烂，损耗增加；迟了，菠菜冻在地里，难以铲收。收菜时节应在田间注意观察，以在早晨见到菠菜叶子冻僵、白天又能化冻时为收获适期。一般在 12 月中下旬。但叶子在冻僵时切勿马上铲收，应在叶子化冻后叶片无露珠白霜时再收。因为，叶子冻结时收获难以化冻易腐烂；收菜时带水珠会增加菜的湿度，预贮时易烂。收获时可用铁锹将菠菜连根铲起，留红根 2~3cm，抖净泥土，理齐码放在地面，打成直径 30~40cm 的大捆，根朝上，叶子贴近地面，以保持叶片不失水，倒立在风障背后等阴处、且已平好的畦里，捆与捆之间要离开，码成 2 行，预贮 4~5 天。菜捆的大小要适宜，捆太大则菜中心冻不透，菜体呼吸作用放的热量不能散失，导致叶片捂黄、变质甚至腐烂；捆太小则易被风抽干失水，增大损耗，影响产品的产量与品质。

预贮时白天盖苇帘避免阳光照射致水分蒸发而萎蔫。预贮时间据气候而定，如菠菜收获时气温已显著下降，稍晾一下即可冻藏，若天气转暖，迟迟不上冻，可预贮几天，以免冻藏后菜堆发热腐烂。

（6）挖沟与埋藏。菠菜应冻藏在遮阴、冷凉、通风良好的场所，如风障背后等处，利用冬季自然低温，进行贮藏。最适的贮藏条件是：温度为 -4~5℃，空气相对湿度为 90%~95%。贮藏场所应事先准备好，窖的形式随地区不同而异。

贮藏方法：先在风障背后 20cm 处平行做畦，畦宽 80~150cm，菠菜先预贮在畦中，根朝上、叶朝下码成 2~4 行。埋藏时将菜捆扶正，根朝下、叶朝上放在原处，码成 2~4 行，行间留 10cm 空隙，从畦外取土先填在菜捆行间隙中，再把全畦菜捆用土围起来，拍成 25cm 高和厚的土帮，最后在其上方薄盖一层土，约 5cm 厚，可起到挡风保湿、防叶片遭受冷风吹袭和防晒。菜捆上部覆土后很快冻结，随气温下降，菜捆由顶部往下结冻，当冻至菜捆中腰时第二次覆土 10cm 左右，以后再覆 1 次土，总覆土厚度 25cm 左右。气温更低时，还需覆土，或在其上盖草帘。

（7）解冻上市。一般在 12 月开始至翌年 2 月底新菠菜上市前刨出冻结的菠菜捆，回冻后整修上市。解冻方法：刨冻土时不要碰伤菜捆，搬动时不要损菜叶，避免造成机械损伤，要用双手托住菜捆根部，放在小车上，运到温度较低的菜窖或冷屋子里，室温一般 0~2℃，湿度要大，让冻结的菠菜慢慢解冻，不可过急。解冻时，菠菜叶子细胞间隙的冰晶会逐渐溶化，回到叶子细胞中去，叶片恢复膨压，仍能恢复到原来的鲜嫩状态，不会影响产品品质。经 3~5 天待植株全部解冻后，打开大捆及时整修，摘除发黄和烂叶，削去主根，打成 1kg 左右的小捆，洗净后装筐上市。

三、主要品种简介

依据菠菜叶片的形状和果实上棱刺的有无，可将菠菜分为尖叶（有刺）、圆叶（无刺）类型。

（1）北京尖叶菠菜。北京地方品种。叶片箭头形，基部有一对深裂的裂片，绿色，叶肉稍薄，纤维较少，品质较好。果实菱形有刺，耐寒、不耐热，亩产 1 000~2 500kg，适合根茬越冬和秋季栽培。

（2）日本大叶菠菜。叶片椭圆形至卵圆形，先端稍尖，基部有浅缺刻。叶片宽而肥厚，略有皱褶，浓绿色。耐热力强，不耐寒，适于夏、秋栽培。植株生长势较强，质地柔嫩，产量高，品质好，一般亩产 1 500~2 000kg。

（3）大圆叶菠菜。从美国引入，种子圆形无刺。叶片卵圆形至广三角形，叶片肥大，叶肉厚，叶簇半直立，叶面多皱褶，叶色浓绿。叶片质嫩味甜，品质好，产量高，春季抽薹晚，抗寒力及耐肥性较强，适于秋播冬收，缺点是抗霜霉病及病毒病能力弱。东北、华北、西北均有栽培，一般亩产 1 500～2 000kg。

（4）双城尖叶菠菜。为黑龙江省双城县地方农家品种，属有刺变种。植株生长初期叶片平铺地面，以后转为半直立。生长势强，叶色浓绿，叶片大，尖叶，基部有深裂缺刻。叶片中脉和叶柄基部呈淡紫红色。品质好，产量高。抗霜霉病、病毒病及潜叶蝇的能力较强。东北、华北地区栽培较多，为越冬栽培的优良品种。

（5）上海尖圆叶菠菜。为上海市郊农家品种，属有刺变种。叶簇半直立，叶片卵圆形，先端钝尖，基部戟形，叶面平滑，叶色深绿，叶柄细长。叶肉厚，味甜，品质好。耐寒性较强，耐热性弱，抗霜霉病较强，适宜晚秋栽培。

（6）东北尖叶菠菜。为辽宁省沈阳市郊区地方品种。叶簇直立，株高 40cm 左右，开展度 35～40cm。叶片基部宽、先端尖、呈箭形，最大叶长 23cm、宽 15cm，叶面平、较薄、绿色，全株有叶 25 片左右。叶柄长 25cm、淡绿色。水分少，微甜，品质好。种子有刺，较早熟，播种至收获 50～60 天。冬性较强，抗寒力好，返青快，上市早。一般亩产 1 500～2 000kg。适宜范围，全国各地均可栽培。

（7）菠杂 9 号。北京市农林科学院蔬菜研究所中心育成的一代杂种。植株生长健壮，整齐，株高 27.5～33.5cm。叶片箭头形，先端钝尖，有 2 对中深或深裂裂片。叶片长 9.5～14.3cm，宽 5.7～8.5cm；叶柄长 17～22.5cm，宽 0.7～0.9cm。收获时一般每株有 18～20 片叶，叶面平展，正面绿色，背面灰绿色；叶肉厚，纤维少，质嫩可口，口感好。肉质根粉红色，须根发达。

种子有刺，耐寒，耐病毒。丰产性好，亩产 2 500~3 000kg。

（8）菠杂 10 号。北京市农林科学院蔬菜研究中心育成的一代杂种，植株生长整齐，株高 32~41cm。叶片箭头形，先端钝尖，叶面平展，正面浓绿色，背面灰绿色，有 1~2 对浅或中深缺裂。叶片长 14~17cm，宽 6~8cm；叶柄绿色，长 18~25cm，宽 0.7~0.9cm，断面半圆形。茎圆形，绿色，根颈部粉红色。主根肉质，粉红色，须根发达，平均单株重 36.8g。种子有刺，三角形。抗寒性较强，越冬栽培不易死苗，抗病毒病，亩产 3 000kg 左右。9 月底至 10 月初播种，冬前植株 叶数达 6~8 片，可露地安全越冬。

（9）耐抽薹全能菠菜。从中国香港引入。耐热，耐寒，适应性广，冬性强，抽薹迟；生长快，在 3~28℃气温下均能快速生长。株形直立，株高 30~35cm，叶片 7~9 片，单株质量 100g 左右。叶色浓绿，厚而肥大，叶面光滑，长 30~35cm，宽 10~15cm。涩味少，品质好，质地柔软。生育期 80~110 天，抗霜霉、炭疽、病毒病。

（10）胜先锋菠菜。为杂交一代菠菜品种。耐热抗抽薹，抗霜霉病，叶片宽大深绿。中早熟，春夏季播种后 30~45 天收获，单株重 55~65g，株高 30~35cm。株型直立，尖圆叶，叶面光滑，叶色光亮，商品性极好。一般亩产 3 000kg 左右。

（11）急先锋菠菜。从日本引进，株型直立、高大，叶柄粗壮，叶片厚，叶色浓绿，生长速度快，适播期长，全年均可种植利用，播后 45~50 天采收，一般亩产 3 000kg，高产田块可达 4 000~5 000kg。

（12）荷兰菠菜。该品种早熟，耐寒，耐抽薹，叶片肥大，叶色深绿，平均单株重 60g，最大单株重可达 750g，一般亩产 3 000~3 500kg。纤维少、味甜、无涩味，保护地种植生长期为 30 天，露地种植生长期为 50 天，适宜秋冬或早春茬栽培利用。

（13）荷兰菠菜 K4。该品种早熟、耐寒、耐抽薹，叶片大，叶子直立，单棵重 600g，最大可达 750g，可春种也可秋种，秋种可在 10 月 10 日前后播种，元旦至春节上市，亩产 2 000~2 500kg。

（14）荷兰菠菜 K5、K6、K7、CH1098、CH1100 等。该系列耐热品种是适宜夏播的菠菜品种，夏菠菜也叫伏菠菜，一般是指在 6—7 月种植，8—9 月上市，可弥补高温季节叶菜稀缺的空当以获得较高经济效益。该类品种耐热能力强，生长迅速，耐抽薹、抗病、产量高和品质好。在 30℃ 左右的高温下仍能正常生长，亩产量可达 2 000~3 000kg。

四、种子生产技术

1. 原种生产技术

（1）植株生长特点。菠菜为雌、雄异株，异花授粉植物，花粉靠风传播。目前，各地栽种的菠菜有刺籽和圆籽两种类型，刺籽菠菜的种子上有刺，叶片较尖较薄，叶柄较长，植株较小，耐寒性较强。圆籽菠菜的种子光滑无刺，种子近圆形，叶片圆而且较厚，叶柄较短，植株较大，耐寒性稍差。

菠菜植株性型分化比较复杂，通常在一个品种群体内存在的株型如下。

①极端雄株：表现为花薹上部叶片很小，不发达，无明显分枝，雄花集中在主轴上。

②营养雄株：表现为花薹上部叶片较发达，但叶腋内只着生雄花。

③两性花（雌雄同株）：表现为花薹上部叶片较发达，叶腋内着生雄花和雌花，或着生两性花。

④雌株：表现为花薹上部叶片发达，分枝较多，在叶腋内着生雌花。不同品种及不同栽培条件下，不同性型植株的比例有一

定差距。一般来说，极端雄株和营养雄株的植株小，抽薹早，只开花，不结籽，俗称"花菠菜"，雌株、两性株则生长健壮，抽薹迟，叶多而长，能正常结籽。

（2）原种生产技术。菠菜原种生产可采用混合选择法和母系法。具体程序是：选择纯度较高的菠菜原种于9月下旬10月上中旬播种（秋播），使植株在冬前长为健壮的单株，实现壮苗越冬。翌年在叶丛基本长成时进行第一次选株，选留具有本品种典型性状、生长健壮、抗冻抗病性强的植株作种株，其余全部拔除。种株抽薹后至开花前进行第二次选择，再淘汰个别早抽薹的极端雄株或营养雄株，同时，要认真检查采种田的隔离条件，由于菠菜属风媒花，隔离距离要求在2 000m以内不得有异品种菠菜采种田。种子成熟时，收获前再进行一次严格的鉴定选择，淘汰抗逆性较差的植株。种子成熟后，将种株混合采收，脱粒、晒干、储藏，即为原种。在良种繁育中，要年年按照生产程序或生产用种田10%的面积安排原种生产，并注意隔离条件应符合标准要求。一般每公顷可产种子750~1 500kg。

在冬季可以越冬的地方采用直接播种到留种田里，对冬季不能露地越冬的地方，最好在种株上面覆盖土杂肥或草帘越冬，也可将种株假植于日光温室或阳畦中或地窖内越冬，冬季覆盖草帘防寒，次年早春定植于露地，并进行严格的隔离，隔离距离要求2 000m以上。生长期间进行鉴定选择，淘汰抽薹不良、受冻、感病、变异等劣株，留下的入选种株在畦内继续生长、观察鉴定，种子成熟后，如果采用混合选择法时可混合采种，如果采用母系法时则可将各单株分别采种，翌年建立株（母）系圃。再进行观察比较，从中选出具有本品种典型性状的若干个优良株（母）系，成熟后混合收获即可作为原种。

2. 大田用种的生产技术

菠菜大田生产用种可采用混合选择法。具体程序是：选择纯度较高的菠菜原种种子于 9 月下旬 10 月上中旬播种（秋播），使植株在冬前长为健壮的单株，实现壮苗越冬。翌年在叶丛基本长成时进行第一次选株，选留具有本品种典型性状、生长健壮、抗冻抗病性强的植株作种株，其余全部拔除。种株抽薹后至开花前进行第二次选择，再次淘汰个别劣株、早抽薹的极端雄株或营养雄株，同时，要认真检查采种田的隔离条件，在其周围 1 000m 以内不得有同期开花的其他菠菜品种采种田。种子成熟后，将种株混合采收、脱粒、晒干、储藏，即为良种。在良种繁育中，要年年按照生产程序或生产用种田 10% 的面积安排良种生产，并注意隔离条件应符合标准要求。当种株茎叶大多枯黄，果皮呈黄绿色时采收。将收割的种株堆积 7 天左右进行后熟，然后脱粒过筛扬净，一般每公顷产种子量 900~1 500kg。

在不同地区的不同气候条件下，生产方式有多种，且空间隔离距离要求在 1 000m 以上。第一种方式是前一年底到当年年初播种于采种田，这是华北地区常用的方法；第二种是冬前露地直播（10 月播种），以小苗越冬，开春后间苗、去杂去劣，翌年夏季收获种子，此法生产的种子仅供大田生产之用，不能作选留种子用。

3. 杂交制种技术

菠菜杂交种生产采用隔离区内自然杂交法，目前有简易制种法和利用雌株系制种法 2 种，但国内以简易制种法为主，关键技术如下。

（1）播种期。由于父本雄株常较母本雌株抽薹开花早，为使父母本花期相遇，母本应较父本早播种 7~14 天。菠菜父母本均采用秋播，一般一行父本、3 行母本或 2 行父本、6 行母本，行距 30cm 左右。同时，由于母本田内要拔除开雄花的植株，故母本品种要适当密植，通常每行的播种量增加 5% 左右。

（2）母本行去雄。在花蕾期雌雄可辨时，陆续拔除母本行中的所有雄株和两性株，一般每隔 1 天拔 1 次，连续进行 2 星期

（14 天）左右，去雄工作要认真细致。此外，在抽薹初期及营养生长期，应拔除父母本行中一切杂株、弱株、劣株、异品种株。

（3）制种田的管理。同常规品种繁殖种子田间管理。不同点是在母本株谢花后应将父本拔除。

（4）种子采收。与常规品种繁种相同，从母本株上采收杂交种种子。

第三节　油麦菜

一、概述

油麦菜，又名莜麦菜，牛俐生菜，为菊科莴苣属植物，油麦菜是莴苣的一个变种（莴苣变种有尖叶和园叶 2 种类型，圆叶的习惯上称生菜），是以嫩梢、嫩叶为产品的尖叶型叶用莴苣变种。株高 35~45cm，开展度 40cm 左右，叶片呈长披针形，色泽淡绿、长 40cm 左右，宽约 6cm，叶全缘，下部具锯齿状，采收时可达 16~34 片叶，质地脆嫩，有光泽，叶基生成簇，口感极为鲜嫩、清香、具有独特风味，含有大量维生素 A、维生素 B_1、维生素 B_2 和大量钙、铁、蛋白质、脂肪、多种氨基酸等营养成分，是生食蔬菜中的上品，据测定油麦菜的营养价值高于生菜，同莴笋相比，蛋白质含量高 40%，胡萝卜素高 1.4 倍，钙高 2 倍，铁高 33%，硒高 1.8 倍，吃起来嫩脆爽口，非常受人欢迎。

油麦菜生长期短，种植容易，耐热、耐寒、适应性极强，喜湿润，对生长环境要求不严格，品质嫩脆，纤维少，生长适温 10~25℃。抗病虫害，病虫为害轻，很少使用农药，是一种安全卫生蔬菜。黄淮流域地区一年四季均可种植，利用温棚等保护设施及遮阳网覆盖可周年生产、周年上市。从播种至收获 40~50 天。夏、初秋播种时最好要做低温处理。常见有春种夏收、夏种秋收，早秋种植元旦前收获以及冬季大棚生产等。一般春种在1月下旬大棚育苗、夏种在4月上旬播种、秋种在8月下旬播种。大棚生产，在寒冬到来之前育成壮苗为宜.即苗期要避开1月寒冬季节。一般每茬产量可达3 000~5 000kg/亩。

二、高产栽培技术要点

（1）播种育苗。油麦菜种子发芽的适宜温度15~20℃，高于25℃或低于8℃不发芽，早春低温或夏季高温时播种需要催芽（催芽方法：将种子浸泡于清水中5~6小时，捞出稍晾干后用湿布包好，放在20℃左右处保湿催芽，约有3/4种子露白时播种）。育苗直播时，选择苗床地块应注意排灌条件好，交通方便，土壤肥沃，无土传性病害菌源，若多年重茬应注意防治根结线虫，可用5%土线散2kg穴施，土壤灭菌用50%福美双1kg或50%多菌灵1kg对水喷洒，清除草根，然后深耕细耙，整平地面，建好苗床，畦面一般宽1.8~2m，长度可根据地块情况灵活掌握，以10~15m有利于浇水灌溉。因种子细小，播种前须掺细土后（有利于撒播均匀）撒播于浇透水的畦面，覆过筛细土0.5~1cm，保持土壤湿润（如夏季天热应加盖草苫，冬季天冷则覆一层地膜，出苗后均需揭去覆盖物），4~7天发芽。每亩用种量20~30g，约需用苗床面积30m²。

（2）加强苗床管理，适时移栽定植。苗床土壤保持湿润即可，早春育苗最好保温、夏季暴晒时要遮阴。幼苗3~4片真叶时注意间苗定，30天左右，植株6片叶左右时即可定植于施足基肥的大田中，植株距10~15cm²，每亩定植4万~5万株，移栽后要浇透定植水。约1周后可正常管理，富含有机质的肥沃土壤有利于生产出高品质、高产量的产品。每茬施入腐熟有机肥2 000~3 000kg，氮、磷、钾复合肥50kg或者磷肥10~15kg、氮肥20~30kg、钾肥10~15kg。与土壤充分混合后，即可做畦，黄淮地区一般做平畦，畦宽 1.3~1.5m、长 8~10m，整平畦面，即可定植。

（3）定植后的管理。

①定植缓苗后，结合浇水追施 1~2 次少量的速效氮肥，一般每亩施尿素或硫酸铵 5kg，以促使植株生长发棵。以后要经常保持土壤湿润并及时中耕除草。

②油麦菜是速生叶菜，喜凉爽，稍耐寒而不耐热，适宜生长温度为 18~25℃，当早春气温低应采取地膜覆盖或扣棚增温，一般棚内温度 11~18℃、相对湿度以小于 90% 为宜。生长旺盛期要求有充足水分，高温时，在早晨或傍晚浇水为好，以免影响蔬菜叶片的品质。在栽培管理中应保持清洁卫生，最好不直接使用稀粪追肥。油麦菜生长前期和中期使用 0.3% 磷酸二氢钾+0.5% 尿素溶液进行叶面喷施 3~4 次。整个生长期追肥 2~3 次，每亩施尿素 5~10kg 或硫酸铵 10kg，随浇水时施入，以促进叶片生长，采收前 1 周宜停止施肥。

③病虫防治。虫害主要是蚜虫，可用 40% 乐果乳油 800 倍液喷施；发生潜叶蝇时，可喷施 1% 蝇螨净乳油 1 500 倍液防治。病害主要是霜霉病和软腐病，在发病初期用 72% 甲霜灵-锰锌可湿性粉剂 400~500 倍液喷雾防治，或者用 70% 代森锰锌可湿性粉剂 300~500 倍液和 0.02% 农用链霉素喷雾防治。

（4）采收。定植后约 1 个月，当叶片数达到 30~34 片、株高 30~35cm、开展度 45~48cm 时为最佳收获时间，或从约 15 片叶、株高 25cm 左右时即可开始采收，通常在早晨进行，将充分长大、厚实而脆嫩的植株用刀子在植株近地面处一次性采收，除去老叶、黄叶、病叶，捆把或装筐销售。

三、主要品种简介

（1）纯香油麦菜。该品种属高产品种，长势旺，特抗病。

颜色鲜艳油绿，质地脆嫩，香味特浓，茎叶均可食用，全国各地均可种植，部分地区可四季栽培，播种后40天即可采收。

（2）四季油麦菜。该品种广州蔬菜研究所培育，叶形宽厚、耐寒耐热、纤维少、味香、横茎粗、直立性好、叶色油绿，茎叶均可食用，适宜生长温度18~28℃。适宜在土层疏松肥沃、排灌条件较好的沙壤地栽培。

（3）新世纪改良全年无斑油麦菜（108）。该品种是多年选育的新一代高品质特香型油麦菜。叶片披针型，端尖，较直立，叶片中等，基部有微皱，色型非常美观，纤维极少，品质特佳，商品率极高，香味特浓，口感甜脆，堪称极品香油麦。本品种早熟，抗热，抗病，生长速度快等诸多优点。

（4）抗热无斑油麦（208）——油麦菜。该品种是高品质油麦菜。其最大优点为早熟，可延长采收时间的品种，耐高温，在高温季节也能生长而且叶长，特抗病，无斑点，生长速度快、产量高，比普通油麦菜高产，叶片披针型，先端尖，较直立，叶色光泽靓，纤维少，品质特佳，商品率极高，香脆爽口，堪称油麦菜中的好品种。

（5）四季香甜油麦菜（366）。该品种由香港引入，生长势强，叶片长披针形，叶端尖，浅绿色，叶片长达30cm左右，品质好，肉质脆嫩，口感香味特佳，清甜味纯，纤维少。是家庭，宾馆常用之佳品。在黄淮流域利用设施冬季可种植栽培，一般亩产可达2 000kg左右。

（6）泰国四季油麦菜 系从泰国引进，解决了国内油麦菜品种高温发芽欠佳的难题，填补了淡季的蔬菜供应的市场空白，适应全国各地区种植。该品种播种期7月至翌年2月均可，一般播种至初收50天左右，可连续采收40天，生长势强、产量高、兼具耐热耐寒耐湿优势于一身、质脆、纤维少、品质极佳，商品性好，抗逆性强。若育苗移栽，行株距20cm×20cm，夏秋种植生长快速，是具有较高生产潜力的油麦菜品种之一。

（7）高产油麦菜（268）。该品种是新一代高产油麦菜，最大优点为早熟及可延长采收的品种，耐寒、耐高温、耐风雨，在高温季节也能生长良好而且叶长特抗病，无斑点，生长速度快、长势强，产量高，株高 30~40cm，叶片披针形，先端尖，较直立，叶绿色，油光靓泽，肉厚茎长 25cm，横茎 6cm 左右，纤维少，品质特佳，肉质脆嫩，清甜味纯，香脆爽口，商品率极高，一般播种至初收 40~60 天，可在缺菜季节选用种植。

（8）板叶香油麦菜。该品种生长势强、综合性状较好，表现为板叶、直立型，节间短、叶色翠绿，叶片特别是中肋口感脆嫩，品质优良、有香米味，食用时口感脆嫩。植株根系发达，较抗菌核病、霜霉病、斑点病、灰霉病，综合抗性好，保护地及露地栽培时，可减少施药次数或不施药。在冬、春保护地栽培时比对照品种拔节晚，节间短，可延长收获期，增加产量，冬季保护地栽培口感脆甜；夏秋季高温季节栽培，收获前香米味四溢清香。熟食口感苦味适中。

（9）紫油麦菜。国外引进的油麦菜品种，紫红色，是以嫩梢、嫩叶为产品的尖叶型叶用莴苣变种。株高 25cm，开展度 20cm，叶片披针形，长 20cm。生长期 60 天，色泽紫红，长势强健，抗病性、适应性强，耐热，耐抽薹；质地脆嫩，口感极为鲜嫩、清香，可整株采收或分期分叶采收。

四、种子生产技术

1. 原种生产技术

油麦菜原种生产的具体程序是：选择纯度较高的符合原品种特征特性的育种家种子或原种种子（或优良株系种子）作为播种材料，播种期要比一般秋季油麦菜生产田适当早些，以便于种株选择和保证壮苗越冬。繁种田应选择前 3 年未种植菊科类作物，地势较高、土壤肥沃、排灌方便，空间隔离距离符合要求（500m以上）的地块。育苗及苗床管理同一般油麦菜生产。黄淮流域地区多在9月上中旬播种（秋播）育苗，10月中、下旬定植，定植后的田间管理同一般油麦菜大田生产。第一次严霜前，选择具有本品种植株典型性状、生长健壮、株型紧凑、莲座叶生长正常，叶数不过多、抗冻抗病性强的植株留作种株，刨出移入温室或能够顺利越冬的条件下假植越冬。翌年温度回升，土地解冻后的2月底3月初及时移栽当选种株，株行距配置按行距40~60cm，株距20~30cm，去掉基部黄叶、老叶后栽好，栽后随即浇1~2次缓苗水后及时中耕。抽薹前追施蕾薹肥，每亩施稀释人粪尿3 000~5 000kg，或者追施NPK复合肥25~35kg。在抽薹期、开花期，成熟期多次进行田间观察决选符合本品种典型性的种株，随时淘汰劣株、变异株、感病株、抽薹过早过晚株。油麦菜种子在花序上常具有伞状细毛，成熟的种子遇到微风即可随风飞散。应在头状花序的总苞呈褐色，顶端吐出白毛时要及时采收。由于油麦菜的花序数较多，不同部位的种子成熟期差异较大，因此，为了不影响种子产量和质量，最好分次采收。若制种面积大，分批采收有困难时，可在种株叶片变黄，种子上生出伞状毛时一次性收割，经后熟后脱粒。为节约养分和不使花枝过密，应选择晴天的午间将植株上的弱枝、枯枝、退化枝、老叶给以清除，以改善种株的通风透光条件。

种株的花枝伸出后，可追施少量氮、磷、钾复合肥，并浇水。注意防治蚜虫，一般用40%啶虫脒水分散粒剂5 000~6 000倍稀释液喷雾防治；对甜菜夜蛾、斜纹夜蛾、小菜蛾，一般选用2.2%甲维盐乳剂2 500~3 000倍液或者10%虫螨睛悬浮剂1 000~1 500倍液喷雾防治。

种株开花前还应该再次进行单株选择，淘汰所有劣株，变异株，同时，要认真检查采种田的隔离条件，种子成熟时再进行1

次严格的鉴定选择，淘汰抗逆性较差的植株后。将决选种株混合采收，脱粒、晒干、储藏。到下一栽培季节，取少量种子进行种植鉴定，符合标准要求，质量合格时，即可作为原种。

2. 大田用种的生产技术

（1）成株种子生产。油麦菜良种生产的具体程序是：选择纯度较高的符合原品种特征特性的原种作为播种材料，播种期要比一般秋播生产田适当早些，以便于种株选择和保证壮苗越冬。繁种田应选择前两年没有种过菊科作物，土壤肥沃、排灌方便、隔离条件符合要求的地块。在9月上、中旬播种育苗，在10月中、下旬定植，育苗及苗床管理、定植后的田间管理均同一般大田生产。

在冬季不能越冬的地区繁殖生产种子，应在第一次严霜前，选择具有本品种植株典型性状、生长健壮、株型紧凑、叶片生长正常，抗旱抗病性强的植株留作种株，连根挖出移入温室或能够顺利越冬的条件下。开春后按行距30～50cm，株距25～30cm定植栽好，并及时浇水1～2次，缓苗后及时中耕，有条件控温的白天控制温度20℃左右，夜间10℃左右。白天温度过高时可及时通风降温；夜间温度过低时应适当加温。在适温的条件下，有利于抽薹开花结籽，增加日照长度有利于生殖生长，为节约养分和不使花枝过密，应选择晴天的午间，将植株上的弱枝、基部枯枝、老叶清除，以改善种株的通风透光条件。

种株的花枝伸出后，可追施少量氮、磷、钾复合肥，结合浇水冲施部分腐熟的人粪尿，注意防治蚜虫。温室内栽植的种株开花时，往往无昆虫传粉，常需要人工授粉。种株开花后结合人工授粉进行第二次选择，淘汰个别劣株，同时要认真检查采种田的隔离条件，若利用昆虫传粉，采种田周围500m以内不得有异品种油麦菜繁种田。繁种田注意人工辅助授粉，盛花期及时浇水，并用竹竿绑缚支架防止倒伏，盛花期过后要喷药防治蚜虫。种子成熟时应及时收获，将决选种株混合采收，脱粒、晒干、储藏，即为大田生产用种子。

（2）小株种子生产。在秋末、初冬（冬季可以越冬的地方采用直接播种或移栽定植到留种田里，在深冬最好在种株上面覆盖秸秆或草帘防冻越冬，也可将种株假植于日光温室、阳畦中或地窖内防寒越冬，次年早春定植于露地）、早春播种，并进行严格的隔离，要求繁种田周围500m以内不能有花期相同的其他异品种油麦菜繁种田。播种同一般生产大田，要求播种前施足底肥，深耕细耙，整成1.5~2m宽的小畦，行距30~50cm。出苗后加强田间管理，及时间苗，生长期间多次进行田间观察鉴定选择，淘汰变异株、杂株、先期抽薹植株，抽薹不良、受冻、感病、退化等劣株，留下的入选种株在畦内继续生长、观察鉴定，开花以后再次选择具有原品种特征特性的植株，随时淘汰不符合标准要求的劣株，种子成熟后，将种株混合收获、晒干、储藏，即为大田用良种。

第四节　空心菜

一、概述

空心菜，别名蕹菜、空筒菜、无心菜、水蕹菜、通菜、竹叶菜、藤菜、藤藤菜等，生于湿地或者水田中，我国南北各地均有栽培，属旋花科牵牛属一年生或多年生草本蔓生、须根系植物。以幼嫩的茎叶供食用，采收期长，产量较高，是主要的夏季高温堵淡叶菜类蔬菜品种之一，常见的有绿色和紫色等品种。植株半蔓生，茎圆形，中空而柔软，有节上可以生出不定根，分枝多，叶互生、有较长的叶柄，叶片长卵圆形或心脏形。花漏斗形，白色，果卵形，种子坚硬、黑褐色，喜高温，耐潮湿，能耐炎热，

不耐寒。

空心菜营养丰富，据测定每 100g 鲜嫩茎叶含热量 20kcal、碳水化合物 4.5g、蛋白质 2.3g、脂肪 0.3g、糖类 2.2g、膳食纤维 1.4g、胡萝卜素 2.14mg、叶酸 120μg、泛酸 0.4mg、烟酸 0.8mg、钙 100mg、铁 2.3mg、磷 38mg、钾 266mg、钠 94.3mg、铜 0.1mg、镁 29mg、锌 0.39mg、硒 1.2μg、维生素 A 253μg、维生素 B_2 0.08mg、维生素 B_6 0.11mg、维生素 C 25mg、维生素 E 1.09mg、维生素 K 250μg。因富含粗纤维，能促进肠道的蠕动，预防便秘，属碱性食物，可降低肠道的酸度，有益防癌。还具有清热凉血、解毒以及治便秘、便血、淋虫、痔疮、蛇虫咬伤等功效。

二、高产栽培技术要点

（1）选择地块，整地打畦。空心菜适应性较强，对土壤要求不很严格，以保水、保肥性较强的中性壤土或偏黏性土壤为好，选择土层深厚、土壤肥沃、灌排方便及较高的空气湿度、并且杂草较少的地块有利于高产。在翻耕前每亩施有机肥 3 000kg、氮磷钾多元复合肥 40kg，深耕翻后，旋耙平整，做成宽 1.5～1.8m 的小畦待播种或移栽。

（2）适时播种、育苗。空心菜露地栽培从春到秋都可进行，若利用温室、温棚、保护设施栽培可周年生产和供应市场。黄淮流域春播种时间以 4 下旬至 5 月上旬比较适宜，应选择种子饱满，颜色新鲜，发芽率在 98% 以上的优良种子。由于空心菜属喜高温多湿环境，种子萌发温度 15℃ 以上，也可利用茎藤腋芽萌发繁殖或生产。空心菜种子的种皮厚而坚硬，吸水慢，直接播种发芽较慢，如遇长时间的低温阴雨天气，容易引起种子腐烂，播种前最好对种子催芽处理，即用 30～60℃ 温水浸泡 30 分钟，然后用清水浸种 12～24 小时，捞起洗净后放在 25℃ 左右的温度下保湿催芽，催芽期间每天用清水冲洗种子 1 次，待种子露白后播种，春播 7 天左右出苗。一般采取条播方式，每亩用种量 2～3kg，按行距 30～40cm 开沟，沟深 2～4cm，播种后及时覆土，然后用薄膜覆盖畦面，并加盖保温材料，出苗后即可揭开覆盖物，也可以采用撒播或穴播。

若采用育苗移栽，多用平畦育苗，撒播。用种量 10～15kg，可移栽面积 0.7～1hm²。早春育苗温度低，出苗迟，易烂种。播种前进行催芽处理，即用清水浸种 12～24 小时，然后在 25～30℃ 左右的温度下保湿催芽，每天用清水冲洗种子 1 次，待大部分种子露白后播种。播后及时覆土，并用秸秆等保温材料覆盖畦面，待出苗后随即去掉覆盖物，加强苗床管理，苗高 15～18cm 时移栽到大田，行距 30～35cm，株距 10～15cm，由于空心菜易成活，注意浇好定根水，减少缓苗时间，促使定植苗及早进入旺盛生长期，以利高产。

（3）加强田间管理。出苗后及时间苗、定苗和除草，并加强水肥管理。空心菜喜肥喜水喜充足光照，从子叶出土到 4～5 片叶的幼苗期，适温为 20～25℃。茎叶生长期适温为 25～35℃，对水肥需求量很大，除施足基肥外，还要大量追肥，当秧苗长到 5～7cm 时要浇水施肥，促苗早发，以后要经常浇水保持土壤湿润。每采摘 1 次追肥 1～2 次，追肥以氮肥为主。若土壤水分不足，空气干燥，肥力瘠薄，则产量和品质都会降低。

注意病虫害防治，空心菜虫害主要有小菜蛾、红蜘蛛、蚜虫、卷叶虫、斜纹夜蛾幼等，要及时防治，一般可选用 10% 氯氰菊酯乳油 2 000～3 000 倍液，或用 20% 氰戊菊酯乳油 2 000 倍液，或用速杀 2 000 倍液，或用 2% 阿维菌素 1 500 倍液防治。病害以白锈病、叶斑病，常用 70% 代森锌 600 倍液防治，叶斑病用 75% 百菌清 600 倍液防治，或用 50% 多菌灵可湿性粉剂 800 倍液防治。

（4）适时采收。适时采收是空心菜优质高产的关键。春天播种后到采收需要 30 天左右，始收时间 5 月中下旬，标准为植株高达 20cm 左右。第一次采收，即拔除过密和生长较大的植株。株高 20cm 左右时结合定苗间拔上市；留下的苗子可多次采收上市，当株高 30cm 以上时开始第 1 次采割，茎基部留 2 个茎节。第 2 次采割将茎基部留下的第二个节采下。第 3 次采摘将茎基部留下的第一个茎节采下，以达到茎基部重新萌芽。这样，以后采摘的茎蔓可保持粗壮。采摘时用手掐摘亦可。从开始采收到结束可长达 6 个月以上。

三、主要品种简介

（1）赣蕹 2 号。江西省吉安市农业科学研究所选育，植株半直立，分枝力强，株高 43.3cm，开展度 40cm，苗期叶披针形，中后期叶长卵圆形，先端稍尖，基部心形。叶绿色，互生，叶面光滑，全缘，茎粗 1.4cm，近圆形，淡绿色，中空有节，节长 6.1cm。种子近圆形，深黑褐色，千粒重 60.3g，生长期 246 天，主要优点是丰产、稳产、适应性广、耐旱、抗寒能力强、抗病，采后再生力强，茎叶质厚柔嫩，品质好，在肥力中等以上的地块易获高产，尤其适应早春大棚栽培或露地小拱棚提早上市一次性采拔栽培，经济效益高，一般蕹菜主产区均可种植，亩产量可达 4 000kg 以上，比对照品种增产 10% 左右。

（2）吉安大叶空心菜。吉安大叶空心菜 又叫吉安大叶蕹菜，是江西省吉安市优良的地方品种。株高 30~35cm，开展度 40cm×30cm，叶簇生较直立，单株叶数 20 片左右，最大叶片长 16cm、宽 11cm，叶全绿，整株无茸毛和其他附属物，叶柄长 12~15cm，横断面有空心。具有适应性强（耐热、耐旱、耐涝、耐湿）、病虫害发生少、生长快、采收期长、品质优、产量高、营养丰富等特点，是反季节首选的绿叶蔬菜。

（3）竹叶空心菜。由泰国引进的品种。叶片竹叶形，青绿色，梗为绿白色，茎中空、粗壮，向上倾斜生长。耐热、耐涝，夏季生长旺盛，不耐寒，适于高密度栽培，在北方宜春夏露地栽培。嫩枝可陆续采收 2~3 个月，质脆、味浓，品质优良，每亩产量可达 3 000kg 以上。

（4）柳叶空心菜。该品种茎绿白色，叶片呈柳叶状，叶深绿色，质柔软，纤维少，味美。生长迅速，夏季南方地区 20 天左右可收获，每亩产量可达 2 000kg 以上。耐涝、耐热，不爬藤，不易抽薹，适宜在我国各地栽培。

（5）籽蕹。该品种主要用种子繁殖，也可扦插繁殖。多旱地栽培，也可水生。生长旺盛，茎蔓粗大，叶片大，叶色浅绿，夏秋季节开花结籽，按花色又可分为白花和紫花两种，白花品质好，产量高，栽培面积大。品种有白壳、大骨青、浙江游龙空心菜、四川旱蕹菜、湖北、湖南的白花和紫花蕹菜等。

（6）藤蕹。用茎蔓繁殖，一般甚少开花，更难结籽，多用于水田或沼泽地栽培，也可旱地栽培，其品质优于籽蕹，生长期长，产量高。品种有广东细叶通菜、丝蕹、湖南藤蕹、四川大蕹菜等。

四、种子生产技术

1. 原种生产技术

空心菜（蕹菜）种子生产方法有 2 种，子蕹和藤蕹。子蕹为结籽类型蕹菜，主要用种子繁殖。藤蕹为不结籽类型蕹菜，主要用扦插繁殖。

（1）子蕹留种。要选择前 2 年未种植旋花科类作物，土壤肥力中等，保肥保水力强的地块作为留种田，以免植株营养生长过于旺盛而推迟开花结籽，以防后期遇到低温时种子不能充分成熟。一般选用春播已经采收过几次的生长健壮、符合本品种典型性的植株于 6 月栽种，行距 66cm，株距 33cm，每穴栽 2~3 株，栽后浇水，确保成活。原种繁殖田周围 2 000m 以内不能有花期相同的其他品种繁种田，标准空间隔离以确保原种生产纯度。缓苗后随即搭建支柱或搭建"人"字架，引蔓上架，以利通风透光。摘除下部老叶，生长到秋季，植株陆续开花、结籽、成熟。种株田一般不追肥，以控制营养生长，促进植株及早转入生殖生长，力争在低温前种子已达成熟期。若有病虫害发生，须及时选药喷治。待种子呈黑褐色、质地干硬便可采收，应成熟一批，采收一批，以提高种子质量。需在霜降前收获完成熟种子，一般每亩能产 40~100kg 种子。如果不搭架，遇到降雨多的年份，几乎无收，所以，搭架很重要。

（2）藤蕹留种。可在霜降前选留组织充实、生长健壮的符合本品种特征特性的藤蔓，晾晒 2~3 天，然后捆成把贮存在地窖中。窖内保持 10~15℃，相对湿度 75% 左右，以防受冻或脱水过多。翌年天气转暖后，及时将种藤剪成长 25cm 左右的小段，栽于育苗畦进行快速繁殖。当新生秧蔓长到 25~30cm 时即可剪蔓扦插移栽。

2. 大田用种的生产技术

（1）子蕹留种。要选择肥力中等、保肥保水力强、排灌方便、前茬没有种植过旋花科作物的地块作为留种田，空间隔离距离要求种子田周围 1 000m 以内没有花期相同的其他子蕹品种，一般选用春播已经过几次采收和田间鉴定筛选，符合本品种特征特性的植株于 6 月栽种，行距 60cm，株距 30cm，每穴栽 2~3 株，交错栽培，栽后浇水，以利成活。醒棵后即设立支柱或搭"人"字架，引蔓上架，以利通风透光。成活后的植株生长到秋季后陆续开花、结子、成熟。种株田一般不追肥，以控制营养生长，促进植株及早转入生殖生长，力争在低温前种子完全成熟。若有病虫害发生，须及时选药喷治。待种子呈黑褐色、质地干硬便可采收，应成熟一批，采收一批，以提高种子质量。一般在霜降前收获完种子，每亩能产 60～120kg 种子。如果不搭架，遇到降雨多的年份，几乎无收，所以，搭架很重要。

（2）藤蕹留种。可在霜前选留符合本品种典型性、植株组织充实、生长健壮、抗逆抗病性强的藤蔓，晾晒 2～3 天，然后捆成把贮存在地窖中。窖内温度保持在 10～15℃，相对湿度 75% 左右，以防受冻或脱水过多。翌年天气转暖后将决选的种藤，移栽定植于育苗畦进行繁殖或栽于大田进行蔬菜生产。

第五节　木耳菜

一、概述

木耳菜，又名落葵，系落葵科一年生藤蔓草本植物，以幼苗、嫩叶或嫩梢供食用。茎肉质，光滑无毛，叶片肥厚，富有弹性，质地滑嫩多汁，色泽油绿，气味清香，风味独特，口感柔滑酷似木耳，因此，得名木耳菜。其营养丰富，据测定每百克嫩叶茎含水分 92.7g，蛋白质 2.2g，碳水化合物 3.1g，纤维素 0.7g，脂肪 0.2g，糖 3.1g，胡萝卜素 4.55mg，维生素 B_1、B_2 分别为 0.08mg 和 0.13mg，维生素 C 102mg，尼可酸 1.0mg，钙 205mg，磷 52mg，铁 2.2mg，全株供药用，经常食用有清凉补血，清热解毒，防治疖疮，降压保肝，缓泻滑肠，润泽皮肤，美容养颜等作用效果，是夏季供应的绿叶类保健蔬菜之一。木耳菜适应性广，对土壤质地要求不高，除盐碱地外，我国各地均可种植。为喜温、耐热、耐涝、耐湿性特强、怕冷忌霜类蔬菜，既可大田栽培，也适于庭院经济种植。

木耳菜种子发芽适宜温度为 20℃ 左右，生长期的适宜温度为 25～28℃。当温度超过 35℃ 时，只要不缺水它还能正常生长；

当温度低于 20℃ 时，植株生长缓慢；当温度达到 15℃ 以下时，植株会出现生长不良的现象。在高温多雨季节，木耳菜生长旺盛，种植时选择适宜北方地区种植的耐热性强、病虫害少的优良品种，如大叶落葵、红梗木耳菜、白花落葵等。

木耳菜可周年生产种植，露地栽培，在谷雨后至秋分前均可播种，以 4 月和 8 月播种的产量最高，品质也好。保护地栽培可在 9 月至翌年 5 月期播种。

二、高产栽培技术要点

（1）整地与播种。应选择排灌方便，土层深厚，疏松肥沃的地块，前茬收后，每亩施腐熟的优质有机肥 3 000～5 000kg，氮磷钾三元复合肥 40～60kg，深耕 20～30cm，耙平做畦，宽 2m 左右，以食用幼苗为主的应撒播，每亩用种量为 6～7kg；以食用嫩梢为主的应条播，每畦内播种 4～8 行，平均行距 25～50cm，株距 10～15cm。庭院种植以穴播较好。早春提前栽培需要在温度适宜的阳畦中育苗，播种前将种子浸泡催芽处理，将种子用 50～54℃ 温水浸泡 30 分钟，然后在 30℃ 温水中浸泡 12～24 小时，捞出用清水淘净，盛于容器里盖上湿毛巾，在保温保湿透气的条件下催芽 3～4 天，待 50% 种子露白时，用干草木灰轻拌，使种子散开，进行播种，夏季播种可不必浸种催芽；从播种到出苗期间保证温度达 20℃ 左右，5～7 天出苗，干种直播需要 10～15 天出苗。秋播时应用采收的新鲜种子直接播种。

若采用育苗移栽，当幼苗长到 3 片真叶时即可定植。以当地进入无霜期、5cm 地温稳定在 15℃ 时即可进行移栽，行距 20～25cm，株距 20cm，每穴 2 株。也可把行距按 40～50cm，穴距 30cm，每穴 3～4 株，每穴株间保持 3～4cm 的距离，定植后及时浇足水，水渗下后封好土，减少缓苗时间。

（2）加强田间管理。出苗或定植后，要科学管理，要结合土壤肥力和墒情情况，及时中耕松土，促进缓苗。撒播的当植株长到6~7片真叶时开始采收，先间采大苗后小苗，延长上市销售时间。以食用嫩梢为主的，当苗高30cm时，留基部3~4片叶掐去头梢，选留2个健壮侧芽生长新梢，其余的抹掉，新梢收获后再选2~4个健壮侧芽生长新梢，在生长盛期，可留5~8个强壮侧芽生长新梢，到中后期要及早抹去花蕾。后期生长势减弱，可在整枝后保留1个健壮芽，以利叶片肥大，品质好。一般每隔7~10天采收1次，每亩产量可达1 500~2 500kg；若以采收嫩叶为主时，在苗高30cm时及时搭人字架或网形架，及时引蔓上架，除主蔓外，在基部留两条健壮侧蔓，组成骨干蔓，骨干蔓上不再留侧蔓。当植株长至架顶时要摘心，然后再从骨干蔓基部，选留1个强壮侧芽，逐渐代替原来的骨干蔓，骨干蔓在叶片采完后应剪掉下架。在采收期内依植株生长势强弱，增减骨干蔓数，还要及时抹去花蕾。这种方式生产的单叶重，品质好。前期每隔7~10天采收1次，后期每隔5~7天采收1次，每亩产量为2 000~4 000kg。

（3）及时采收，科学施肥。木耳菜喜肥喜水，只要肥水有保障，很容易获得高产。所以，每采收1次要随时浇水追肥1次，追肥以腐熟的人粪尿为最好，每亩1 000kg，也可追施尿素每亩15kg。整个采收期不可缺肥，否则，梢老、叶小，品质差。若生产种子，种子外观由绿变黑即为成熟。

木耳菜一般不需用农药防治病虫害，在特殊年份若发生虫害：①斜纹夜蛾为害，症状有较多嫩叶尖有小眼，可用菊酯类杀虫剂1 500倍、蚜虫可用50%乐果800~1 000倍液喷洒防治1~2次。②若发生褐斑病，可在发生初期喷72%g露可湿性粉剂600~800倍液，或用50%速克灵2 000倍液，77%可杀得500倍或68.75%易保可分散性粒剂800~1 000倍液防治，一般此病不需药剂防治。③连作木耳菜也可能发生根结线虫病，实行换茬轮作就可减少或避免该病的发生。

三、主要品种简介

（1）大叶木耳菜。大叶木耳菜又名大叶落葵、广叶落葵，由国外引入，经试种后选出。茎蔓生，扁圆、肉质、绿色，叶腋易萌生侧枝，叶互生，心脏形，全缘，较阔大，深绿色，叶肉厚，大叶片长约20cm，宽约17cm，叶柄绿色，有明显腹沟，单片大叶重约19g，茎、叶均平滑无毛略有光泽。耐热性强，病虫害少，收获季节长，亩产约5 000kg。

（2）红梗木耳菜。红梗木耳菜由南方引进。茎蔓生，紫红色，生长势及分枝性较强，叶互生，近圆形，大叶片长约10cm，宽约10cm，叶面光滑，腹沟明显，叶面绿色，叶背及叶脉为紫红色。叶柄紫红色。耐高温高湿，抗病虫力强。亩产量2 500kg左右。

（3）青梗木耳菜。青梗木耳菜为红梗木耳菜的一个变种，除茎为绿色外，其他生物学特性及品种经济性状与红梗木耳菜基本相同。亩产量2 500kg左右。

（4）白花木耳菜。白花木耳菜又名白花落葵、白落葵、细叶落葵。茎淡绿色，叶绿色，叶片卵圆形，长卵圆披针形，基部圆或渐尖，顶端尖或微钝尖，边缘稍作波状。其叶较小，平均长为2.5~3cm、宽为1.5~2cm。穗状花序有较长的花梗，花疏生。突出优点是耐低温能力强，生长较快，以营养繁殖方式维持其后代的生存，其变异性小、品种纯度高等受到栽培者的欢迎和利用。

四、种子生产技术

1. 原种生产技术

木耳菜为自花授粉作物，原种田空间隔离距离要求500m以上，其种子为黑褐色或灰白色瘦果，千粒重 25g 左右。木耳菜叶腋抽出穗状粉（紫）红色小花，每个花穗花后结种子 10~20 粒。整株陆续开花，种子先绿后紫再黑陆续成熟。果实完熟后即自行脱落，故人工采收应分次进行。

播种前选择种子纯度高、变异性小的育种家种子或原原种种子，或者选用纯度较高的系种种子。播种时的种子处理、生长期间的田间管理等同一般大田生产管理。在苗期、抽茎期、开花期、成熟期等关键阶段，按照本品种特征特性严格筛选，淘汰杂株、劣株、病株、弱株、变异株，选择典型性突出、遗传基础稳定、生长势稳定的单株，做好标记，分别收种。第 2 年建立株行圃，田间观察挑选优良株行，及时淘汰变异行、杂行，最后当选株行种子单收、单晒、单存，供第 3 年种植建立株系圃，生长期间多次田间观察挑选优良株系，及时淘汰变异系、杂系，最后当选株系种子混收、混晒，供第四年繁殖原种用。

正常水肥管理下，木耳菜生长至 7 月中旬种子陆续成熟。当种子由绿变黑、有光泽时，即可收获，采收时，按成熟情况逐棵采收，分株存放。也可在留种株下铺设薄膜，种子成熟后任其自然脱落到薄膜上，然后集中收获。

大量生产种子时，为防止落粒，收割宜在清晨时进行。将割倒植株及时运送到晒场晾晒，干时即可通过人工摔抖或者脱粒，使种子脱落。采收时间到 10 月中旬结束。采收到的种子，通过风选，将桔梗、花絮等杂物清除，确保种子净度在 98% 以上。筛选过的种子及时用防潮袋包装，放至阴凉处，防雨防鼠，以备使用。

2. 大田用种的生产技术

木耳菜良种生产技术比较简便，一般采取商品菜栽培与留种栽培相结合方式进行采种。落葵为自花授粉作物，若当地栽培的品种不是很多，大田用种子生产时应留空间隔离距离应该在

300m 以上。留种时，要从基础条件好，种子纯度较高的春播繁种田中选取符合本品种特征特性的植株留为种株，种株株行距为 30~40cm，40~60cm 为宜，选用生长势强壮、无病、具有本品种特性的健壮植株，于 6 月中、下旬，当蔓伸长到 50cm 左右时，及时插架、摘除顶芽，促进侧枝和开花结果。由于落葵是陆续开花，果实和种子也是陆续成熟的，种子成熟后会自行脱落，所以，要分期分批采收。一般开花后 1 个月可采收种子，在 9—10 月采收结束后，放置容器中揉搓，挤出汁液，待其充分发酵后，进行淘洗，然后捞出种子晒干贮藏，妥善保管。

第六节　雪里蕻

一、概述

雪里蕻，又叫雪菜、雪里红、雪里翁、春不老、霜不老、叶用芥菜等，为十字花科芸薹属的叶用芥菜的变种。一年生草本植物，是芥菜中的一个叶用变种，叶子深裂，边缘皱缩，花鲜黄色。性喜冷凉湿润的气候条件，不耐霜冻，也不耐炎热和干旱，以叶柄和叶片为食用部分，营养价值很高，据测定分析，每 100g 鲜菜中水分占 91%，含蛋白质 1.9g，脂肪 0.4g，碳水化合物 2.9g，灰分 3.9g，钙 73~235mg，磷 43~64mg，铁 1.1~3.4mg，胡萝卜素 1.46~2.69mg，硫胺素（维生素 B_1）0.07mg，核黄素（维生素 B_2）0.14mg，尼克酸 8mg，抗坏血酸（维生素 C）83mg。而且它富含芥子油，具有特殊的香辣味，其蛋白质水解后又能产生大量的氨基酸。雪里蕻还具有解毒消肿、开胃消食、温中利气、明目利膈等功效，对疮痈肿痛、胸膈满闷、咳嗽痰多、耳目失聪、牙龈肿烂、便秘等病症，有一定辅助疗效。

二、高产栽培技术要点

（1）育苗移栽。苗床选择，应选择靠近栽培大田、土壤肥沃、排水良好、多年未种过十字花科作物的壤性土做苗床为宜，要在耕翻前施足基肥，基肥用量一般为腐熟的有机肥 2 500kg/亩或发酵灭菌的人粪尿 1 000kg/亩，过磷酸钙 30kg/亩，并用农地乐等杀虫剂做土壤处理，以预防地下害虫危害。雪里蕻种子细小，苗床要高标准犁整，要做到深耕翻、细平整，达到垄直、畦平、土碎。苗床畦宽 1.8~2m，长度以实际需要而定，一般 10~15m 为好，方便浇水。

雪里蕻也可直播，一般有撒播、条播均可，即 9 月播种，按 250g 种子拌匀湿细土播亩大田。

（2）适期播种。黄淮地区适宜的播种期一般以 8 月下旬至 9 月上旬为宜，播量以 200~250g/亩为宜，播种前苗床应洒水，水下渗后再播种，播种时要力求均匀，最好将种子拌细湿土或者细沙后再播种，播后最好加盖草木灰和加盖稻草或麦草，以减少水分蒸发，保湿有利促进种子发芽和出苗，5~7 天即可齐苗，当种子发芽达到 80%时应将稻草或麦草揭去，以培育健壮、根系发达的秧苗。出苗后防止畦面失水干裂，注意常喷水，保持土壤湿润。若出现干裂可向床面撒土保墒。多雨天气应清沟排水防止床面积水。出苗后要及时间苗、匀苗，保证秧苗受光充分，防止高脚苗。要注意防治好菜青虫、菜螟和蚜虫。

（3）适时壮苗移栽 雪里蕻 9 月下旬至 10 月移栽，苗龄 30天左右，苗高 15~20cm，并具有 5~6 片绿叶，根系完好。移栽大田要施足基肥，一般施用腐熟的有机肥 3 000kg/亩或发酵灭菌的人粪尿 2 000kg/亩，过磷酸钙 30kg/亩，尿素 20kg/亩，精耕细耙，做到田平土细沟直，畦宽 2 米左右。移栽密度 8 000~11 000 株/亩为宜，一般行距 27~33cm、株距 10~20cm，移栽取

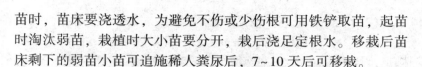

苗时，苗床要浇透水，为避免不伤或少伤根可用铁铲取苗，起苗时淘汰弱苗，栽植时大小苗要分开，栽后浇足定根水。移栽后苗床剩下的弱苗小苗可追施稀人粪尿后，7~10天后可移栽。

（4）大田管理。雪里蕻定植后2~3天再浇1次水，以利迅速成活，减少缓苗期限，若遇秋冬旱情，要及时多次浇水抗旱。雪里蕻是叶用蔬菜，施肥以氮肥为主，大田施足底肥后，一般要追施粪肥3~4次，或追施尿素2~3次，但施用尿素量不超过10kg/亩。雪里蕻主要害虫是蚜虫、黄条跳甲和菜螟，可用40%的乐果乳油20ml加敌杀死或高效氯氰菊酯20ml，对水30kg喷雾防治；主要病害有病毒病，可用50%多菌灵可湿性粉剂800倍液防治1~2次，间隔7~10天再喷1次。直播大田要搞好间苗，去弱留强，去小留大，每亩留苗1万~1.2万株，过稀的地段要补栽。

（5）适时采收。雪里蕻的采收从12月下旬到第二年4月上旬均可，但以当年大冻前采收最好，也可到翌年3月开始抽薹前采收。土壤肥沃、管理好的，单株鲜重可达1kg以上，每亩可产4 000kg以上，株高可达70cm左右，单株分蘖可达20个以上。

三、主要品种简介

（1）九头鸟雪里蕻。该品种为南京市地方品种，属叶用芥菜，植株高35~45cm，半直立，叶片簇生在短缩茎上，叶腋间侧芽生长势强，稀植时形成大的叶丛，侧芽萌发力强，一般多为9个分枝，故名为九头鸟。叶片长卵形，叶缘缺刻深浅不同，叶面微皱，叶缘波状，叶片质嫩纤维少。中熟耐寒、肉质嫩、品质优，风味独特，稍有辣味，适于腌渍，是主要的加工腌制品种之一，栽培要点：8月上、中旬育苗或8月中、下旬直播，育苗应在9月下旬定植，小雪前后上市，采收前应不少于55天生长期，一般亩产量4 000kg以上。

（2）花叶雪里蕻。该品种适应性强，较耐旱，耐寒，抗病虫力强，主要性状植株高 70cm 左右，开展度 70cm。大叶呈长椭圆形，长 76cm，宽 26cm，深绿色，叶面平滑-皱褶，叶缘深裂，基部深裂成数对裂片，叶柄狭圆有沟，厚 1.5cm，浅绿色。中肋扁平，白色，背面纵棱明显。叶肉较薄，肉质茎不发达。叶用为主，单株重 1.5kg。叶纤维较多，质地粗糙，产量高，品质一般，主要供加工腌渍用，一般亩产量 5 000kg 以上。

（3）金丝芥。该品种为为上海市农家品种，属叶用芥菜变种中的花叶芥菜型，主根弱须根入土深达 18～36cm，茎为短缩茎，茎粗 1.0～2.2cm，叶片生长在短缩茎上，叶色黄绿色，叶片数 30~40 片，叶长 15～20cm，叶细小。金丝芥适应性较强，喜冷凉湿润的气候条件，对土壤要求不严格。常年播种一般在九月初开始进行，采收期较长，从 11 月下旬到第二年 3 月分批间株采收，3 月下旬进入抽薹开花期，茎木质化后应停止采收鲜食叶用植株。

（4）徽山花叶芥。该品种为属地方性品种，分蘖少，叶长椭圆形，叶缘深裂。单株叶片 16 片左右，平均单株重 200g 左右，芥辣味浓，可炒食和腌渍。抗病虫害。亩产 4 500kg 左右，该品种是比较高产的优质小叶芥类型。

（5）甬雪 3 号雪里蕻。该品种是宁波市农科院蔬菜所 2010 年育成的一代杂交种。经过两年试验测试，平均亩产量 6 419.3kg，较对照品种宁波细叶黄种雪里蕻增产 32.8%，创造了我国秋播冬收雪菜亩产最高纪录，且高抗病毒病。

（6）松叶芥菜。该品种为山东省济宁市地方品种，实际在鲁西南各县市分布普遍，植株生长势强，成株高达 35cm，开展度 30~40cm。分蘖性中等。叶为深裂花叶，似松树叶子，故名松叶芥菜。叶色深绿，叶柄圆，单株有叶 15 片左右，平均单株重 100g 以上。该品种抗病性强，芥辣味中等，可供腌渍或炒食。

春、秋均可栽培，春季栽培，可于2月上旬阳畦播种育苗，3月中、下旬定植，4—5月抽薹前收获；或3月中旬直播，5—6月抽薹前收获。秋季栽培，于8月上、中旬直播，立冬收获。

（7）竹竿青芥菜。该品种为山东省滕州市地方品种。植株生长势强，成株高达45~50cm，开展度50~60cm。分蘖性偏弱。叶为长椭圆形花叶，深裂，叶色深绿。叶柄圆，厚1cm左右。单株有叶18片左右。平均单株重200g以上。该品种抗病性强，芥辣味中等。可供腌渍或炒食。一般于秋季栽培，亩产量达5 000kg以上。

（8）青岛雪里蕻。该品种为青岛市从我国南方引入，已栽培多年。植株生长势强，成株高达40~50cm，开展度60cm左右，分蘖性较强。叶为长椭圆形花叶，深裂，叶色深绿，叶柄圆，厚1.2cm左右。单株有叶15片左右。平均单株重250g以上。该品种抗病性强，芥辣味中等，尤适于腌渍。于秋季栽培，一般亩产量4 000~5 000kg。

（9）鄞雪14号。该品种为板叶型花叶种，是鄞县邱隘地方品种，经鄞县雪菜开发研究中心筛选、提纯复壮后育成。特征特性：株高46cm左右，开展度68cm×62cm，株型半展开，分蘖性强，成株有分蘖31个左右。叶深绿色、倒卵形，长49.2cm，宽12.1cm，叶缘细锯齿状，呈波浪形相互摺叠，缺刻自叶尖至叶基由浅渐深，近基部全裂，有小裂片5~6对，叶面较光滑，无蜡粉和刺毛，叶柄浅绿色，长1.3cm，宽1.6cm，厚0.6cm，横断面呈弯月形，单株叶片数212片左右；单株重可达1.04kg。

四、种子生产技术

1. 原种生产技术

叶用芥菜的种子生产方面多数与菜用栽培相结合。由于芥菜为常异花授粉作物，因此在原种、生产用种子的生产过程中必须严格隔离，空间隔离距离要在 2 000m 以上。目前，叶用芥菜多为常规品种，其种子生产方法常采用大株留种与小株留种相结合，其中，大株留种用于原原种和原种种子生产，小株留种用于生产用种子生产。

原种生产多用大株留种法，大株留种一般与菜用栽培同期播种，通常在 8—11 月，具体视其品种特性及留种地区条件而异。要求种子田土壤肥沃，排水良好，播种前施足底肥，每亩应施优质有机肥 3 000～3 500kg，磷钾复合肥 25kg。原种田周围 2 000m 以内不能有花期相同的其他芥菜（十字花科）品种，严防串粉以确保原种质量。在植株苗期、抽薹期、开花期、成熟期，多次进行田间选留种株，有条件的建议采用 3 年三圃制提纯复壮法生产原种种子。留种地的田间管理及种子采收，与芥菜常规品种种子生产相同。

2. 大田用种的生产技术

（1）成株生产法。大田用种生产多以小株留种法，亦可用成株留种法。第一年秋播，一般在 8—10 月间直播，最佳播种期使植株能以壮苗越冬。播种前施足基肥，一般每亩施优质有机肥 3 000～5 000kg，过磷酸钙 15kg，繁种田应选择土壤肥沃，排灌方便，种子田周围 1 000m 以内不能有花期相同的其他异品种芥菜留种田，保证空间隔离距离和所产种子质量达到标准规定。对高寒地区不能安全越冬的，封冻前应及时将当选种株连根拔起，晾晒 3～5 天，运贮存藏安全越冬，开春后，土壤解冻即可移栽。分别在苗期、抽薹期、初花期，成熟期多次进行田间去杂去劣，及时淘汰变异株、劣株、病株、杂株，其他管理与一般大田蔬菜留种相似。

（2）小株生产法。大田生产用种多以小株留种法，即开春后，土壤解冻后就可播种，一般选用直播，播种期以使全部植株能正常抽薹开花为前提。播种前施足基肥，一般每亩施优质有机肥 3 000~5 000kg，过磷酸钙 15kg，繁种田周围 1 500m 以内不能有花期相同异品种留种田。在苗期、抽薹期、花初期，成熟期多次进行田间去杂去劣，及时淘汰变异株、劣株、病株、杂株，其他管理与一般大田蔬菜栽培相似。

（3）种子采收。尽管芥菜种子成熟期各地不同，但成熟标准基本一致，种荚内的种子有 1/2 变为黄色时，即可一次性全株收获，为防止裂荚，应在早晨露水未干时收割、晾晒、脱粒、清选、入库贮藏待用。

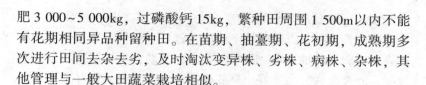

第七节　苋　菜

一、概述

苋菜，别名米苋、红苋菜、青香苋、野刺苋等，植物学上属苋科苋属一年生草本植物。苋菜在我国及印度作为蔬菜栽培有悠久历史，类型较多，常见类型有野苋和籽用苋；叶的颜色有绿苋、红苋、彩苋；叶形有圆叶种和尖叶种。苋菜营养丰富，据测定每 100g 鲜嫩茎叶中含水分 90.1g，蛋白质 1.8g，碳水化合物 54g，粗纤维 0.8g，维生素 C 28mg，胡萝卜素 1.95g，钙 180mg，在蔬菜中除芥菜、榨菜外，苋菜是最高的；铁 3.4~4.8g，比菠菜高 1 倍；磷 46mg。

苋菜为直根系植物，根系发达，分布深广，叶互生，全缘，先端尖成钝圆形、卵圆形、长卵圆形、披针形，叶面皱缩，叶色有绿色，黄绿色，紫红色，绿色与紫红色嵌镶。花单性或杂性，穗状花序，花极小，顶生或腋生。种子极小，圆形，黑色有光泽，千粒重 0.3g 左右。

苋菜是一种高温短日照作物，性喜温暖，耐热力较强，不耐寒冷，生长适温 23~27℃，20℃以下生长缓慢，10℃以下种子发芽困难。苋菜具有较强的抗旱能力，不耐涝，对土壤要求不严格，适应性较强，以偏碱性土壤生长较好。在气温适宜日照较长的春夏季栽培，抽薹迟，品质柔嫩，产量高；土壤肥沃、水分充足时，叶片柔嫩，品质好，易获得高产。在夏季其他叶菜类不适宜的时期能旺盛生长，苋菜的幼嫩茎叶清脆可口无杂味，不但能鲜煮食、炒食，还适于晒制干菜，老化的茎叶可作家禽青饲料，也能腌渍咸菜，幼嫩茎秆干燥后磨成粉是一种很好的精饲料。

二、高产栽培技术要点

苋菜栽培季节，从春季到秋季的无霜期内均可栽培，春播抽薹开花较迟，品质柔嫩。夏秋播较易抽薹开花，品质有所下降，黄淮流域地区露地4月下旬至9月上旬播种，5月下旬至10月上旬采收，若利用温室等设施全年四季均可种植栽培，生长期30~60天。苋菜为叶用菜，生长快，生长期短，植株较矮，适于密植，可在主作物茄果类、瓜类、豆类蔬菜中间间作种植，充分满足市场需要，提高经济效益。

（1）整地作畦。种植苋菜应选择土壤肥沃，地势平坦、排灌方便、杂草较少的地块。采收幼苗、嫩茎和嫩叶的一般进行撒播，也可育苗移栽。播种前耕翻土地深15~25cm，每亩施入腐熟的有机肥1 500~2 000kg。由于种子小，顶土力差，要求整地作畦的质量较高，畦面土壤细碎平整，否则会影响出苗率和出苗整齐度。

（2）及时播种。整好土地后，及时播种。采用撒播的，播种前要浇足底墒水，待畦面水渗下后，均匀撒播种子，最好掺一些草木灰或者细干土，有利于种子均匀，然后再均匀覆盖1cm左右的细湿土；若采用条播的，要先在畦中开沟，行距15~20cm，沟深1~2cm，沟中灌底墒水，待水下渗后，均匀撒播种子。早春播种，由于气温偏低，出苗差，播种量宜大，每亩3~5kg。晚春或晚秋播种，每亩播种量 2kg。夏季及早秋播种，气温较高，出苗快且好，每亩播种量 1~2kg。若以多次采收嫩叶茎为主的，要进行育苗移栽，株行距 30~50cm。

（3）加强田间管理。春播苋菜，由于气温较低，播种后 7~12 天出苗，夏秋播的苋菜，只需 3~5 天出苗。当幼苗 2~3 片真叶时，及时间苗，剔除过度稠密的苗和部分大苗上市，然后进行第一次追肥，每亩 3~5kg 氮磷复合肥或者稀人粪尿，10 天后进行第二次追肥，每亩 5~10kg 硝酸铵；当第一次大量采收苋菜后，进行第三次追肥，每亩 5~10kg 尿素；以后每采收 1 次，应追 1 次粪肥，每次每亩施尿素 5~10kg。春季和秋冬气温低时，可结合浇水追施人粪尿稀释液，春季栽培的苋菜，浇水不宜过大，夏秋季栽培时要注意适当灌水，以利生长。加强肥水管理是苋菜高产优质的主要措施。水肥跟不上，幼苗生长缓慢，容易抽薹开花，产量低，品质差。每次采收后，应及时将田间杂草拔除。

（4）注意病虫害防治。苋菜抗病性较强，一般不需要病虫害防治，但要勤观察，一旦发生，及时防治，苋菜主要病害是白锈病，可用粉锈宁或代森猛锌防治。主要虫害是蚜虫和菜青虫，可用吡虫啉或避蚜雾喷雾除治。农药使用剂量及方法见前述。

（5）适时采收。苋菜是一次播种，多次采收的叶菜。早春播苋菜在播后 40~45 天，株高 15cm，具有 5~6 片真叶时开始采收。第一次采收结合定苗，拔出过密，生长较大的苗；第二次采收可用镰刀进行割收，保留基部 5cm 左右萌发新芽。待侧枝长到 12~15cm 时，进行第三次采收。春播苋菜亩产为 1 500~3 000kg。夏、秋播种的苋菜，一般在播后 30 天开始采收，生产上只采收 1~2 次，亩产量在 1 500kg 左右。

三、主要品种简介

生产上栽培苋菜常用品种有三大类型，分别为绿苋菜、红苋菜、花红苋菜，分别介绍部分适宜高产的品种。

（1）绿苋菜。绿苋菜的叶和叶柄及茎均为绿色，叶面干展，平均叶长 10cm，宽 5~6cm，株高 30cm 左右。品种质地较硬，耐热性较强，适于春季和秋季栽培。在全国各地的无霜期内，可分期播种，陆续采收上市。春播抽薹开花较迟，品质柔嫩，夏秋播种较易抽薹开花，品质粗老。华北露地 3 月下旬至 9 月上旬均可播种，5 月下旬至 10 月上旬陆续采收，菜用生长期 30~60 天，主要品种如下。

①白米苋：上海市农家品种，叶卵圆形，长 8cm，宽 7cm，先端钝圆，叶面微皱，叶及叶柄黄绿色。较晚熟，耐热性强，春、夏、秋均可播种。

②柳叶苋：广州市农家品种，叶披针形，长 12cm，宽 8cm，先端锐尖，边缘向上卷曲呈匙状，叶绿色，叶柄青白色，该品种耐寒和耐热力极强，适于夏秋及冬春保护地栽培。

③木耳苋：南京市农家品种。叶片较小，卵圆形，叶色深绿发乌，有皱缩。由于苋菜生长期较短，可以在保护地内与主栽作物如茄果类、瓜类间作或在边缘种植，可以节约土地资源，增加蔬菜花色品种，也可与其他喜温叶菜混括，分批采收。

④野苋菜：华北农田常见野生品种，叶片绿色，叶面微皱，长 6~10cm，宽 4~7cm，叶柄浅绿色，该类型适应性广，抗旱抗病能力强，3—9 月均可播种，品质中等。

（2）红苋菜。红苋菜的叶和叶柄及茎为紫红色。平均叶长 15cm，宽 5cm，卵圆形，叶面微皱，叶肉厚。植株高 30cm 以下。食用时口感较绿苋菜为软，品质柔嫩可口，耐热中等。生长期 30~40 天，适于春、夏、秋季栽培，一般亩产 2 000~3 000 kg。

主要品种如下。

①大红袍：重庆市农家品种，叶卵圆形，长 9~15cm，宽 4~6cm，叶面微皱，蜡红色，叶背紫红色，叶柄淡红色，早熟、耐旱力强。

②红苋：广州市农家品种。叶卵圆形，长 15cm，宽 7cm，叶面微皱。叶片及叶柄红色，迟熟，耐热力较强。

③紫红克：昆明市农家品种。茎直立，紫红色，分枝多，叶卵圆形。

（3）花红苋菜。该品种叶边缘绿色，叶脉附近紫红色，叶互生，全缘，叶片长 10~12cm，宽 4~5cm，卵圆形，叶面微皱。株高 30cm，抗热性强，不耐寒，生长适温 23~27℃，品质柔嫩，产量高，一般亩产 2 500kg。春播 55 天采收，夏括约 30 天采收。主要品种如下。

①尖叶花红苋：河南农家品种，叶长卵形，长约 11cm，宽约 6cm，叶面较平，先端锐尖，边缘绿色，叶脉附近红色，叶柄红绿色。较耐寒，早熟。播种至初收 20~25 天，延续采收 15~25 天。

②半红圆叶：叶卵形，长 9cm，宽 6cm，上半部绿色，下半部红色，叶柄长 6cm，浅绿色。早熟，播种至初收 20~30 天，延续采收 15~30 天，耐寒力中等，耐热性强，品质中等。

③尖叶红米苋：上海农家品种。叶长卵形，长约 12cm，宽约 5cm，先端锐尖。叶面微皱，叶缘绿色，叶脉附近紫红色，叶柄红色带绿。较早熟，耐热性中等。

④尖叶红苋：株高 25cm，开展度 22cm，叶卵圆形，叶端较尖，长 7~9cm，宽 4~6cm，叶面微皱，叶边绿色，中间红色。单株重 30~35g，播种至初收 30 天，耐热，稍耐寒，宜作春季提早播种。

⑤圆叶花红：农家品种。叶圆形，叶面微皱，叶边绿色，叶

脉附近红色，全缘。播种至初收 30~40 天，抽薹较迟，较耐热，品质中等。播种期 3—8 月，亩产约 1 500kg。

四、种子生产技术

1. 原种生产技术

苋菜为自花授粉作物。种子生产方式以移栽采种为好，亦可以直播采种。春、秋播种的苋菜均可采留种，原种种子生产要选用纯度较高的原（系）种种子或育种家种子作为播种材料。根据相关研究结论及菜农的经验，直播采种的抽薹早，种子成熟也早，而且以后有年年提前抽薹的趋势。故建议苋菜种子生产采用移栽采种法为好。

（1）春播采种。

①春季移栽采种：在早春可提前在温室温棚或设施条件下提早播种育苗，待植株长到 10cm 左右时选择生长优良、符合品种特征特性的单株，移栽到准备好的采种圃中，株行距 33cm×50cm，栽后及时浇足水，待种株成活后适当施肥。此方法能延长植株营养生长时间，有利提高单株种子生产数量，增大繁殖系数。

②春季直播采种：黄淮流域地区可于 4 月中下旬播种，在苗期至开花前，多次进行田间选株，每次都要除杂去劣，选留符合本品种特征特性、生长健壮的作种株，株行距 25cm×30cm，一般到 6 月中下旬开始抽薹，7 月开花，8 月种子成熟。

（2）秋播采种。一般在 7 月上旬播种，10 月种子成熟，方法同春播留种。可以在直播田留种，在苗期至开花前，多次进行田间选株，每次都要将杂、劣、病株拔除，也可将优良母株拔起，移栽到留种田采种。

（3）原种采种田的隔离。苋菜为异花授粉作物，在自然环境下主要依靠风传粉。但实际上在雌、雄花开放时期经常有很细小的无翅昆虫在花序中各花间穿梭，也为传粉媒介之一。苋菜还有少量的自花传粉率（约10%），繁殖原种时需严格隔离，一般空间隔离距离要求在2 000m以上。

（4）种株的栽培管理及选择。留种田的栽培管理前期同一般生产田，移栽采种是在植株长到10cm左右高时，在田间选出符合本品种特征特性、典型性优良的株系（植株）作为母株，移栽到原种圃中采种，株行距33~50cm，移栽时注意防混杂，移栽成活后每亩追施腐熟的稀粪液1 000~2 000kg，促使花穗分化长大，籽粒饱满，花期追肥及浇水次数要适当控制，结合蹲苗，防止徒长，否则不利开花结实。随时观察拔除退化株、杂株、劣株、弱株、病株以及抽穗太早或太晚的植株。

（5）种子采收及脱粒。苋菜种子细小，圆而光滑，种子充分成熟后容易脱粒，因此，当原种田种株有2/3的种子变黑褐色时，应分株系将收割，并按株系堆于干燥平坦处进行后熟，要防止连续阴雨造成植株霉烂。待后熟数日后，选择晴天晾晒干燥、分株系脱粒、单晒、考种、筛选，将当选株系种子混合作为简易原种备用，要求纯度99.8%以上，净度达到98%以上，置于通风干燥处贮存。原种种子生产要求采用3年三圃制繁种，以确保种子质量和纯度。原种产量一般亩产80~140kg。

2. 大田用种的生产技术

苋菜大田用种子生产程序相对简单，一般采用商品蔬菜与采种兼顾，春、秋茬均可采种，以春播采种较为常见。种植方式及田间管理同原种生产田，不再赘述。

首先确定留种的地块的空间隔离条件要达到要求，保证大田留种田周围1 000m内没有花期相同的异品种苋菜的采种田。生产繁殖大田用种子时，需要选择品种纯度高、符合本品种特征特性的原种种子，其次进行严格的田间选择，在植株3~6片叶期间，结合去杂去劣，间苗1~2次，及时拔除杂株、劣株、变异株作为商品菜上市，保持留种田内植株的品种典型性、特征特性一致，在 10~20cm 时定苗，株行距为 25cm×33cm。在定苗后~成熟前，还需要观察抽穗、开花、成熟等品种的典型性，随时淘汰不符合本品种特性的变异株，待种株有 2/3 的种子变黑褐色时，及时收割，充分干燥后脱粒，经筛选或风选，使种子净度、纯度、含水量等达到良种标准，装袋并贴上标签，入库贮存待用。一般每亩种子产量 90~150kg。

第八节 苦 菜

一、概述

苦菜是菊科苦苣属及苦荬菜属的一些栽培种和野生种的总称，属 1~2 年生草本植物，又名苦苣菜、菊苣菜、苦荬菜、取麻菜、苦菊、苦苣、法国生菜、狼牙菜等。我国南北各省均有，野生类型常生于荒地、山坡、沙滩、路旁。苦菜的营养价值极高，每 100g 嫩茎叶中含水分 91g、食物纤维 5.8g、蛋白质 1.8g、脂肪 0.5g、糖类 4.0g、并含有丰富的矿物质，其中，含钙 120mg，磷 52mg，铁 53mg 及锌、铜、锰等微量元素、胡萝卜素 3.22mg、维生素 B_2 0.18mg、维生素 C12mg、尼克酸 0.6mg，此外，还含有 17 种氨基酸，苦菜嫩叶中氨基酸种类齐全，且各种氨基酸之间比例适当。其中，精氨酸、氨酸和谷氨酸占总量的 43%，这 3 种氨基酸对浸湿性肝炎有一定疗效。还含有蜡醇、胆碱、转化糖、酒石酸、甘露醇、左旋肌醇、苦味素等。苦菜适生食、凉拌、炒食、煮食或做汤，性味苦、寒、无毒，颜色碧绿，是清热去火的美食佳品。具有抗菌、解毒、清热、消炎、凉血、利湿、祛淤、止痛、明目等作用。因其味感甘中略带苦，清新爽口，开胃健脾，有清热解暑之功效，受到广泛的好评。品种资源较为丰富，各地都有许多适应当地气候条件和食用习惯的优良品种，满足了不同消费者需求，增加菜农收入的叶类蔬菜。苦菜性喜冷凉气候，初夏抽薹开花，头状花序，约有小花20朵，花冠淡紫色，雌蕊柱头双叉状淡蓝色，雄蕊5，连成筒状，花药淡蓝色。种子短柱状，灰白色，千粒重1.6g。种子发芽力可保持10年，生产中多采用保存1~3年的种子播种。

二、高产栽培技术要点

（1）播前准备。选择适宜品种，根据当地气候条件、市场需求及种植时间，选择抗逆性强、适应性广、产量高、品质优、株型好的苦苣品种。如美国大苦苣、进口苦苣、花叶苦苣等，清除种子中的杂质和瘪籽。

（2）培育壮苗。无公害苦苣栽培，一般多采用育苗移栽方法，（每亩）用种量300g，播种前在阳光下晾晒灭菌5~6小时，或用种子干重0.3%的50%多菌灵可湿性粉剂拌种。若直接播种育苗，应将种子掺入2.5~5kg湿润细沙有利于播种均匀，若催芽，需将种子浸种10~12小时后捞出沥水用湿布包好，放在15~20℃的环境中，每天用清水冲洗1~2次，待50%的种子露白尖时再播种。育苗床营养土配制，床土选用2年以上没有种过菊花科蔬菜的园田土与充分发酵腐熟的牛马粪按3：1比例配制，且每立方米加入氮、磷、钾三元复合肥1.5kg、生物有机肥2kg、50%多菌灵可湿性粉剂8~10g充分拌匀过筛备用。

（3）高质量整地施肥。苦菜对土壤和前茬作物要求不严格，但应避免与菊科类蔬菜连作。应选择排灌方便，土壤肥沃疏松的沙壤土——壤质土，播前土壤深耕25cm左右，耕前重施基肥，每亩撒施优质腐熟有机肥5 000~6 000kg，尿素10kg，过磷酸钙50kg或使用等量有效养分的复混肥料。耕后细耙，整平做畦，多以平畦栽培，有条件的地方可采用起高垄栽培，以便于排水。

苦菜栽培季节主要为春、秋两季。春播应尽可能提早，以延长其营养生长期和采收期，露地播种可行直播，但需间苗以利植株生长。秋播可分早秋播和晚秋播。早秋播种，于当年冬季收获；晚秋播种，于翌年3—4月收获。因此，应根据种植茬口安排，及时高质量整好地、施足底肥，做好备播工作。

（4）适期早播或定植。苦菜播种期不严格，播种时间在土壤解冻后到秋分可随时播种，生产上一般在3月下旬至8月上旬，以春季、夏秋季播种较适宜，且宜早不宜迟。播种量因用途不同而异，大田直播，多采用条播或穴播，每亩需种150~200g。露地育苗多采用撒播，每亩需种500~1 000g，可移栽10亩大田。苗床应选择2年以上没有种过菊花科蔬菜的地块做苗床，播种前对苗床深翻、精细平整后，浇足底水，待水下渗后播种，一般每平方米需种子5~10g，播后盖1cm左右厚床土，为保持土壤湿润其上覆盖地膜，5~7天即可出齐苗，待苦菜幼苗2片叶时即可进行间苗。播种前先准备部分过筛细土，以便播种后覆土用，保持表土既疏松又湿润，有利于种子发芽出土。天热时播后用草帘、秸秆或者地膜覆盖保墒，待有50%以上的种子出苗后，及时揭去地膜、草帘或秸秆，以防影响出苗。若采用"干播法"即用干种子直播，在整理好的畦内按行距15~20cm，开成宽10cm、深2cm左右的浅沟，将种子撒入沟内，然后覆土至沟平、压实，随即浇水，2~3天后再重复浇1次水。在种子出土前后，要一直保持土壤处于湿润状态。

若育苗定植，定植前一定要认真清除田间前茬作物的残留物，进行深翻晒地。若保护地栽培，最好采取高温闷棚消毒。定植时间应根据播种早晚、秧苗大小和气候条件综合考虑，一般春播育苗应在春分前后定植，夏播育苗应在芒种前后定植。秋播育苗应在白露至秋分前后定植，定植时要错开高温天气（如晴天中午），因此时不利于定植后苦菜缓苗生长。当幼苗7~9片叶时定植较为适宜，定植畦式及规格、施肥整地要求同前所述。定植方法有沟栽和穴栽两种，一般南北行向栽植，先开沟浇小水，水渗后栽苗。按行距15~20cm、穴距5~10cm，每穴栽苗3~5株，适用于小棵矮株；按行距20~25cm，穴距10~15cm，每穴栽苗2~3株，适用于大棵高秆苦菜，栽培深度以埋没露白节而不超过太多为宜。栽后确保根系与土壤密切接触，培土后苦菜栽培沟比行间略低为好，以利追肥培土实现高产。栽培密度因品种的分蘖（枝）能力和栽培方式确定，分蘖力强的品种应稍稀，反之，可稍密些，露地栽培比保护地栽培的稍稀点。

（5）定植后的田间管理。定植后，由于气温渐高，雨水增多，有利于苦菜的生长，移栽后返苗前一般需要浇水，促使成活发苗。当新根新叶出现时，即可追肥浇水，每亩随水追施尿素10~15kg，并注意中耕、除草、防止土壤板结。当开始分蘖时，这时可以进行蹲苗。当苗高20~25cm时，停止追肥浇水，以备收割。开始先间拔大苗上市，留小苗让其继续生长，一周后再收获大苗留小苗，仍留小苗让其继续生长，一周后再收获1次。也可以采用收割嫩茎稍的方法收获商品菜，在距离地面2~4cm（留2~3片）处进行收割，割口愈合之际及时松土，每亩施腐熟土杂肥3 000kg或追施腐熟的人畜稀肥3 000~5 000kg，在主茎所留叶腋处长出新芽，当新芽长至15~25cm时，可再次收割，收割时仍要在基部留2~4片叶，之后施肥浇水，肥水齐促，以促新生茎叶旺盛生长，便于第三茬收获。每茬生长盛期，加强肥水调节以促进叶片增大增厚，不但提高产量还提高质量。为了减轻苦味，并使其品质柔嫩，可实行软化栽培管理——凡能使叶片少见光线并保持适度干燥的措施，均可达到软化的目的，例如，将植株移植到地窖、覆盖草帘、遮阳网等。

若多年生利用，在立冬至大冻前应浇1次越冬水，每亩施尿素10~15kg或用有机肥3 000kg覆盖防冻，以防因地温过低而影响苦菜根系生长和安全越冬。

若采用垄作或高畦栽培，行距为35cm，垄高20cm。结合整地每亩施充分腐熟农家肥5 000kg，三元复合肥25kg，生物菌肥30~40kg，同时，用50%辛硫磷乳油1 000倍喷洒沟内防治地下害虫。

若采用保护地栽培，要注意温度调节，苦菜喜冷凉，适宜温度范围在10~25℃，种子发芽最低温度为4℃，发芽最适宜温度为15~20℃，30℃以上高温则抑制发芽。幼苗生长适宜温度12~20℃，叶部旺盛生长适宜温度15~18℃。苦菜属长日照作物，管理上夏秋季节应注意降温，冬季注意保温。保护地采用透光性好的功能膜。冬季保持膜面清洁，白天揭开保温覆盖物，日光温室后部挂反光幕，尽量增加光照强度和时间。夏、秋季节适当遮阳降温。

还应注意采收前3~4天停止浇水，以利收后的贮藏运输。为提高蔬菜品质，可定期进行根外追肥，每7~10天喷1次腐殖酸类叶肥，冬季温室里可施用CO_2气肥，每平方米10g。如底肥不足可在5~8片叶时及每次采收后，结合灌水追10~15kg/亩复合肥料。其他管理如应及时摘掉靠地面的老叶、病叶、黄叶，缺苗及时补苗，注意拔除田间杂草。

（6）病虫害防治。苦菜病虫害常见的有病毒病、霜霉病、软腐病等病害以及蚜虫、地老虎等虫害，一般苦菜病虫害发生较轻，不需要农药防治。防治病毒病时采取杀灭蚜虫的方法减少传毒机会，药剂防治可使用20%病毒A可湿性粉剂或1.5%植病灵乳剂1 000倍液喷雾。防治霜霉病，发病初期选用72%g露可湿性粉剂700倍液或72.2%普力克水剂800倍液喷雾。防治软腐病，使用72%农用链霉素可湿性粉剂4 000倍液或3%g菌康可湿性粉剂500倍液喷雾。防治生理病害，喷施0.1%的硼锌钙每亩50g对水50kg。防治蚜虫用10%吡虫啉可湿性粉剂1 500倍液喷雾，温室用烟雾法即 20% 敌敌畏烟剂每亩用药 400g；防治菜青虫可用 BT 乳剂 200 倍或 5% 抑太保乳油 1 500 倍液喷雾；防治地下害虫用麦麸或稻糠炒香后拌入 90% 晶体敌百虫或 50% 辛硫磷乳油每亩用药 50~100g 于傍晚撒入田间。使用药剂防治时，要注意轮换用药，每种药在一个生长期内只使用 1 次。

（7）及时采收并清洁田园。根据苗情长势、市场行情及下茬作物安排情况适时采收，采收宜在早晨进行以防叶片萎蔫。一般苦苣播后 90~100 天，株高 30~50cm、叶片长 8~10cm 时即可采收，多在叶簇旺长期进行适时采收。春播苗春末夏初为盛收期，秋播苗秋末冬初为盛收期，春季产量较高。采收后将苦苣捆扎，放入清水中假植 4~5 小时；可增加产品鲜嫩度，或用保鲜膜包装，防止叶片失水萎蔫。每亩产量达 1 500~2 000kg。采收后将落于地的老叶、病叶及残存在土壤中的菜根清理干净，集中进行无害化处理，保持田间清洁，培养地力，进行可持续生产。

三、主要品种简介

（1）栽培类型。目前，众多的栽培品种多属苦苣菜。根据叶片形状可分为圆叶、尖叶、和花叶 3 种类型。

①圆叶：叶簇半直立，株高约 20cm，开展度约 36cm，呈盘状。叶片较宽呈椭圆形或长卵圆形，叶面平展稍皱，青绿色，全缘稍具刺，叶长约 30cm，宽约 9cm，外叶 105~135 片，叶肋黄绿色，基部黄白色。品质佳，稍具苦味，适应性较强，单株重 0.5~1kg，生育期 60~80 天，叶面平展稍皱代表品种有圆叶凉麻。近年来，从意大利引进的品种如巴达维亚、白巴达维亚和冬苦苣即为此类。

②尖叶：叶片较狭，披针形，淡绿色，叶面平滑。代表品种有尖刀凉麻、剑叶凉麻等。

③花叶：叶簇半直立，株高 35cm，开展度约 30cm，呈盘

状。叶片长椭圆形或长倒卵形，叶片羽状深裂，叶面平滑，绿色。有裂片 4~6 对，叶缘具深缺刻，多皱褶成鸡冠状，叶长约 50cm，宽约 10cm。外叶 110~130 片。品质较好，微有苦味，适应性强，较耐热，单株重 0.5~0.8kg。生育期 70~80 天。又可分为大皱、细皱两个类型。目前，国内栽培品种多属此类，代表品种有浅花叶凉麻、大花叶凉麻、细花叶凉麻、红筋花叶凉麻等。

（2）野生类型。野生类型主要包括苦荬菜属的一些种类，常见的有如下品种。

①苦菜：株高 10~30cm，茎直立或斜生，基生叶线状披针形或倒披针形，全缘或具小齿。茎生叶与基生叶相似，基部微抱茎。花期 4—7 月。

②秋苦荬菜：株高 30~80cm，茎直立，多分枝，基生叶卵形或披针形，边缘波状齿裂。茎生叶无柄，呈耳状抱茎。花期 8—10 月。

③抱茎苦荬菜：多年生草本，株高 30~80cm，茎直立，上部分枝，叶边缘锯齿或不整齐羽状深裂，茎生叶较小，成耳状或戟形抱茎。花期 4—7 月。

④取麻菜：苦苣属的多年生草本植物，又叫苦荬菜。外形与苦荬菜属的种类接近，株高 30~80cm，茎直立或斜生，基生叶线状披针形，或倒披针形，全缘或具小齿。茎生叶与基生叶相似，基部微抱茎。花期 4—7 月。或倒披针形，

（3）美国苦苣菜。该品种由美国引进，既耐低温又耐高温，在 4~35℃ 都可生长，单株重量可达 150~250g，利用保护设施一年四季均可种植。多育苗移栽，在育苗盘中长到 4~5cm 就可定植到大田（棚）内，一般采用 25cm×20cm 的行株距较有利于苦苣的后期生长，能保证达到合适的产量。苦苣生长期短，移栽后 40 天就能上市。它的嫩叶和叶柄含有白浆，味道略苦，具有保护血管，预防心脑血管疾病的作用，经常食用可消食败火、增进

食欲、提高人体免疫能力。苦苣的投入少，栽培技术简单，生长期短，一年可种植6次，种植效益比较可观，并可作为倒茬蔬菜进行种植。

（4）荷兰天秀苦苣。该品种由荷兰引进，细叶，外叶绿色，心叶黄色，单株重450~500g，略有苦味，定植后45~50天可采收，适应性强，耐寒、耐热、病虫害少，极易栽培，营养丰富，适合生食，可保护地或露地栽培。本品适合大型蔬菜基地、拱棚、大棚、温室、露天栽培，亩用种量一般要80g左右。大面积栽培苦苣请用该品种，高产抗病，栽培产量抗病性较有保证。

（5）荷兰黄芯苦。该品种从荷兰引进的国外品种，植株半直立，开展度30cm左右，株高25cm，外叶色绿，叶缘刻深，心叶浅黄，叶碎多皱，基部色白，该品种单株重可达500g左右，耐热及耐寒性均表现优良，生育期75~80天。适合我国大部分地区种植，商品性极佳。

（6）美国花叶苦苣。该品种外叶绿色，心叶浅绿，单株重500g左右，单株有叶片40~80片，基部最大叶片长18~25cm，单叶重2.5~3g，抽薹时株高30~80cm，茎直立中空，花淡紫色，生育期70~80天。花叶苦苣耐寒、耐热、耐贫瘠性均很强，而且病虫害很少，可春秋播种栽培。春季在3月下旬至4月初，秋季在8—10月均可播种，生育适温为15~20℃。花叶苦苣可以周年栽培，以育苗栽培为主，在秋季也可进行直播。株行距25×30cm。

花叶苦苣的再生能力强，可采收嫩苗和嫩梢。采收嫩苗者，当苗高8~10cm时，从基部割取；采收嫩梢者，可保留基部2~3片叶采摘；当萌发新株后，再次采收。也可在生长盛期，从下而上剥叶采收，留取顶部嫩梢任其生长，再剥叶采收。

四、种子生产技术

1. 原种生产技术

苦菜留种多在秋季播种，防寒过冬，到春季带土移植于采种田，或就地间苗后留种。通常株行距均为30cm。在6月前后抽薹开花，可达到结实饱满的目的。

苦菜的种子小而轻（千粒重0.8~1.6g）顶上力弱。因此，种植前要认真清理前茬残留杂草和作物秸秆，施足底肥，一般每亩施腐熟有机肥3 000~5 000kg，复合肥30~40kg。撒施均匀后深翻细耙整平，做畦，宽1.5~2.0m。行距20~30cm，浇好底墒水，以保证出苗整齐、苗全、苗壮。在北方地区，以春播为宜，春、秋季播种均可。则以秋播为好。播种方法以条播为好，亦可撒播或穴播。撒播应适当加大播种量，一般播量为0.75~1.0kg/亩，播深2~3cm。在保墒不良的地区，播种后应及时镇压。在苗期、来年春季返青后、抽薹期、成熟期结合田间管理及时去除杂株、病株。采种应在植株顶端果实的冠毛露出时为宜。种子的寿命较短，一般为2年，隔年的种子发芽率将大大降低，以当年的种子发芽率最高。苦苣菜病虫害较少，有时有蚜虫危害，如发生，可用40%的乐果乳剂稀释1 000~2 000倍溶液喷施。

种子产量高，每一头状花序可产种子30粒，每株可产种子300~1 200粒。种子发芽率一般可达95%，即便未完全成熟的种子也具有发芽力。种子边成熟边脱落，借助冠毛随风或地表径流传播，当遇到湿润而疏松"的土壤，温度达到10℃以上时，即可萌发出苗。苦苣种子的休眠期很短，一般为7~15天，成熟的种子，当年即可发芽出苗。埋入深土层不能发芽的种子，发芽力能保持两年，一般以当年的种子发芽率最高。

2. 大田用种的生产技术

苦菜种子春、夏、秋三季均可发芽出苗，一般为3—4月出苗，6—7月开花、7—8月成熟，生育期为120天。秋季播种出苗的，若处于莲座状的苗（株）可以顺利越冬，若已抽薹（茎）

开花者到越冬期则地上部分不能越冬（而冻死），呈现一年生性状。越冬的绿色叶丛，一般于2月底返青，3月中旬以后抽薹，4月中旬以后孕蕾，5月上旬开花，5月上旬至6月上旬结实并成熟，生育期为270天左右，生长期可达8～10个月。夏末、秋初生出的苗，初冬也能开花结实，但茎秆低矮，种子难以完全成熟。所以，大田用种子生产一般以春播为宜，有利于种子的生长发育，种子产量、质量、饱满度、成熟度等都有保证，容易获得优质种子。另外由于苦菜种子太轻，极易被风吹落，要及时采收，种子成熟的标志是种子棕色或黑色。

第九节 荠 菜

一、概述

荠菜，又名护生草、菱角菜，以嫩茎叶供食，属十字花科荠菜属草本植物。原产中国，自古以来就被采集作为蔬菜食用，是较受消费者欢迎的野生蔬菜品种。其营养价值高，据测定，每100g食用部分含有蛋白质5.2g，脂肪0.4g，碳水化合物6g，粗纤维1.4g，胡萝卜素3.2mg，维生素B 10.14mg，核黄素0.19mg，维生素C 55mg，尼可酸0.7mg，钙420mg，磷73mg，铁6.3mg。荠菜全株入药，具有明目、清凉、解热、利尿、止血、及治痢疾的作用。荠菜生长周期短，1次播种，多次采收，能周年生产与供应，荠菜还适合与茄果类、大蒜、洋葱、韭菜、青菜、林果园等作物套种间作，可布于植株高大蔬菜或作物的底层空间，能有效提高群体光能利用率，而且荠菜对土壤营养成分消耗少，不影响其他蔬菜或作物充分利用地力，从而达到高产、高效之目的。因而，荠菜是一种很有发展前途的绿叶蔬菜。

荠菜为耐寒蔬菜，喜冷凉气候。种子发芽的最适温度为20～

25℃，营养生长的最适温度为12~20℃，幼苗或萌动的种子，荠菜对光照要求不太严，在冷凉短日照条件下，营养生长良好，耐寒能力很强。当气温降至-5℃时，植株不受冻害。在2~5℃经10~20天，便可通过春化阶段。荠菜在较长的光照下通过光照阶段。荠菜对土壤要求不严格，但以肥沃疏松的黏质壤土最好。当气温高于22℃时，则生长缓慢，品质较差。荠菜种子细小，千粒重0.09g，种子含油量20%~30%。种子干藏、寿命更长。

以前荠菜多以采集野生为主，随着人们生活水平的不断提高和养生观念的改变，目前人工栽培荠菜、市场销售荠菜初具规模，荠菜深受消费者喜爱，各地出现时鬃荠菜菜系。

二、高产栽培技术要点

（1）选地整地。由于荠菜的市场需要量相对较小，加之野生荠菜比较普遍，故大面积种植的一般多用田埂、地头地边；大棚、温室空白处栽培。栽培荠菜的地要选择肥沃、杂草少的地块，避免连作。播前每亩施腐熟的有机肥3 000kg，N、P、K复合肥20kg，深耕、浅旋、细耙，做成1.5m左右的小畦。地下水位高的或盐碱地也可深沟高畦，以利排灌。

（2）适时播种。荠菜的种子非常细小，因此整个播种都必须小心谨慎。

①栽培季节：黄淮流域一年四季均可生产荠菜，露地栽培以春、夏、秋三季栽培为主。春季栽培在2月下旬至4月下旬播种；夏季栽培在7月上旬至8月下旬播种；秋季栽培在9月上旬至10月上旬播种。利用塑料大棚或日光温室栽培，可于10月上旬至翌年2月上旬随时播种。

②播种方法：荠菜通常撒播或沟播，由于种子较小，为了播种均匀，撒种前应拌和1~3倍细沙土。播种后使种子与土壤紧密接触，以利种子吸水，提早出苗。夏季或早秋播的荠菜由于气

温高，或者采用当年新籽，通常需要低温处理，即在 2~7℃ 的低温条件下催芽，经过 7~9 天，种子开始萌动后即可播种（在播前 1~2 天浇湿畦面），为防止高温干旱造成出苗困难，播后用遮阳网覆盖，可以降低土温，保持土壤湿度，防止雷阵雨侵蚀。

③播种量：每亩春播需种子 0.75~1kg，夏播需种子 2~2.5kg，秋播需种子 1~1.5kg。荠菜种子有休眠期，当年的新种子不宜利用，因未脱离休眠期，播后不易出苗。

（3）田间管理。在一般情况下，春播的 5~7 天能出齐苗；夏季或早秋播种的 3 天能出齐苗。

①出苗前要保持土壤湿润，以利出苗：出苗后注意适当灌溉，保持湿润为度，勿使干旱，雨季注意排水防涝。雨季如有泥浆溅在菜叶或菜心上时，要在清晨或傍晚将泥浆冲掉，以免影响荠菜的生长。秋播荠菜在冬前应适当控制浇水，防止徒长，以利安全越冬。

②科学施肥：春、夏栽培的荠菜，由于生长期短，一般追肥 2 次。第一次在 2 片真叶时；第二次在相隔 15~20 天后。每次每亩施腐熟的人粪尿液 1 500kg，或用尿素 10kg。秋播或冬播荠菜的采收期较长，每采收 1 次应追肥 1 次，一般采收 3~4 次、追肥 3~4 次，施肥量同前。

③荠菜植株较小，易与杂草混生，除草困难：为此，应尽量选择杂草少的地块栽培、在管理中应经常中耕拔草，做到拔早、拔小、拔了，勿待草大压苗，或拔大草伤苗。

④病虫害防治：荠菜的主要病害是霜霉病，夏秋多雨季节，空气潮湿时易发生。发生初期可喷 75% 百菌清 600 倍液防治。荠菜的主要虫害是蚜虫，蚜虫为害后，叶片变成绿黑色，失去食用价值，还易传播病毒病。若发现蚜虫严重为害时，可用 40% 乐果 1 500 倍液；或用 80% 敌敌畏 1 000 倍披喷雾防治。

（4）适时采收。春播和夏播的荠菜，生长较快，从播种到采收的天数一般为 30~50 天，采收的次数为 1~2 次。秋播的荠菜，从播种至采收为 30~95 天，可以陆续采收 4~6 次，采收时，选择具有 10~13 片真叶的大株采收，带根挖出。留下中、小苗继续生长。同时，注意先采密的植株，后采稀的地方，使留下的植株分布均匀，采后及时浇水，以利余株继续生长。一般每亩产量 2 500~3 000 kg。

三、主要品种简介

（1）板叶荠菜。板叶荠菜又名大叶荠菜。叶片大而肥厚，塌地生长，成株约有 18 片叶。叶淡绿色，叶缘羽状缺刻，叶面稍带茸毛，感受低温后叶色转深。板叶荠菜抗寒性及耐热性均较强，生长较快，早熟，生长期 40 天左右。由于板叶荠菜叶片宽大，外观较好，受市场欢迎，但冬性较弱，春季栽培抽蔓开花较早，供应上受到一定限制。

（2）花叶荠菜。花叶荠菜，又名小叶荠菜或碎叶荠菜，叶片窄，短小，塌地生长，成株有叶 20 片左右。叶绿色，叶缘羽状深裂，叶片茸毛较多；感受低温后，叶色加深并带深紫褐色。花叶荠菜抗寒性较板叶荠菜稍弱，且耐热性及抗旱性较强，冬性也较强，春季栽培抽薹蔓迟，生长期 150 天左右，适于春季栽培。叶片柔嫩，纤维少，香叶较浓。

一般情况下，秋播荠菜可采收 3~6 次，春播荠菜可采收 2~3 次。秋季栽培的荠菜，冬前可以采收 1~3 次，春后采收 2~3 次，还可于 11 月中、下旬收获，摘去黄叶、病叶进行贮藏，方法同菠菜。

四、种子生产技术

1. 原种生产技术

荠菜原种生产方式以秋播采种为好。虽然春、秋播种的荠菜均可留种。根据菜农的经验，春播采种的生育期较短，种子成熟度也差，种子成熟也早而且以后有年年提前抽薹的趋势。故建议荠菜原种生产采用秋播采种法为好。

（1）种植方式。繁殖荠菜原种种子，以秋播为主要方式，一般在9月下旬至10月上旬播种，用种量每亩1kg左右，由于种子很小，为了播种均匀，建议播种时兑拌1~3倍细沙土，播种后用脚踏实畦面，有利于出苗。播种时行距10~15cm，留苗时株距5~10cm。播种用材料应选用育种家种子繁殖的系种或优选单株种子，按原种生产技术规程生产并达到原种质量标准。出苗后、越冬期、返青期、抽薹期、开花期、成熟期多次田间观察鉴定，选留生长健壮、叶片肥厚、抽薹迟、具有所选品种特征特性的植株作种株。从苗期至成熟前，根据叶形、株型等多次进行田间鉴定选株，每次都要将杂、劣、病株拔除，保留优良母株采种。一般采用3年三圃制法生产原种，由于荠菜为大众喜爱的野生蔬菜，大面积栽培和需种数量有限。建议采用单株选择，株行混合简易原种生产来满足生产用种。

留种田的荠菜，一般在苗期追1次肥后，可到开花前再追1次。荠菜种株4月上中旬抽薹开花，4月中下旬注意蚜虫危害和防治，一般用40%啶虫脒水剂5 000~6 000倍液喷雾防治。5月上中旬种子成熟。一般种株茎微黄，果荚发黄，即为采收适期，角果老熟后易裂荚落粒，应及时收获，采收后精选、晒干、贮藏备用。

（2）采种技术要求。

①采种田的隔离：荠菜为异花授粉作物，生产或繁殖原种时空间隔离距离不少于2 000m。

②种株选择：选择健壮的具有本品种典型性状的植株为母株，拔除杂株、劣株、弱株、病株以及抽穗太早或太晚的植株。

③种株的栽培管理：留种田的栽培管理前期同一般生产田，

在田间选出符合品种特征特性、典型性优良的单株移栽到原种圃中采种，行距 10~15cm，株距 5~10cm，移栽时注意防混杂，移栽成活后每亩迫施腐熟的稀粪液 1 000~2 000kg，促使花穗分化长大，籽粒饱满，花期追肥及浇水次数要适当控制，结合蹲苗，防止徒长，否则，不利开花结实。

（3）种子采收及脱粒。荠菜种子细小，圆而光滑，种子充分成熟后容易脱粒，因此，当原种田种株有 2/3 的种子变黑褐色时，应分株系将植株收割，并按株系堆于干燥平坦处进行后熟，要防止连续阴雨造成植株霉烂。待后熟数日后，选择晴天摊开晾晒，种株充分干燥后分株系脱粒、单晒、考种、筛选，将当选株系种子混合作为简易原种备用，要求纯度 99.8% 以上，净度达到 98% 以上，将种子置于通风干燥处贮存。一般原种种子生产要求 3 年三圃制，以确保种子质量和纯度。原种产量一般亩产 20~30kg。

2. 大田用种的生产技术

荠菜良种生产程序相对简单，首先确定留种的地块的空间隔离条件要达到要求，保证留种田周围 1 000m 内没有花期相同的异品种荠菜的留种田，其次进行严格的田间选择，及时拔除杂株、劣株、变异株，保持留种田内植株的品种典型性、特征特性一致。生产上一般采用商品蔬菜与采种兼顾，种植方式相对比原种生产多样化。

荠菜大田用种子生产一般多用晚秋播种繁种，具体方法与田间管理见原种生产部分，此处不再重复。荠菜种子产量低，要注意合理密植，行距 10~15cm，株距为 5~10cm。待种株有 2/3 的种子变黑褐色时，及时收割，干燥后脱粒，经筛选或风选，使种子净度、纯度、含水量等达到良种标准，装袋并贴上标签，入库贮存待用。一般每亩种子产量 30~40kg。

大田用种生产也可用早春播种繁种，关键技术是选用品种纯度高、符合本品种特性的原种种子；由于荠菜是越冬作物，需要经过一定的低温春化阶段才能抽薹结籽，因此，春播繁种时，最好采用春季移栽留种，应提前在温室温棚或设施条件下提早播种育苗，待植株长到 3~5 片真叶时，选择生长优良、符合品种特征特性的单株，移栽到准备好的采种圃中，行距 10~15cm，株距 5~10cm，要求移栽的种株生长健壮、叶片肥厚、抽薹迟、具有本品种特征特性；采用早春直播留种的荠菜，一定要保证有充足的低温使植株完成春化阶段，追施氮肥不宜过多，荠菜种株 4 月上中旬开花，5 月中下旬种子成熟，应及时收获防裂荚落粒，及时脱粒、晾晒、清选、入库贮藏备用。一般每亩收种子 20~30kg。

第十节 莙荙菜

一、概述

莙荙菜，又称叶菾菜、牛皮菜、厚皮菜、光菜，1~2 年生藜科甜菜属莙荙菜种草本植物，具有菜用、饲用和观赏等多种用途兼备的种类，与根用菾菜、糖用菾菜、饲用菾菜同科同属同种，茎叶光滑无毛，叶互生，叶片肥大，卵形或长卵形，叶面皱缩或平坦，有光泽，根生叶卵形或矩圆状卵形，长可达 30~40cm，先端钝，基部楔尖或心形，边缘波浪形，茎生叶菱形、卵形、倒卵形或矩圆形，较根生叶小，最顶端的变为线形的苞片；叶片肉质光沿，叶色浅淡绿、深浓绿或紫红色，叶脉有奶白、绿色、红色或紫红色。株高 30~100cm。叶子嫩时可以吃，以幼苗或叶片为蔬菜。原产欧洲南部，公元 5 世纪从阿拉伯传入中国。莙荙菜叶柄较长，按叶柄的颜色分为白梗、青梗和红梗 3 种类型，中国农家种以青梗种栽培较普遍。近年从国外引进的优良新品种有尼泊尔的白梗甜菜和英国的红梗甜菜，栽培容易，产量高，可多次剥叶采收，供应期长，一般多在春末至夏季缺少叶菜时上市。

莙荙菜性味甘凉，具有清热解毒、行瘀止血的作用。莙荙菜营养丰富，据测定每 100g 叶片含碳水化合物 23g，还原糖 0.95g，粗蛋白 1.38g，纤维素 2.87g，脂肪 0.2g，胡萝卜素 2.14mg，维生素 C 45mg，维生素 B_1 0.05mg，维生素 B_2 0.11mg，钾 164mg，钙 75.5mg，镁 63.1mg，磷 33.6mg，铁 1.4mg，锌 0.24mg，锰 0.15mg，锶 0.58mg，硒 0.2μg。

莙荙菜性喜冷凉湿润的气候。但耐寒及耐热力均较强。种子在 4~5℃能缓慢发芽，最适发芽温度 18~25℃。低温、长日照有促进花芽分化的作用。生长期需要充足的水分，但忌涝。适宜中性或弱碱性、质地疏松的土壤。

二、高产栽培关键技术

1. 选择适宜的播种时期

莙荙菜可全年分期播种，周年上市供应，易获高产的主要是春播和秋播 2 个季节。

（1）黄河流域地区春、秋播种。春季于终霜前后播种，亦可于春季 3 月下旬；至 4 月上旬春播，夏季采收；秋季播种于 8 月上旬至 10 月均可，早播的当年采收，迟播的以收获幼苗或于翌年春季采收，冬季可保护地栽培。

（2）夏季栽培称为反季节生产。一般在 5—6 月播种，应采取喷灌，降低地温和气温，或搭架遮阳等措施栽培，8—10 月供应市场。

2. 选择适合的播种方法

以幼苗供食的宜撒播，分期摘叶采收的宜条播或育苗移栽。因莙荙菜果实（种子）为聚花果，用作播种材料，其果皮较厚，吸水较慢，且果皮中含有抑制种子萌发的物质，所以播种前宜浸种 2~4 小时，然后播种，有利于种子萌芽。秋播在高温下发芽较困难，宜在低温下催芽后再播种。直播每公顷用种量 22.5~30kg。种植密度规格为行距 25~30cm，株距 10~15cm，畦宽 80~200cm，每畦种 2~4 行，每公顷植 10.5 万~16 万株。

3. 加强田间管理

（1）莙荙菜耐肥，种植地需施用充分腐熟的有机肥 3 000~5 000kg、氮磷钾复合肥 20kg 作基肥，撒施均匀，深耕细耙，平整，做成畦。一般畦宽 2m 左右，长度 20m 左右，以方便浇水灌溉。

（2）出苗后，加强苗期管理，严防前期草荒，确保出苗全、出苗匀，实现苗足、苗壮，打好丰产基础。

（3）当苗高 30~40cm 时，可以间大苗留小苗，分期上市销售。若以摘叶的鲜菜出售，在苗高 60cm 以上时可开始采摘，每次采摘后结合灌水追施速效性氮肥 1 次，灌溉可掌握"见干见湿"，经常保持田面湿润即可。

（4）做好病虫害防治。危害莙荙菜的病虫害较少。有时会发生蚜虫、地老虎、潜叶蝇。主要的病害有立枯病、褐斑病、白粉病、花叶病等，药剂防治要选择残效期短，易于光解水解的高效低毒药剂，一般用 30%氧氯化铜悬浮液 800 倍液、40%多硫悬浮剂 500 倍液、50%混杀硫悬浮剂 500 倍液、68%倍得利可湿性粉剂 500 倍液、70%敌克松可湿性粉剂 1 000 倍液喷洒，或者用 50%多菌灵 600 倍液，或波尔多液 200~400 倍液每亩需要喷洒稀释液 50kg 左右。

（5）控制病虫基数，减少传播源。加强田间管理、及时清理病残株、田间杂草，施用充分腐熟的厩肥，以免把病、虫源带入田中。保护地栽培可使用"全自动熏蒸炉"等高新技术产品防治病害，或用 40%乐果 1 500 倍液，或 80%敌敌畏 1 000 倍掖喷雾防治。

4. 适时采收，提高叶菜质量

莙荙菜长势强，生长速度快，适时采收能有效提高莙荙菜质量，特别是以幼苗供食的，出苗后 40~50 天就可采收。若采用大株剥叶上市，一般约在定植返苗后 40 天采收，当有 6~7 片大叶时，应及时采收外层 2~3 片大叶，则内叶继续生长，采收后当天不可浇水施肥，一般可在第二天或第三天施肥浇水，或随浇水冲施稀释的腐熟的人粪尿 2 000kg 左右，此后，每 10 天左右采收 1 次，采收宜在露水干后进行，要轻摘勤收，随采收随捆扎上市，避免雨天采收。

三、主要推广利用的品种简介

（1）普通莙荙菜。该品种叶柄较窄，有长有短，浅绿色，又称青梗种，叶片大，长卵圆形，浅绿色，绿色或深红色，叶缘无缺刻，叶肉厚，叶面光滑稍有皱褶。

（2）青梗莙荙菜。该品种系广州农家品种，叶簇半直立，株高 40~50cm，叶片卵圆形，叶身长 40cm，宽 30cm，植株开展度 50cm，叶全缘微皱，叶面较光滑，绿色，叶柄长 10~12cm，宽 2~3cm，厚 0.5~0.6cm，浅绿色。抽薹较早，耐寒力较强，耐热力中等，味甜脆，质柔嫩。

（3）四季牛皮菜。该品种系重庆市农家品种。叶簇较直立，叶片绿色，卵圆形，叶面光滑，微皱，长 36~40cm，宽 20cm，叶柄绿白色，极肥厚，抽薹迟，晚熟品种，采收期长，产量高。

（4）华东的绿恭菜、长沙迟恭菜、长沙的早恭菜、浙江的披叶莙荙菜、广州青梗歪尾莙荙菜等。该品种也都是各地农家优良品种，在当地不同生态环境条件下成为当地主要利用品种，对叶菜类蔬菜市场供应发挥了重要作用。

（5）宽柄君达菜品种。该类型莙荙菜的叶柄宽而厚，白色，又称白梗种。叶片短而大，叶面有波状皱褶，叶柔嫩多汁。

（6）白梗黄叶莙荙菜。该品种为广州市农家品种。叶簇半直立，株高 50～60cm，开展度 60～65cm。叶片广卵形，全缘，浅绿色，叶柄长 13～14cm，宽 4～5cm，厚 0.7～1cm，白色，叶柔嫩多汁，叶面光滑有波状皱褶。

（7）皱叶莙荙菜品种。该品种形态与宽柄种相似，仅叶柄稍狭长，叶面密生皱纹，植株高 65～70cm，叶片卵圆形，长60cm，宽32cm，深绿色，叶面皱缩，叶柄扁平，白色，心叶内卷抱合，品质好。有重庆的白杆二平桩恭菜，云南的卷心莙荙菜等。

（8）红梗厚皮菜。该品种从英国引进的抗病丰产品种类型，植株偏小，抗病、丰产，口感、色泽具有一定的优势。

（9）白梗莙荙菜。该品种植株高大、抗病、丰产，为尼泊尔农家品种引进的品种类型。

四、种子生产技术

1. 原种生产技术

（1）原种生产上。一定保证空间隔离距离符合要求，由于莙荙菜属异花授粉作物，在原种繁殖上，一定要注意繁种区域内不能有花期相同的异品种莙荙菜植株或种子生产田块，空间隔离距离至少保证在 2 000m 以上。

（2）播种材料。应用上年选留的株系种子或育种家育成的原原种，为了确保种子纯度，建议采用 3 年三圃制种子繁育程序，第一年在原种田选优良单株，单脱粒单存放；第二年繁殖株行，鉴定选育优良株行，分收分晒分存放；第三年繁殖株系圃，做好田间鉴定选择，选择优良株系，单收单晒单存，供翌年繁育原种。

（3）适期播种。原种生产应采用秋播，越冬后春季结合田间，过密的要间拔上市，选留具有原品种特征特性的健壮植株作种株。株行距约30cm×40cm。采种株在3月后应停止采叶，并减少施氮肥，待抽薹开花后追施适量速效氮肥及磷肥，并增加灌水。

（4）适时收获。茼莴菜花的颜色因品种类型不同而异，多为黄白色、黄绿色，复总状花序，聚花果，肥厚多肉，内含2~3粒种子。种子肾形，种皮棕红色有光泽。种子千粒重100~160g，一般6月种子成熟，割下晒干脱粒保存，每公顷产种子约2 250kg。种子使用年限3~4年。

2. 大田用种子生产技术

（1）保证空间隔离距离符合要求。大田用种子生产要求繁种田四周空间隔离距离不能少于1 000m，在种子生产田内不能有花期相同的异品种茼莴菜，以确保种子繁育质量。

（2）选择适宜播期。留种田多采用秋播，播种材料应该选用纯度较高的原种或系种，播种前先施足基肥，一般施腐熟有机肥3 000kg，氮磷钾复合肥30kg，撒施均匀后深翻耕28cm左右，精细整地，越冬后春季结合田间鉴选，及时淘汰拔除变异、杂株、弱株上市，选留具有原品种特征特性的健壮株作种株。株行距约30cm×40cm。采种株在3月后停止采叶，并减少施氮肥，待抽薹开花后追施适量速效氮肥及磷肥

（3）加强田间管理。勤观察，随时淘汰病株、杂株、变异株，并重视病虫害防治，适当增加灌水促健壮生长。一般6月种子成熟，割下晒干脱粒保存，每公顷产种子约2 500kg左右。

第十一节　番　杏

一、概述

番杏又别名新西兰菠菜、法国菠菜、洋菠菜、夏菠菜、圆菠

菜、海滨莴苣等，植物学上属番杏科番杏属一年或多年生草本，叶型如菠菜但与菠菜不论是在分类上，还是在生长习性和食用味道上都相去甚远，主要以柔嫩多汁、营养丰富的嫩茎叶供食用，据测定每 100g 鲜番杏蔬菜含水分 94%，蛋白质 1.5g，脂肪 0.2g，碳水化合物 0.6g，钙 58mg，磷 28mg，铁 0.8mg，维生素 A 4 400 国际单位，硫胺素 0.04mg，核黄素 0.13mg，维生素 C 30mg，尼克酸 0.5mg。因番杏含有单宁，食用前要用热水烫透，可凉拌，也可以炒食或做汤。番杏全株可以入药，可以预防老年性疾病肿瘤、心血管疾病、动脉硬化等。

番杏茎绿色圆形、初期直立、后期匍匐生长，茎蔓长达 120cm 以上。叶片卵状菱形或卵状三角形，叶互生，长 4~10cm，宽 2.5~5.5cm，边缘波状；叶柄肥粗，长 5~25mm，叶面密布银色细粉，花呈黄绿色、单生或 2~3 朵叶腋簇生；陀螺形果实，长约 5mm，具钝棱，有 4~5 角，附有宿存花被，具数颗种子，花果期 8—10 月。番杏适应性很强，各种土壤均可栽培，喜温暖、耐炎热、耐盐碱、抗干旱，耐低温、但地上部分不耐霜冻，生长发育适宜温度为 20~25℃。对光照条件要求不严格，在强光、弱光下均生长良好，果实繁殖，直接撒播或条播。也可育苗后移植，果实发芽期长达 15~90 天，播种前应先浸种 24 小时，有利出苗。按行株距 50cm×50cm 或 60cm×20cm 定苗。生长期间按植株长势分次追施速效氮肥。苗期结合间苗可收获幼菜苗食用，定苗后随着植株生长，陆续摘收嫩梢，直至降霜。

二、高产优质栽培技术要点

1. 栽培季节

番杏在热带、亚热带为多年生蔬菜作物，在黄淮流域为一年生作物。生产实践中在华北地区有露地栽培和温棚温室栽培 2 种方式，露地栽培多在 3—4 月春播种植，保护地可周年栽培。

2. 选地整地

番杏种植对土壤没有严格要求，一般选择排灌方便的沙壤土或壤土田宜获高产，冬前或播种前每亩施腐熟的有机肥 3 000～5 000kg 撒施均匀后进行深翻耕，再耙细耙平后作畦。畦的形式根据当地条件而定，一般畦面宽 1.2～1.8m。

3. 高质量播种

采用直接播种或育苗移栽均可，具体视种子多少或个人爱好而定，播种前要做好种子处理。

（1）番杏是以果实繁殖，果皮较坚厚，吸水比较困难，在自然状况下发芽期长达 15～90 天，故播种前需进行种子处理，方法有机械擦伤和温汤浸种，一般先用 10% 磷酸三钠浸泡 30 分钟消毒后，多用温汤浸种。播前先用 50℃ 温水烫种 10 分钟，再在 25℃ 条件下浸种 1～2 天，采用育苗移栽即可播种；若采用直播，浸种后最好在 25℃ 条件下保温催芽，待大部分种子膨胀开裂时再播种。

（2）直播的方式有条播、撒播或穴播，一般每亩用种子 8～10kg，如育苗移栽每亩需用种子 2.0～2.5kg。一般按株行距 30cm×50cm 进行留苗。播种时开沟深度 3～5cm，先开沟浇水，待水下渗后播种，播后覆盖一层细土，保持田间土壤湿润，一般情况下 2～3 周出苗。

（3）保护地育苗可随时播种，北方露地栽培宜于春季土壤解冻后进行，这样可采收至初冬前。生产中一般用育苗移栽，种子处理后播种，播后覆土保湿，每果出苗 5～8 株不等。也可用穴盘育苗及营养钵育苗。

（4）适时移栽，及时施足基肥，整好地打好畦待用，当幼苗长到 4～5 片真叶时进行移栽，做到植株健壮，根系完整，无病无伤，移栽时，开沟深 25cm 左右，保证根系自然直顺，株行距 30cm×（40～50）cm，每穴 1～2 株，一般留苗 5 500株/亩。

4. 加强田间管理

（1）及时定苗。当幼苗长到 4~5 片真叶时，及时疏弱留强进行定苗，每亩留苗 5 500 株左右。

（2）适时浇水。番杏以嫩茎叶为收获产品，缺水时叶片变硬、品质变差，故在生长期要经常浇水，保持土壤见干见湿，在雨季则要及时排水防涝，以免烂根。

（3）合理施肥。番杏蔬菜的生长期长，每次采收后都发生侧芽，需氮磷钾肥较多。因此，虽在播种前菜地施足基肥，由于生长期较长，中后期还应进行多次追肥，以提高单位面积产量。一般应看生长势而适时适量追施氮磷钾肥，一般追尿素 10~15kg、氯化钾 5~10kg、磷酸二铵 10~15kg。有条件的也可在采收 2~3 天后每亩施腐熟的人粪尿液 1 500kg 左右，以后每次采收后均要补肥 1 次。

（4）中耕除草。可结合间苗、定苗、施肥、浇水等田间作业，及时拔除田间行中杂草，间出的小苗可移植他处，宜带土移栽。植株封行后，要随时拔除杂草，免中耕。

（5）适度整枝。番杏的侧枝萌发力强，尤其是在肥水充足时，采收幼嫩茎尖后，萌发更多。生长过旺时应打掉一部分侧枝，使其分布均匀，有利于通风透气和采光。

（6）及时防治病虫害。番杏的抗病虫能力很强，一般很少发生病虫害，为纯天然的无公害蔬菜，1 次栽培可以连续收获。只是偶尔有一些食叶害虫啃食叶片，可用 90% 晶体敌百虫或敌敌畏 1 000 倍液喷洒防治。

5. 适时采收

当植株 20cm 左右时，即可间苗上市，封行后要及时进行打顶，促进侧枝生长，侧枝长到 20cm 左右要及时采摘，如果采摘不及时，会导致内部通风不良造成烂茎。露地栽培一般平均每亩产量在 4 000kg 左右，温室温棚一般产量 6 000kg 左右。

三、主要利用品种简介

（1）番杏新品种 JZ-7。该品种是四川省农业科学院经济作物研究所从地方品种中选育出的新品种，该品种抗番杏枯萎病，长势旺，嫩茎叶收获期长，产量高，经多年试验示范种植，适应性强，根系发达，茎粗壮，初生嫩茎直立生长，高约 30cm，后匍匐生长，主蔓长可达 1.5m，每一叶腋处生长侧枝，侧枝叶腋处再生侧枝，从而形成丛生状；叶柄短，叶片呈三角形、肥厚深绿、表面被白色短茸毛；花着生在叶腋处，6—9 月开放，黄色；果实褐色，菱角状，有 4~5 个角，每个果实中含有细小种子数粒，果实千粒重 94g 左右。4 月上旬催芽播种，可采收嫩茎叶 13 次以上，每亩可产鲜菜 6 460~7 430kg。1999 年和 2000 年连续几年进行品种比较试验，比简阳地方品种平均增产 17.3%；经接种枯萎病菌鉴定，发病株率 62.6，平均病情指数 18.2，属抗枯萎病品种。

（2）野生番杏。该品种又名新西兰菠菜、洋菠菜、夏菠菜等，为番杏科番杏属一年生半蔓性肉质草本植物，以嫩茎叶为蔬菜的一种云南野生番杏种类。野生番杏具有较强的抗逆能力，易栽培，极少病虫害，是一种不需用农药的无公害的绿色蔬菜。野生番杏生长旺盛，嫩茎叶柔嫩、清香，在我国各地均可实现周年生产。具有较好的清热、解毒、利尿消肿等作用，常食野生番杏对于肠炎、败血病、肾病等患者具有较好的缓解病痛的作用且效果由于普通栽培品种。

（3）上海番杏。该品种系从英国引进后在上海长期栽培驯化而成当地农家栽培品种，植株丛生，分枝匍匐生长，可长达 120cm 左右，叶片略成三角形，长 10cm，宽 7cm。叶肉较厚，表面光滑，密布白粉。种子淡褐色，有棱纹 4~5 条，各顶端有细刺，耐热力强，不耐寒，忌湿。

四、种子生产技术

1. 原种生产技术

番杏原种生产采用"四年三圃制"，注意空间隔离距离要求在1 000m内不能有其他品种繁种田。第1年，在长势良好、纯度高的种子繁育田或系圃田中选择单株。注意在苗期、开花期等各生育时期做好田间观察鉴选，及时淘汰病、弱、杂、变异株，当选单株单收单晒，考种筛选。要选籽粒性状、千粒重量、株型整体、生长势强、符合原品种典型性状的单株，当选数量应根据繁殖面积而定。第二年，将第一年筛选的优良单株种子，每株种植1行，建立株行圃，在各个生育期做好田间观察鉴定，及时淘汰变异、感病、杂、弱株行，将品种典型性突出、纯度高、长势好的株行当选，单收单晒单存。第三年，将第二年筛选的当选株行种子，分别种植，建立株系圃，在各个生育期做好田间观察鉴定，及时淘汰变异、感病、杂、弱株系，将品种典型性突出、纯度高、长势好的株系当选，分株系单收单晒单存。第四年，将第三年筛选的优良株系种子，混系种植，建立原种圃，在各个生育期做好田间观察鉴定，及时淘汰变异、感病、杂、弱株，将品种典型性突出、纯度高、长势好的植株当选，混收即为原种。为了缩短选择繁殖年限，也可在选择株行，建立株系圃的同时，采用大量的优良单株选择，分株行比较，将当选优良株行混合繁殖作为简易原种。

2. 大田用种生产技术

（1）严格空间隔离。在繁种田四周500m内不能有同期开花的其他番杏品种繁殖，繁种田要用原种或系种作为播种材料。

（2）加强管理。管理参见一般大田，在定苗后，可采收1~2次商品菜后，选择健壮植株留作种株，清除种株周围其他植株，让其充分生长，以扩大产种数量，7—8月在主茎和侧枝叶腋间都会着生花序，开花结实，9月下旬到10月种子成熟。

（3）做好田间鉴选，及时淘汰劣株，分期收获种子。在各个关键生育时期，做好田间观察、鉴选工作，对不符合原品种典型性的变异、退化株及时拔除淘汰。由于花序出生位置和先后时间不同，种子成熟期有较大差异，老熟种子易脱落，应分次收获，晒干扬净，贴好种子标签，安全贮藏或销售待用。番杏种子形似菠菜种子，千粒重100g左右，种子使用年限一般1~2年。

3. 自留种生产技术

番杏自留种子生产程序更为简单，生产实践中部分菜农多采用自留种子，进行商品蔬菜生产，降低用种开支和生产成本，连续种植3~5年更新换1次原种。自留种子一般在采收2~3次后，选健壮植株作种株任其生长，开花结实，在果实呈褐色时收获，晒干装袋供来年使用。

第十二节　珍珠菜

一、概述

珍珠菜，别名珍珠花菜、白花蒿、香菜、角菜、扯根菜、虎尾、真珠菜、泥鳅菜、角菜、白苞蒿、狗尾巴蒿、狗尾巴菜、红根草、红梗草、赤脚草、山芹菜、甜菜子、鸭脚艾、乳白艾、活血莲等。植物学分类属报春花科（菊科）珍珠菜（艾蒿）属珍珠菜种多年生草本植物，原产我国广东省潮汕地区和台湾省的北部地区，目前已分布于我国东北、华北、华南、西南及长江中下游地区。菜用以嫩苗或嫩叶为宜，全年可采摘嫩梢，嫩叶食用，每100g嫩茎叶中含水分82.83g，蛋白质3.1g，粗纤维素2.4g，胡萝卜素3.79mg，烟酸0.9mg，维生素C149mg、钾720.0mg、钠1.36mg、钙238.8mg、镁94.36mg、磷49.76mg、铜0.275mg、铁 5. 25mg、锌 1. 01mg、锰 1. 338mg、锶 1. 079mg，属高钾低钠营养性菜、药兼用作物，是天然少病虫为害的特优佳菜良药。珍珠菜药理作用性味辛、涩、平。内服具有活血、调经之功效。可治疗月经不调、白带过多、跌打损伤等症，外用可治疗蛇咬伤等症。珍珠菜是潮州菜式中的必需品之一，用之作鸡蛋花汤、拌凉拌菜等。株高 30~90cm，浅根性，茎直立，分枝性强，茎带紫红色，通常无毛，易发生不定根。叶互生，叶片羽状分裂，小叶叶缘锯齿状；叶柄长，槽沟状，叶片深绿色。总状花序，生于茎的顶端，花小型，花瓣白色，花期 4~5 个月，果期 5~6 个月。对温度要求不严格，喜温暖，在 35~38℃高温下仍生长良好，有很强的耐高温能力；但也耐低温，在 -5℃低温条件下，地上叶片会严重受冻，但根茎能安全越冬。虽然为短日照植物，但植株在较高的光照强度下依旧生长良好。对土壤适应性较强，以疏松肥沃、灌溉良好的壤土栽培其产量高、品质好。

二、高产栽培技术要点

1. 选择地块

珍珠菜适应性强，对土壤要求不严，但为获高产，宜选择土地肥沃、疏松的壤性土壤为好。播种栽植前每亩施入充分腐熟的有机肥 3 000~5 000kg 作基肥，复合肥 20~30kg 撒施均匀后深耕翻细平整，作畦栽培，畦宽 140cm 左右，平畦或高畦视当地雨量和地下水位灵活而定，黄淮流域一般平畦种植。

2. 插扦与播种

珍珠菜在北方不能采收种子，一般以扦插繁殖为主。扦插时期不限，全年均可进行，但以春秋两季扦插成活率较高。扦插时选健壮母株截取其带 4~5 个芽长 8~12cm 的茎枝，要注意刀剪消毒灭菌，多用高锰酸钾液或酒精消毒，茎基部剪成斜面，在生根剂或黄腐酸液中浸泡 10 分钟后，扦插于事先准备好的苗床中，入土约为茎枝的 2/3。插后浇透水，保湿。春季约 10 天发根，冬季需 2~3 周才能发根。也可采用分株繁殖，分株繁殖时选取健壮株，挖出植株，用刀把各分枝切割开，即可定植。

用种子播种方法有撒播和条播。黄淮流域春播于 4—5 月进行，撒播种子均匀分布畦面上，有利生长，并能提高产量。一般土壤墒情好，播后 6~7 天即出苗。株行距为（20~30）cm×（30~40）cm，每亩种植 5 000 株左右。育苗移栽 3—7 月为宜，一般苗龄 30 天左右，当单株有 2~3 片真叶时即可移栽，定植后及时浇定根水，促进生根。

3. 田间管理

出苗后要加强田间管理，珍珠菜属浅根性作物，根系吸收能力较弱，生长期间应加强肥水供应，才能获得肥厚嫩绿的叶片。在幼苗长出 1~2 片真叶时间苗，株距 2cm 左右，并拔除杂草。生长至 4~5 片真叶，植株 8~10cm 高时进行定苗，此后，将进入旺盛生长期，要加强肥水管理，随水亩追施速效性化肥，如硫酸铵 15kg，并保持土壤湿润。干旱时要早晚淋水或浇透水，雨季注意排水防涝。一般每隔半个月追肥一次，每亩施 7~10kg 尿素，以促进发棵。

4. 适时采收

定植后 40 天后或植株高 15~20cm 时即可陆续进行收获，摘取具 5~6 片嫩叶的嫩梢供食，第一次采收后由叶腋长出的新梢 15~20 天又可供采收。年亩产量可达 2 500~4 000kg。

三、主要品种简介

目前，人工栽培尚处于起步阶段，多以野菜食用，随着社会发展和进步，蔬菜需求增长和范围扩大，珍珠菜以其丰富的营养成分而必然会深受群众的普遍欢迎。珍珠菜经组织培养后出现分离，形成 3 种栽培类型

（1）大叶类品种。该类品种的叶片较肥大，植株矮生，其食用品质较好，为大叶类品种。"上农珍珠菜"等也是大叶类品种。

（2）小叶类品种。该类品种的叶片较小，茎较高、常见的小叶类型品种较为直立。如小叶珍珠菜，簇生，近直立或下部倾卧，长30~50cm，常自基部发出匍匐枝，茎上部亦多分枝；匍枝纤细，常伸长成鞭状。叶互生，近于无柄，叶片狭小椭圆形、倒披针形或匙形，先端锐尖或圆钝，基部楔形，两面均散生暗紫色或黑色腺点。总状花序顶生，初时花梢密集，后渐疏松；最下方的花梗长达1.5cm，向顶端渐次缩短；花萼长约5mm，分裂近达基部，裂片狭披针形，先端渐尖，边缘膜质，背面有黑色腺点；花冠白色，狭钟形，长89mm，合生部分长约4mm，裂片长圆形，宽约2mm，先端钝；雄蕊短于花冠，花丝贴生于花冠裂片的中下部，分离部分长约2mm；花药狭长圆形，长1.52mm；花粉粒具3孔沟，长球形，表面具网状纹饰；子房球形，花柱自花蕾中伸出，长约6mm。蒴果球形，直径约3mm。花期4—6月；果期7—9月，云南、四川、贵州、湖北、湖南、广东、江西、安徽、浙江、福建等省地均有分布种植。

（3）野生类品种。常见的品种如下。

①延叶珍珠菜：多年生草本，全株无毛。茎直立，粗壮，高40~90cm，有棱角，上部分枝，基部常木质化。叶互生，有时近对生，叶片披针形或椭圆状披针形，长6cm，宽1.5cm，先端锐尖或渐尖，基部楔形，下延至叶柄成狭翅，膜质，上面绿色，下面淡绿色，两面均有不规则的黑色腺点，有时腺点仅见于边缘，并常连接成条；总状花序顶生；苞片钻形，长23mm；花梗长29mm，斜展或下弯，花萼长34mm，分裂近达基部，裂片狭披针形，边缘有腺状缘毛，花冠白色或带淡紫色，长2.54mm，基部合生部分长约1.5mm，花药卵圆形，紫色，长约1mm；子房球

形，花柱细长约 5mm。蒴果球形或略扁，花期 4—5 月，果期 6—7 月。

②泽珍珠菜：该类型珍珠菜全株无毛，茎高 18~60cm，有时基部稍带红色。叶互生，很少对生；披针形，或椭圆状披针形，或线形，长 2~4cm，宽 3~10mm，先端尖或渐尖，基部渐狭至柄带有狭翅，全缘或稍呈波状。花序呈圆锥形的阔总状，有时密集成伞房状，果时伸长；苞片线形凿状；萼片椭圆状披针形或线形，渐尖，长约 3mm；花冠白色，长为萼的 2 倍，裂片椭圆状倒卵形，较花管稍短；雄蕊附着于花冠上半部，稍短于裂片；花柱与雄蕊等长。蒴果圆形，直径约 3mm。花果期 5—7 月。该类型品种国内陕西南部、河南、山东以及长江以南各省区均有分布，越南、缅甸等东南亚国家亦有分布。

四、种子生产技术

1. 原种生产技术

一般应选择土壤肥力高，技术管理水平高，交通方便，四周 500m 内没有花期相同的其他珍珠菜异品种繁种的地块，采用"四年三圃"提纯复壮法生产原种种子。第一年，选单株，在生长势良好、纯度高的种子繁育田或系圃田中选择单株，注意在苗期、抽薹期、开花期、成熟期等各个生育关键时期做好田间观察鉴定与选择，及时淘汰病、弱、杂株，选留符合原品种典型性状的健壮单株，在种子成熟收获前再次拣选，结合室内考种结果进行筛选，将当选单株单收、单晒、单存，决选时要注意选择籽粒性状、千粒重、株型整体度、生长势强、符合原品种典型性状的单株，当选数量应根据繁殖面积而定。第二年，建立株行圃，将第一年筛选的优良单株种子，每株种植 1 行，在各个生育期做好田间观察鉴定，及时淘汰变异、感病、杂、弱株行，将品种典型性突出、纯度高、长势好的株行当选，单收、单晒、单存。第三年，建立株系圃，将第二年筛选的当选株行种子，分别种植，在各个生育期做好田间观察鉴定，及时淘汰变异、感病、杂、弱株系，将品种典型性突出、纯度高、长势好的株系当选，分株系单收、单晒、单存。第四年，建立原种圃，将第三年筛选的优良株系种子，混系种植，在各个生育期做好田间观察鉴定，及时淘汰变异、感病、杂、弱株，将品种典型性突出、纯度高、长势好的植株当选，混收即为原种。为了缩短选择繁殖年限，也可在选择株行，建立株系圃的同时，采用大量的优良单株选择，分株行比较，将当选优良株行混合繁殖作为简易原种。

2. 大田用种生产技术

一般应选择土壤质地结构良好，基础肥力较高，技术管理水平高，灌、排水、交通比较方便，四周 200m 内没有花期相同的其他珍珠菜品种繁种的地块，播种要求用纯度高，品质好的原种种子，在 4 月播种，在苗期、现蕾、开花、籽粒成熟等主要生育时期，加强田间观察拣选，及时淘汰变异、杂、弱、感病植株，选留健壮、原品种特征特性突出的优良单株，加强田间管理，在种子成熟期适时收获，脱粒晒干扬净，贴好种子标签，上市或入库待用。

3. 无性繁殖

以扦插为主，扦插时期不限，全年均可进行，但以春秋两季扦插成活率较高。插条准备时应选择生长健壮、品种典型性明显得母株，截取其带 3~5 个芽长约 10cm 的枝茎，扦插于事先准备好的苗床中，入土约为茎枝的 2/3。苗床不需施肥，以砂壤土为好，插后浇透水，保湿。春季约 10 天发根，冬季需 2~3 周才能发根。也可采用分株繁殖，分株繁殖时选取健壮、无病虫害、品种优良性状突出的单株，连根挖出植株，用刀把各分枝切割开，即可定植。

第十三节　马　兰

一、概述

马兰，别名马兰头、马兰菊、竹节草、红梗菜、紫菊、田边菊、鸡儿肠、螃蜞头草等，植物学属菊科马兰属多年生草本植物，全株可入药，具有清热解毒，散瘀止血，消食除湿，利尿化痰的功效，主治感冒发热、月经不调、急性咽炎、传染性肝炎、痢疾，外用可治疗疮疖肿毒、乳腺炎等。幼嫩的茎叶是一种营养保健型食用蔬菜，炒食、凉拌或做汤均可，香味浓郁，营养丰富，口感鲜嫩。据测定每100g鲜茎叶含胡萝卜素31.5mg、蛋白质5.4g、铁6.2g、钙258mg、维生素C 36mg、维生素B 0.36mg、尼克酸25mg、钾583mg、磷69mg，镁46.8mg，钠1mg，铁4mg，锌0.43mg，均高于菠菜。还含有挥发油0.123%左右，有清香味，马兰含钾及钙质较高，有益于人体健康。用沸水轻煮一下再用清水浸泡3小时，除去苦味，即可食用。

二、高产栽培技术要点

1. 选择地块，深翻耕，施足基肥

马兰对土壤适应性很强，但以水利设施好、排灌方便的沙壤土为好。移栽前人工拔除杂草，或用无公害除草剂喷杀，同时结合翻耕每亩施已发酵腐熟的优质猪粪或牛粪5 000kg左右，做到基肥充足，土肥交融，为马兰持久旺盛生长打好基础。而后整地作畦，畦的宽度和长度根据田块大小和大棚覆盖标准而定，一般土地利用率要求在90%以上。把好除草关和施足基肥是获得马兰安全、优质、高产的基础，不可掉以轻心。

2. 温室栽培

马兰一般在 9 月移栽，11 月上旬用塑料大棚覆盖。大棚可选用简易毛竹大棚，或用可移动钢架大棚等，大棚宽度和高度与常规蔬菜大棚相同，要求做到保温性能好，田间操作方便，以利马兰生长和田间作业。

大棚马兰要实行绿色管理，经过多年的实践观察，大棚马兰在秋冬生长期间，没有发生病虫的严重危害，不需要喷药防治。偶尔发生点状的叶斑病，用草木灰撒施防治即可。因此，棚栽马兰更受到广大消费者的青睐。

3. 科学管理，四季采剪

在人工栽培条件下，大棚马兰是一种一年四季均可采收的蔬菜，且栽种 1 次可连续采收多年。一年四季只要不断地剪去嫩梢，它就会不断地长出嫩梢，不会开花，不会结籽，源源不断地供人们采摘和食用。清明过后，揭去大棚架上的塑料薄膜，让其自然生长，只要勤管理，勤施肥，其嫩梢产量比大棚覆盖期间还高，且香味浓郁，品质优良；由于马兰抗病虫能力较强，一般不需要用药治虫防病。特别到了 7—8 月蔬菜淡季，人工栽培的马兰填补了蔬菜淡季期间叶菜类的空缺，虽然价格比春节期间低，其经济效益仍比一般蔬菜高 1~2 倍。

当苗高 10~15cm 时，即可开始用剪刀剪取嫩梢上市。一般每隔 10~15 天采剪 1 次。采剪时注意保留短的嫩芽，以保证后期产量。采剪后的嫩梢，要放在阴湿的地方，喷细水防止萎蔫，用保鲜袋装好及时上市销售，做到按时采剪，保鲜上市。

每次采收后，要及时追肥，由于采收间隔期较短，应施腐熟稀薄的人粪尿，或施绿色环保型速效有机颗粒肥料，或施绿色环保型速效有机液体肥料，不施用速效性化学氮肥，确保大棚马兰安全优质。

三、主要品种简介

（1）红梗马兰头。药用以红梗马兰头为佳。该品种香味较浓郁，叶片匙形，叶缘有大齿，茎红色，温度低颜色变浅、温度高颜色加深，耐寒性好，-10℃停止生长，但不会受冻害，5℃就可以萌芽正常生长，最适生长温度 15~20℃，适宜上年 11 月至翌年 4 月栽植，此时，产量高、品质优。

（2）青梗马兰头。该品种叶片梭形，叶缘有大齿，茎青白色，不会因温度升高而变色，商品性好，耐热、不耐寒，-5℃以下易受冻害，最适生长温度 20~30℃，适宜 5—10 月栽植，产量较高，香味次于红梗马兰。

另外，从叶形上区分还可分为椭圆形和披针形两种，椭圆形叶缘几乎无锯齿，披针形叶缘呈锯齿状。

四、种子生产技术

马兰的繁殖方法分种子繁殖和无性分株繁殖两种。种子繁殖因采种困难、出苗率极低一般不采用。常用分株繁殖（营养繁殖），该法不仅方法简便易行，成本低，成活率高，而且当年采种栽植，当年就可采收，管理得法，当年就能收回成本且略有盈余。具体技术方法是：9 月在野外（如繁种地块、或田头地角、沟渠两沿、山边坡地）用铲子或锄头连根带泥铲（掘）起马兰的母株种根，把大种根掰成带有主枝和根茎的若干块小种根，每块小种根长有马兰主茎 3~4 枝，然后按 10cm×10cm 的行株距移栽到大田。移栽时，要压实种根，使其与泥土紧密结合，栽后要及时浇透水，防止萎蔫，以利提高成活率。

到田野铲种时，要采集那些根茎粗短略带红色，植株匍匐状生长，叶色深绿，叶片倒卵状长圆形或倒披针形，叶缘有齿或羽状浅裂的健壮植株。只有选育出再生性好、生长快、适应性广、易栽培、抗逆性强、环保型（不需防治病虫）和清香美味的品种，才能保证马兰头品质优、产量高、效益好。这是种好马兰的关键技术环节之一。

1. 分株繁殖技术

利用马兰多年生宿根或地下根的分枝性强的特性，选择纯度高、生长健壮、品种原有典型性状突出、抗逆性好的植株作为母株，深挖出根系，进行分株或切成小株，最好每块小种株上有茎节 3～4 个，每穴 1～2 株，株行距 10～20cm，移栽后及时浇水，保持土壤湿润，待新芽长出后，进一步加强田间管理，以获高产。

也可采用苗床培育，事先建好苗床，配置营养床土，用草炭土或细河沙、蛭石：腐熟有机肥各 50% 的比例混合均匀用作床土，选择地势较高，排灌方便，无病无污染地块建好苗床，苗床中铺垫配置好的营养土 5～10cm 厚；选择生长势健壮、整齐、无病、纯度好、原品种典型性突出的母株为基本材料，在 4—6 月，挖取母株分成小株，分别插于苗床内，深度为根部全部埋入土中，插后保持苗床土壤湿润，并用遮阳网遮阴，半个月左右成活，发出新叶。成活后可随时移栽，栽种密度为 10～20cm。随栽随即浇水，确保成活。栽后加强田间，促其健壮生长，以获高产。

2. 育苗繁殖

选择土壤肥力高，技术管理水平高，交通便利，排灌基础好的地方建苗床育苗，苗床宽 1.5～1.8m，用过筛无病细土与腐熟有机肥各 50% 左右比例配置营养土，混合均匀待用，开春后，在建好的苗床上装入床土 5～10cm 厚，常用撒播，种子千粒重 0.8g 左右，一般发芽率只有 35% 左右，发芽适温 20～25℃ 条件下 34 天即可发芽出苗，亩播种量 0.25kg，要求撒播种子均匀一致，播后镇压踏实，覆盖土层 0.5cm，做到厚薄一致，浇透水，再覆盖薄膜增温保湿，7~10 天出苗。出苗后及时摘去薄膜以免影响幼苗生长，保持苗床地面湿润，可早晚洒水，当苗高 10~15cm、单株 4 片真叶时，即可移栽。露地移栽在华北黄淮流域 4 月下旬进行。

3. 原种生产技术

一般应选择土壤肥力高，技术管理水平高，交通方便，四周 500m 内没有花期相同的其他菊花脑异品种繁种的地块，采用"四年三圃"提纯复壮法生产原种种子。第一年，选单株，在长势良好、纯度高的种子繁育田或系圃田中选择单株，注意在各个生育关键时期做好田间观察鉴选，及时淘汰病、弱、杂、变异株，当选单株一般在 5—9 月开花，8—11 月种子（果实）成熟。当选植株单收单晒，考种筛选。要选籽粒性状、千粒重、株型整体度、生长势强、符合原品种典型性状的单株，当选数量应根据繁殖面积而定。第二年，建立株行圃，将第一年筛选的优良单株种子，每株种植 1 行，在各个生育期做好田间观察鉴定，及时淘汰变异、感病、杂、弱株行，将品种典型性突出、纯度高、长势好的株行当选，单收单晒单存。第三年，建立株系圃，将第二年筛选的当选株行种子，分别种植，在各个生育期做好田间观察鉴定，及时淘汰变异、感病、杂、弱株系，将品种典型性突出、纯度高、长势好的株系当选，分株系单收单晒单存。第四年，建立原种圃，将第三年筛选的优良株系种子，混系种植，在各个生育期做好田间观察鉴定，及时淘汰变异、感病、杂、弱株，将品种典型性突出、纯度高、长势好的植株当选，混收即为原种。为了缩短选择繁殖年限，也可在选择株行，建立株系圃的同时，采用大量的优良单株选择，分株行比较，将当选优良株行混合繁殖作为简易原种。

4. 大田用种生产技术

一般应选择土壤质地结构良好，土壤肥力高，技术管理水平高，交通方便，四周200m内没有花期相同的其他马兰品种繁种的地块，播种要求用纯度高，品质好的原种种子，在4月播种，在苗期、现蕾、开花、籽粒成熟等主要生育时期，加强田间观察拣选，及时淘汰变异、杂、弱、感病植株，选留健壮、原品种特征特性突出的优良单株，适时收获，脱粒晒干扬净，贴好种子标签，上市或入库待用。

第十四节 地 榆

一、概述

地榆，别名黄瓜香、小稞子、山参子、山红枣、小紫草、白地榆、鼠尾地榆，植物学属蔷薇科多年生草本植物。为药、菜两用作物，作蔬菜食用部分主要是嫩茎稍和嫩叶，所含的维生素及无机盐量比一般蔬菜高几倍或十几倍，富含胡萝卜素和维生素C，其嫩叶具有黄瓜的香味，是补充人体矿物质、维生素C及胡萝卜素的绝好绿色蔬菜，据测定，每100g嫩叶中含粗蛋白4.2g、粗纤维1.8g、粗脂肪1.1g、碳水化合物0.67g、维生素B 20.72mg、胡萝卜素8.30mg、维生素C 229mg。全国各地均有种植和自然分布，常生于草丛、山坡、灌丛、田边，喜沙性土壤。其生命力旺盛，对栽培条件要求不严格，其地下根部耐寒，地上部又耐高温多雨，不择土壤，我国南北各地均能栽培。若要获得高产量和品质柔嫩的蔬菜，则应选择肥沃的土壤种植。地榆非常适合老百姓庭院种植观赏和随时采摘新叶作蔬菜食用，近年地榆蔬菜的开发利用不断升温，种植效益较高，销售市场很好。

二、高产栽培技术要点

1. 选地与播种

栽培地榆可用种子繁殖，也可分根繁殖。要选择富含腐殖质的壤土或沙质壤土，土壤水分条件要好，播前要把地整平耙细、上松下实。用种子条播时，行距40～50cm，亩播种量1～1.5kg，播种深度1.5～2.0cm，苗高10cm时可进行1次间苗，株距30～40cm。分根繁殖可于早春萌芽前，将根挖出，根据根的大小，分成3～4株不等，按行距45cm，穴距30cm，移栽定植。

分秋播和春播2种。秋播多在8月中、下旬，春播多在3—4月播种。条播，行距45cm，开浅沟，将种子均匀撒入沟内，覆土1cm左右，亩播种量1.0～1.5kg。如遇土壤干旱需进行浇水，约2星期出苗。在早春干旱地区，亦可采用育苗移栽方法。分根繁殖：早春母株萌芽前，将上年的根全部挖出，然后分成3～4株不等，分别栽植。每穴1株，株距35～45cm，行距60cm。

2. 加强田间管理

（1）直播田块。当苗高10cm左右，需间苗1次，株距35～45cm，在植株生长期间要注意松土除草，抽茎期注意追肥，以追施氮肥和磷肥为主，施用人粪尿、豆饼、过磷酸钙、草木灰等。为了促进营养生长，过早抽花茎时要及时摘除。

（2）移栽田块。移栽后注意及时浇水，确保成活率，灌水后要适时中耕保墒，返苗后加强肥水管理，促健壮生长，品质优良。

（3）病虫害防治。地榆的主要病害有白粉病，春季开始发生，主要以勤除杂草，合理密植，使田间通风透光，避免湿度过高的方法来预防。虫害有金龟子，为害期间用50%马拉硫磷800～1 000倍浇灌防治幼虫。

3. 采收储藏

（1）做蔬菜利用，一般嫩茎叶，因此，要在未木质化前及时剪割，随采摘随上市，能提高叶菜质量，突出新鲜。

（2）药用的根部，春播 2—3 月后春末、秋末及冬季均可采收，于春季发芽前，秋季枯萎前后挖出，除去地上茎叶，洗净晒干，或趁鲜切片干燥即可入药。

三、栽培主要品种简介

（1）长叶地榆。本变种的主要区别在于，基生叶小叶带状长圆形至带状披针形，基部为心形、圆心形至宽楔形；茎生叶较多，与基生叶相似，但更长而狭窄。叶菜品质佳，花穗长圆柱形，长 2~6cm，直径 0.5~1cm；雄蕊与萼片近等长。花、果期 8—11 月。生于海拔 100~3 000m 的山坡草地、溪边、灌丛中、湿草地及疏林中。主要分布于华东、中南、西南及黑龙江、辽宁、河北、河南、山西、甘肃等省地。

（2）细叶地榆。细叶地榆主产于吉林、辽宁等地，自产自销。根呈不规则纺锤状，两端渐尖或急尖，稍弯曲。长 3~10cm，直径 0.5~1.5cm。表面棕褐色，具纵皱，有时可见支根痕。质硬而脆，易折断。折断面较平坦，粉质。横断面形成层可见，皮部淡黄色，木部棕黄色，放射状排列不甚明显。气微、味微苦涩，叶菜品质佳。

（3）小白花地榆。该品种产于吉林等地，多自产自销。根圆柱形，顶端略膨大。表面稍平滑，有纵皱。长 2.5~12cm，直径 0.3~0.6cm。根茎细长，表面紫褐色，密集鳞片状叶柄残基，并着生众多细根，长 2~10cm。质较疏松，易折断。折断面粗糙，形成层环明显，皮部淡黄色，木部稍深，有时中空。气微，味微甘涩

四、种子生产技术

1. 营养繁殖
（1）分株繁殖。利用地榆多年生宿根茎的特性，选择生长

健壮、原品种典型性状突出、纯度较好、抗逆性突出的植株，深挖出根系，分株或切成 5~6cm 小段，每段上带有分节 3~6 个，每穴 1~2 株或段，移栽后及时浇水，保持土壤湿润，待新芽长出后，进一步加强田间管理，以获高产。

（2）育苗繁殖。选择土壤肥力高，技术管理水平高，交通便利，排灌基础好的地方建苗床育苗，苗床宽 1.5~1.8m，用过筛无病细土与腐熟有机肥各 50%左右比例配置营养土，混合均匀待用，开春后，在建好的苗床上装入床土 5~10cm 厚，常用撒播，亩播种量 1~2kg，要求撒播种子均匀一致，播后镇压踏实，覆盖土层 0.5cm，做到厚薄一致，浇透水，再覆盖薄膜增温保湿，7~10 天出苗。出苗后及时摘去薄膜以免影响幼苗生长，保持苗床地面湿润，可早晚洒水，当苗高 10~15cm、单株 3 片真叶时，即可移栽。露地移栽在华北黄淮流域 4 月下旬进行。

2. 原种生产技术

一般应选择土壤肥力高，技术管理水平高，交通方便，四周 500m 内没有花期相同的其他地榆异品种繁种的地块，采用"四年三圃"提纯复壮法生产原种种子，地榆常分秋播和春播 2 种。秋播多在 8 月中、下旬，春播多在 3—4 月播种。常用条播，行距 45cm，开浅沟，将种子均匀撒入沟内，覆土 1cm 左右。第一年，选单株，在长势良好、纯度高的种子繁育田或系圃田中选择单株，注意在各个生育关键时期做好田间观察鉴选，及时淘汰病、弱、杂、变异株，当选单株一般在 9 月开花，10—11 月种子成熟。当选植株单收单晒，考种筛选。要选籽粒性状、千粒重、株型整体度、生长势强、符合原品种典型性状的单株，当选数量应根据繁殖面积而定。第二年，建立株行圃，将第一年筛选的优良单株种子，每株种植 1 行，在各个生育期做好田间观察鉴定，及时淘汰变异、感病、杂、弱株行，将品种典型性突出、纯度高、长势好的株行当选，单收单晒单存。第三年，建立株系圃，将第二年筛选的当选株行种子，分别种植，在各个生育期做好田间观察鉴定，及时淘汰变异、感病、杂、弱株系，将品种典型性突出、纯度高、长势好的株系当选，分株系单收单晒单存。第四年，建立原种圃，将第三年筛选的优良株系种子，混系种植，在各个生育期做好田间观察鉴定，及时淘汰变异、感病、杂、弱株，将品种典型性突出、纯度高、长势好的植株当选，混收即为原种。为了缩短选择繁殖年限，也可在选择株行，建立株系圃的同时，采用大量的优良单株选择，分株行比较，将当选优良株行混合繁殖作为简易原种。

3. 大田用种生产技术

一般应选择土壤质地结构良好，土壤肥力高，技术管理水平高，交通方便，四周200m内没有花期相同的其他地榆品种繁种的地块，播种要求用纯度高，品质好的原种种子，在4月播种，在苗期、现蕾、开花、籽粒成熟等主要生育时期，加强田间观察拣选，及时淘汰变异、杂、弱、感病植株，选留健壮、原品种特征特性突出的优良单株，适时收获，脱粒晒干扬净，贴好种子标签，上市或入库待用。亦可用营养繁殖方法繁殖大田用种。

第十五节　紫背天葵

一、概述

紫背天葵，别名血皮菜、紫背菜、红凤菜、观音苋、双色三七草、天葵、红水葵、红天葵等，植物学分类属菊科三七属多年生宿根草本植物。明显特征为茎和叶背为紫色，叶面为绿色，植株长势和分枝能力较强，耐热、耐旱、耐瘠薄、耐弱光，适应环境能力强，以嫩茎叶为食用蔬菜，是我国传统蔬菜之一。紫背天葵是一种菜、药两用，集营养保健价值与特殊风味为一体的高档蔬菜，据测定每 100g 鲜嫩茎叶中含水分 92.79g、粗脂肪 0.18g、粗蛋白 2.11g、粗纤维 0.94g、维生素 A 5 644 国际单位、维生素 B_1 0.01mg、维生素 B_2 0.13mg、维生素 C 0.78mg、钾 136.41mg、钙 152.9mg、铁 129mg、磷 32.73mg、烟酸 0.59mg。茎叶和嫩梢中维生素 A、维生素 C、钙、铁等含量较一般蔬菜高，还含有黄酮苷等。不但营养价值较高，还具有清热解毒、润肺止咳、散瘀消肿、生津止渴等药用功效和治外感高热、中暑发烧、肺热咳嗽，伤风声嘶，痈肿疮毒，跌打肿痛等症。经常食用可均衡营养，治病强体，食用方法可凉拌、做汤，也可素炒、荤炒，柔嫩滑爽，风味别具一格。另外，人们常将紫背天葵泡酒、泡水做成药酒或保健茶饮用，具消暑散热、清心润肺的功效。

二、高产栽培技术要点

高产栽培要注意紫背天葵喜温暖湿润的气候，生长适温 20~25℃，耐热性强，在夏季高温条件下生长良好；不耐寒，遇霜冻即全株凋萎，整个生长过程中需水量较均匀，过于干旱时，产品品质下降。生长期间喜充足的光照，较耐阴，对土壤要求不严，较耐瘠薄土地等特性，为其高产优质创造良好生长条件。

1. 育苗

紫背天葵的茎节部易生不定根，目前多采用扦插繁殖育苗。春季从健壮的母株上剪取 6~8cm 的顶芽，若顶芽很长，可再剪成 1 段、2 段，每段带 3~5 节叶片，摘去枝条基部 1~2 叶，插于苗床上，苗床可用土壤，或细沙加草灰，也可扦插在水槽中。扦插株距为 6~10cm，枝条入土约 2/3，浇透水，盖上塑料薄膜保温保湿（保持 20℃），经常浇水，经 10~15 天成活，而后即可带土移植。在无霜冻的地方，周年可以繁殖，在北方应在温室温棚等保护地内育苗。

2. 定植

应选择排水良好、富含有机质、保水保肥能力强、通气良好的壤土，土壤为微酸性。每平方米施 4.5kg 腐熟的有机肥作基肥，深翻，耙平，做成平畦。

3. 田间管理

（1）加强田间管理。适时间苗、定苗，确保苗全、苗匀、苗壮。

（2）适时施肥浇水。灌溉的原则是土壤见干见湿，雨季注意排水防涝，在开始采收后，每采收 1 次追肥 1 次。每平方米施腐熟的人粪尿 1.5kg，或尿素 15～22g。

（3）发现病虫害及时防治。常见病害有根腐病、叶斑病、炭疽病、菌核病；常见虫害有蚜虫、斜纹夜蛾、潜叶蝇等。对根腐病可选用 69% 安克锰锌 800 倍液，或用 50% 多菌灵 800 倍液灌根或喷雾防治，喷雾时要兼顾地面。对叶斑病、炭疽病、菌核病可选用 70% 代森锰锌 500 倍液或 50% 大生 500 倍液等，于发病初期喷洒 2～3 次，期间相隔 7～10 天为宜。对斜纹夜蛾、蚜虫及潜叶蝇危害，一般使用 10% 一遍净 2 000 倍液及 50% 潜克（灭蝇胺）3 000 倍液喷雾或及时采收而避免危害。

4. 适时采收

摘取嫩梢长 15cm，先端具 5～6 个叶片的嫩梢茎叶，每一次采收时，在茎基部留 2～3 节叶片，使新发生的嫩茎略呈匍匐状，10～15 天后，又可进行第二次采收。从第二次采收起，在茎的基部只留一节，这样可控制植株的高度和株形。南方地区周年均可收获，北方地区温室生产可周年采收，8—9 月为采收旺季。

5. 母株的保存

初霜前，在田间选择健壮的植株，截取顶芽，扦插在保护地内，留作母株来年使用。保护地内的温度应控制在 5℃以上。

三、主要品种简介

紫背天葵有红叶种和紫茎绿叶种两大类型。

（1）红叶种。叶背和茎均为紫红色，新芽叶片也为紫红色，随着茎的成熟，逐渐变成绿色。根据红叶种叶片的大小，又可分为大叶种和小叶种。大叶种的特点是叶大而细长，先端尖，黏液多，叶背、茎均为紫红色，茎节长；小叶种的特点是叶片较少，黏液少，茎紫红色，节长，耐低温，适于冬季较冷的地区或黄淮流域早春设施栽培栽培利用。

（2）紫茎绿叶种。茎基淡紫色，节短，分枝性能差，叶小、椭圆形、先端渐尖，叶色浓绿，有短茸毛，黏液较少，质地差，但耐热、耐湿性强，比较适合夏季和初秋高温天气条件下栽培利用。

四、种子生产技术

1. 原种生产技术

紫背天葵在华北地区露地种植多在9月开花，但种子不能成熟，故露地不能繁殖收获种子。原种生产一般需要利用保护设施——温室温棚或阳畦、风障等设施栽培条件下，采用"四年三圃制"，并且要求空间隔离距离1 000m内不能有花期相同的异品种繁种田。第一年，选单株，在长势良好、纯度高的种子繁育田或系圃田中选择单株，注意在苗期、中期等及时淘汰病、弱、杂、变异株，当选单株将定植在设施温室、温棚、地窖中越冬，或保温贮藏越冬。一般在3—5月开花，6—7月种子成熟。期间各生育时期做好田间观察鉴选，当选植株单收单晒，考种筛选。要选籽粒性状、千粒重量、株型整体度、生长势强、符合原品种典型性状的单株，当选数量应根据繁殖面积而定。第二年，建立株行圃，将第一年筛选的优良单株种子，每株种植1行，在各个生育期做好田间观察鉴定，及时淘汰变异、感病、杂、弱株行，将品种典型性突出、纯度高、长势好的株行当选，单收单晒单存。第三年，建立株系圃，将第二年筛选的当选株行种子，分别种植，在各个生育期做好田间观察鉴定，及时淘汰变异、感病、杂、弱株系，将品种典型性突出、纯度高、长势好的株系当选，分株系单收单晒单存。第四年，建立原种圃，将第三年筛选的优良株系种子，混系种植，在各个生育期做好田间观察鉴定，及时淘汰变异、感病、杂、弱株，将品种典型性突出、纯度高、长势好的植株当选，混收即为原种。为了缩短选择繁殖年限，也可在选择株行，建立株系圃的同时。采用大量的优良单株选择，分株行比较，将当选优良株行混合繁殖作为简易原种。

2. 大田用种子生产技术

在繁种田四周 500m 内不能有同期开花的其他紫背天葵品种繁种田，要用原种或系种作为播种材料，出苗后的前期管理同一般大田，在定苗后，做好各个生长期田间观察鉴定，选择健壮植株留作种株，清除种株周围其他植株，让其充分生长，以扩大产种数量，一般在 3—5 月开花，6—7 月种子成熟。用种子生产，长势强，叶片较宽大，不易携带病毒，产量高，所以紫背天葵商品蔬菜生产以种子繁育为主。种子成熟后及时收获，晾晒，脱粒，晒干扬净，贴好种子标签，贮藏或销售待用，一般种子使用年限 1~2 年。

种子繁殖育苗能够克服无性扦插繁殖植株逐年退化的缺点。一般在春秋两季播种育苗，5~6 叶时定植，成株后可作无病毒母株无性繁殖用。利用茎尖组织培养的方法生产脱毒苗，也是对植株进行更新复壮的好方法。

3. 紫背天葵无性繁殖方法

（1）扦插法。由于该作物适宜扦插，生产实践中常用扦插方法解决用种需求。扦插一般在春秋两季均可进行，其优点是扦插繁殖具有采收早、扦插技术简单，方法易学易做。具体操作要点是选择健壮、无病、无虫、本品种典型性突出的母株做好标记，从植株上剪去 6~8cm 长的茎段，每段带 3~5 片叶，基部的 1~2 片叶去掉，最好用"生根粉"沾根，用细沙或草炭土、腐熟有机肥按配置营养土，在苗床上铺垫厚 6~10cm，按照间距 6~8cm 见方将处理好的插条略倾斜插入营养土中 2/3，上部留 1/3，浇透水覆盖薄膜保湿，温度保持在 20℃ 左右为宜，每 1~2 天洒水 1 次，10~15 天后插条上发出新芽，成活后可随时定植。

（2）分根法。将地下宿根挖起，分切成数株，每穴一株，加强施肥管理，促其健壮生长，夺取高产。分根法繁殖，幼苗整齐、变异小、生长快、长势强、缺点品质较差，多因病毒病传播感染为害。

第十六节　菜苜蓿

一、概述

菜苜蓿，别名草头、金花菜、黄花苜蓿、刺苜蓿、南苜蓿、黄花草子，植物学属豆科 1~2 年生草本植物，原产印度，在我国栽培历史悠久，《本草经》称苜蓿为牧蓿，《西京杂记》称它为连枝草、怀风、光风。菜苜蓿是集叶菜、绿肥、饲草作物为一身，为各地百姓喜食的绿色嫩叶茎类蔬菜，苜蓿菜营养丰富，胡萝卜素含量高于胡萝卜，维生素 B_2 含量在蔬菜中是最高的，还含有植物皂素，它能和人体胆固醇结合，促进排泄，从而降低胆固醇的作用，有利于冠心病的预防治疗。据测定每 100g 鲜嫩茎叶含蛋白质 4.2g、脂肪 0.4g、糖类 4.2g、粗纤维 1.7g、胡萝卜素 3.48mg、维生素 B_1 0.10mg、维生素 B_2 0.22mg、维生素 C 85mg、钙 168mg、磷 68mg、铁 4.8mg。菜苜蓿可炒食、腌渍及拌面蒸食，其味鲜美，是一种产量高、品质好的蔬菜。菜苜蓿通过调节播种期基本上可周年生产。菜苜蓿植株分枝性强，三出叶，小叶近倒三角形或倒卵形，叶端稍凹，叶长1cm，宽1cm，叶柄细长，绿色鲜嫩。花梗短，着生黄色小花，蝶形花冠，荚果、内有3~5粒肾状形种子，千粒重2~3g。苜蓿性喜冷凉气候，耐寒性较强。生长适温12~17℃，在17℃以上和1℃以下植株生长缓慢，在-5℃的短期低温下，叶片易受冻。

二、高产栽培技术要点

1. 栽培季节

菜苜蓿栽培分春季栽培和秋季栽培，以秋季栽培为多。秋季栽培从7月下旬至9月下旬分批播种，8月中旬至翌年3月下旬陆续采收上市。春季栽培从2月下旬至6月上旬陆续播种，3月下旬至7月下旬采收。播种方式有条播、穴播、撒播均可。

2. 施足基肥整好地

苜蓿耐旱耐瘠薄能力强，适应性较广，对土壤的要求不严格，但以富含有机质、保水保肥力强的黏土和冲积土最好，有利于获得高产量。因此，种植菜苜蓿时应选择易高产的地块，耕翻前每亩施入腐熟的有机肥或人畜粪尿2 000kg作底肥，撒施均匀后深耕15~20cm，然后平整土地，做成宽1.5m左右的小畦，以方便灌溉与排水。苜蓿亩播种量应随季节而定，一般早秋、晚春播种时，气温较高，土壤干旱，出苗率低，亩播种量40~50kg；晚秋、早春播种，每亩播种量15kg。

为避免出苗不整齐的现象，播种前要进行选种，减少荚果中的瘪籽和坏籽。选种方法，用55~60℃的温水浸种5分钟，淘汰水上的浮籽。一般在撒播后用齿耙将畦面耙平，再用脚踏实畦面。为克服早秋、晚春出苗迟和出苗率低的困难，通常在播种前进行浸种催芽处理。将已选好的种子放于麻袋内，浸于水中10~

20个小时，然后将种子取出，置于阴凉处2~3天，每隔3~4小时用喷壶浇凉水1次，然后播种。

3. 加强田间管理

播种后，应保持田间土壤有足够的湿度以满足种子发芽需要的水分。特别是早秋、晚春播种时，一般播后5~7天出苗，出苗前后应注意防止土壤表面干旱板结而影响出苗，若出现表土层板结可早晚洒小水湿润地面。当出现2片真叶时可进行间除过稠的堆堆苗。坚持每收割1次，在收后第二天施0.5%尿素液或追施稀释腐熟人粪尿1 500kg/m²，收割后立即追肥易引起腐烂。暴雨之后或长时间阴雨时，要注意田间排涝。

4. 病虫害防治

菜苜蓿抗逆性强，一般不需要使用农药防治病虫害。但有时也会遭受蚜虫、小地老虎、蓟马、叶蝉等害虫危害，可用40%乐果800倍液或50%抗蚜威2 000~3 000倍液防治。常见病毒病危害，多发生于7—9月，苜蓿受害后，叶小而皱缩，生长弱而差。9月后气候转凉，该病症状就会减轻或消失。

5. 适时采收

当苗高10cm左右时即可进行初次采摘或割收上市，第一次采摘或收割要注意地面上留2~3个节间利于萌发侧芽。割收菜苜蓿时，留茬要短而整齐，特别是第一次收割，一定要掌握低和平的原则，使以后采收容易，产量提高。早秋播种，约25天后就开始收割，可采收4次，亩产量约1 000kg；晚秋播种，可采收3次，亩产量600~700kg；早春播种，采收5~8次，亩产量1 500~2 000kg；晚春播种，在7月初至7月下旬采收，采收3~7次，亩产量在1 500kg左右。

6. 留种

留种管理与栽培管理基本相同，但要掌握推迟播种期、稀播、不收割等几个主要环节。留种田宜于9月上、中旬播种，亩播种量 5~7.5kg。冬季 注意保暖防寒。开春后追肥浇水，并注意旱浇涝排，使田间不长时间有积水。植株于 4 月下旬开花，6 月下旬种子成熟。每亩可采收种荚 80~100kg。

三、主要品种简介

（1）亮苜 2 号。该品种为优异的菜用、饲用苜蓿新品种，品质好、多叶，产量高且持续利用期长，抗病性、抗逆性强。该品种属多叶苜蓿、持续利用期长、草质优良、产量很高的苜蓿品种；茎秆很细；多分枝；5~7 个叶片；根系较深广；68% 花为紫色；种子肾形，千粒重 1.4g。抗寒能力优异，休眠级数 2~3，在有雪覆盖的条件下，能耐受 -50℃ 低温。抗旱能力优异，能在降水量 200mm 左右的地区良好生长。再生性好，刈割后生长快，每年可刈割 2~4 次。对褐斑病、黄萎病、细菌性枯萎病等有很强的抗性。抗虫性好，对豆长管蚜和马铃薯叶蝉具有良好的抗性。产草量高，全年亩产鲜苜 6 000~8 000kg，干草 1 000~2 000kg。营养价值高，草质柔嫩，叶量丰富，粗蛋白质含量达 24% 以上。该品种喜中性或微碱性土壤，适宜我国华北、东北、西北、中原部分地区种植。

（2）中苜 1 号。该品种由中国农业科学院畜牧研究所筛选杂交而成，根系发达，叶色绿较深，花紫色和浅紫色。总状花序，荚果螺旋形 2~3 圈，耐盐性好，在 0.3% 的盐碱地上比一般栽培品种增产 10% 以上，耐旱、也耐瘠。每公顷干草产量 7 500~13 500kg。适合地区：黄淮海平原及渤海湾一带的盐碱地、也可在其他类似的内陆盐碱地试种，适宜的年降水量为 300~800mm。

（3）CW272、CW400。该品种从美国西海岸种子公司引进的苜蓿新品种，"CW272""CW400"，已经通过了宁夏回族自治区品种审定。该品种株型直立，株高 80~120cm；主根明显，侧根较多，根系发达；茎直立，根茎部多分枝，茎秆粗壮，单株分枝

7~16个，茎上具棱；叶色深绿，羽状3~4出复叶，密被绒毛，托叶2片，小叶倒卵状披针形或倒卵形，长1.0~3.0cm；总状花序，花冠紫色，小花6~25朵；荚果螺旋形，种子肾形，种皮黄色，千粒重2.0g，高抗病虫害。耐寒、耐水肥，高抗倒伏。粗蛋白含量20.52%，粗脂肪含量1.21%，粗纤维含量22.40%，无氮浸出物含量37.68%。平均每亩产鲜草3 000kg左右。

（4）公农3号苜蓿。该品种是吉林省农科院畜牧分院草地所培育的适宜放牧利用的根蘖型苜蓿新品种。该品种为多年生草本，多分枝，株高50~100cm，主根发育不明显，具有大量水平根，根蘖率在30%~50%。三出复叶，小叶倒卵圆形，长1~2cm，宽约0.5cm，上部叶缘有锯齿。总状花序，腋生，花杂色（紫、黄、白）。荚果螺旋形，种子黄色，千粒重2.18g。抗寒、耐旱，在东北、西北、华北北纬46°以南，年降水量350~550mm地区无需灌溉可正常生长发育。该品种在西北、东北地区宜早春播种，华北地区宜秋播。条播、撒播、穴播均可，当株高达20cm以上即可采收。另外，可与羊草等禾本科草混播，建立人工草地，也可在天然草地上进行补播，这样既可改善草地植被种群结构，又可缓解放牧家畜营养供需矛盾，有利于半干旱草原生产潜力的发挥。

（5）金黄后紫花苜蓿。该品种为多年生豆科优质牧草品种，秋眠级指数2~3。根系发达，主根粗长，深达3~6m，侧根多根瘤。不仅抗寒力强，而且耐刈割。茎直立，多分枝，叶量丰富，呈现深绿色，粗蛋白含量可达22%；其营养价值和适口性表现出众。耐旱性、耐盐碱性好，耐粗放管理；对苜蓿的多种病虫害有突出抗性。金黄后喜欢温暖干旱、半干旱气候。抗逆性强，适应性广。单播种植时温度、土壤条件适宜且收获及时，亩产优质干草1t以上。北方地区年自然降水量达350mm旱地即可种植，随雨播种，可形成良好的草地植被；同时，还可与其他禾本科牧草混播，建立高产混播草地，调制生产干草或直接放牧，或用于天然退化草地补播改良。金黄后适宜在中性或微碱性土壤生长，可直播建立高产人工草地、混播草地或补播改良天然草地。种子千粒重约 2.3g。单播播量 0.8～1.2kg/亩；常用行距 30～40cm；播深 2～3cm。与鸭茅、黑麦草或无芒雀麦混播建立人工草地时，混播播量 150～200g/亩；常用播量 300～400g/亩。适宜中国西北、华北、东北、黄淮海等广大地区种植。

（6）WL-323 紫花苜蓿。该品种是中国农业科学院从美国引进的多年生苜蓿筛选出的新品种，它抗逆性强，适应性广，草质优良，产草量高，可改良土壤结构，提高有机质含量，增加养分，培肥土力。株高 150cm 左右，茎粗 0.2～0.3cm，分枝多，根系发达，主权粗长，叶量丰富，68% 的花为紫花，种子肾形，黄褐色，有光泽，千粒重 2.3g，每亩产种子 150kg。该品种抗寒抗旱能力强，在雪覆盖下，能耐-50℃低温；在降水量 200mm 左右的地区生长良好。再生能力强，刈割后生长快，每年刈割 4～5次。对褐斑病、草萎病有很强的抗性。易种植，不受土壤和气候的影响，全国适宜，1 次播种多年受益。全年每亩产鲜草 8 000～10 000kg（折合干草 2 000～2 500kg）。营养价值高，草质柔嫩，叶量大，粗蛋白质含量达 22% 以上，口感好，是猪、牛、羊、鸡、鱼、兔、鸭、鹅的优质饲料。该品种喜中性或微碱性土壤，春播 4 月下旬至 5 月上旬，夏播 6 月上旬至 7 月下旬，秋播 7 月下旬至 10 月上旬，每亩用种 1～1.5kg。

（7）黄苜蓿。该品种茎不直立，匍匐地上，开黄色花，叶状如镰。该品种比较适宜于北方各省种植利用。

（8）野苜蓿。该品种俗名草头，又名金花菜，茎卧地，每一细茎上有 3 小叶，中国长江下游有野生和栽植作为叶菜食用的苜蓿品种之一，在各地均有种植利用典型。

四、种子生产技术

1. 原种生产技术

一般应选择土地肥力高，技术管理水平高，交通方便，四周500m内没有花期相同的其他苜蓿品种繁种的地块，采用"四年三圃"提纯复壮法生产原种种子。第一年，选单株，在长势良好、纯度高的种子繁育田或系圃田中选择单株，注意在各个生育关键时期做好田间观察鉴选，及时淘汰病、弱、杂、变异株，当选单株一般在4月开花，5—6月种子成熟。当选植株单收单晒，考种筛选。要选籽粒性状、千粒重、株型整体度、生长势强、符合原品种典型性状的单株，当选数量应根据繁殖面积而定。第二年，建立株行圃，将第一年筛选的优良单株种子，每株种植1行，在各个生育期做好田间观察鉴定，及时淘汰变异、感病、杂、弱株行，将品种典型性突出、纯度高、长势好的株行当选，单收单晒单存。第三年，建立株系圃，将第二年筛选的当选株行种子，分别种植，在各个生育期做好田间观察鉴定，及时淘汰变异、感病、杂、弱株系，将品种典型性突出、纯度高、长势好的株系当选，分株系单收单晒单存。第四年，建立原种圃，将第三年筛选的优良株系种子，混系种植，在各个生育期做好田间观察鉴定，及时淘汰变异、感病、杂、弱株，将品种典型性突出、纯度高、长势好的植株当选，混收即为原种。为了缩短选择繁殖年限，也可在选择株行，建立株系圃的同时。采用大量的优良单株选择，分株行比较，将当选优良株行混合繁殖作为简易原种。

2. 大田用种生产技术

一般应选择土地肥力高，技术管理水平高，交通方便，四周200m内没有花期相同的其他苜蓿品种繁种的地块，播种要求用纯度高，品质好的原种种子，在8—9月播种，在苗期加强田间观察拣选，及时淘汰变异、杂、弱植株，加强冬季防冻害管理，也可覆盖草帘、薄膜等覆盖物防冻，在难以越冬的高纬度地区，冬季可采取在设施条件下或温室、地窖寄存宿，沙存宿，保湿，开春地温回升后，适时移植到大田，随栽随即浇水，确保成活。在返苗期、茎节伸长期、开花期、籽粒成熟等各个主要生育期做好田间观察选择，及时淘汰杂株、变异株、感病株、若株，选留健壮、原品种特征特性突出的植株，适时收获，脱粒晒干扬净，贴好种子标签，上市或入库待用。

3. 无性繁殖法

多采用分株法，在春季或秋季，将多年生的苜蓿挖出，分株扩繁，每穴移栽 1~2 株，栽后加强田间管理，有条件的酌施有机肥或速效氮肥、磷肥、钾肥，促其快速健壮生长，提高产草量和品质。

第十七节　菊花脑

一、概述

菊花脑，又名菊花吐、菊花黄、菊花叶、黄菊籽、路边黄、黄菊仔等。植物学属菊科多年生草本植物。食用部分为嫩茎叶，鲜绿脆嫩，营养丰富，含有菊苷氨基酸、胆碱、黄酮苷、维生素 A、维生素 B、矿物质等多种营养成分。常食有清热解毒，调中开目，扩张冠状动脉，降低血压、清热凉血等效果，还对多种细菌、病毒及其部分真菌有抑制作用。菊花脑发芽适温 15~20℃，最低 4℃以上，幼苗生长 12~20℃，低于 5℃和高于 30℃生长受阻，在高温条件下生长品质差，产量低，20℃左右品质最好，黄淮流域 5—6 月和 9—10 月为最佳采收季节。其耐干旱、怕涝，发芽期保持土壤湿润，生长期间在高温季节经常浇水。对光照要求不严格，在强光照条件下生长品质差，盛夏季节宜采取遮光措施。其对土壤适应性广，但以土层深厚、排水良好的肥沃壤土最佳。在氮、磷、钾微量养分供应充足时，生长健壮，产量高，品质好。

二、高产栽培技术要点

1. 品种选择

菊花脑分大叶菊花脑和小叶菊花脑 2 种。小叶叶片较小，叶缘浅裂，叶柄常呈浅紫色，品质差，一般不宜选择。大叶菊花脑又叫板叶菊花脑，其叶片宽，先端钝圆，叶缘浅裂，产量高，品质好，适宜保护地人工栽培。

2. 选择肥沃地块

应选择土质肥沃疏松，保水保肥力强，地下水位较低的壤土地块有利于获得高产。播种或定植前，每亩施农家肥 3 000~4 000kg、有机复合肥 50~100kg，撒施均匀，深耕翻细平整地面，做成宽 1.5~2.0 的平畦或高畦，具体看当地降水量、地下水位以及田间排水难易而定，以防田间积水。

3. 栽培方式与播种季节

栽培有育苗移栽和种子直播 2 种方式，黄淮流域育苗一般在 2 月下旬至 3 月初保护地育苗，4 月中下旬移栽定植。露地育苗时间一般为 3 月下旬，5 月中下旬移栽定植，也可 7 月育苗，8 月定植，一般育苗每亩需要用种 500g 左右，需苗床 30m²。还可在春季萌发前利用老根分株方法繁殖。生产上以露地种植为主，也可在 10 月移至温室中继续生长和采收。可一次种植连续采收 3~4 年。选择地势高燥、排灌方便的地块育苗。育苗畦可做宽 1~1.5m 的高畦，畦内施足腐熟的农家肥作基肥，施肥后深翻、耙平。播前晒种 1 天，浇足底墒后播种，覆土 1cm 厚，间苗 1~2 次，苗距 6~8cm。苗高 12~15cm 即可定植。苗床面积与大田面积为 1 :（5~10）。菊花脑种子细小，为使种子均匀撒在苗床上，可采用细砂土与种子按 5∶1 的比例混合拌匀后播种。播后浇透水，保温保湿。播种后 7 天左右即可出齐苗，齐苗前温度控制在 20℃左右，齐苗后白天 15~20℃，夜间不低于 10℃，苗龄 45~60 天。定植时株距 9cm，行距 15cm，每穴栽种 2~4 株，定植后立即浇水保活。

4. 加强田间管理

菊花脑虽耐旱，但在其生长期间遇到干旱天气仍要浇水。在多雨季节，应注意防涝，防止田间积水烂根。为提高经济效益，每采收 1~2 次，应结合浇水，在 2 穴之间深施 1 次追肥。菊花脑抗逆性强，又有一种特殊的菊香味，病虫害很少发生，一般不必使用农药。但有时会发生蚜虫为害，一旦发现蚜虫严重，可定期进行叶面喷水或者选用蚜虱净、蚜青灵等农药按说明浓度叶面喷洒防治；也可用 40%乐果乳剂 1 000 倍液喷雾防治，但施药后到采收期不少于 10 天。

5. 双膜覆盖

一般于 11 月中下旬将老植株平地割除。同时，浅松土和施肥，每亩施腐熟的有机粪尿 3 000~4 000kg，或用腐熟饼肥 100~150kg，然后浇透水，5~7 天后扣盖大棚，同时，畦面用地膜平地覆盖，大棚四周压紧压实。大棚内温度白天控制在 15~20℃，夜间温度控制在 5~10℃。温度过低，将引起生长不良。棚内空气相对湿度控制在 70%~80%，湿度过大或土壤中水分含量过大都不利于菊花脑生长。菊花脑为多次采收蔬菜，每采收 1 次，应深施 1 次追肥，每亩追施尿素 10~15kg，施肥时将地膜揭开，施完肥再覆盖上去。到 4 月底把地膜完全揭掉。

6. 采收和留种

当株高 15~20cm 时即可采收，剪取植株上部的嫩梢，注意留刚萌发的嫩芽，以保持足够的芽数，有利于下一次收获的产量。保护地栽培可提早在 2 月开始采收，露地栽培一般在 4—5 月开始采收。采收盛期为 5—8 月，每隔半个月采收 1 次，直到 9 月现蕾开花为止。采收次数越多，分枝越旺盛，勤采摘还可避免蚜虫为害。采收标准以茎梢嫩，用手折即断为度，扎成小捆上市。一般每亩 1 次可收获 150~200kg，年产 4 000~6 000kg。采收初期用手摘或用剪刀剪下，后期可用镰刀割取。采摘时，注意留茬高度，以保持足够的芽数，有利于后期高产，春季留茬 3~5cm，秋冬季留茬 6~10cm，春夏季可采 4~5 次，秋冬季可采 4~5 次。

7. 及时更新

采取多年生产栽培的，一般 3~4 年后植株衰老，生长势变弱，产量与品质明显降低，需要及时更新。如果实行多年生栽培，每年在地上部茎叶完全干枯后，于霜冻前割去地上茎秆，重施越冬肥，培土 5cm 左右，有利于安全越冬和早春萌发。

三、主要利用品种简介

（1）小叶品种类型。该品种特征为叶片较小，叶缘深裂，叶尖端较尖，叶柄常呈浅紫色，品质稍差，产量偏低，但适应能力强，一般生产条件较差的地块较为适宜选择利用。

（2）大叶品种类型。该品种又称板叶菊花脑品种，特点是其叶片较宽，先端钝圆，叶缘浅裂，产量高，品质好，适宜高产栽培或保护地人工栽培利用。

四、种子生产技术

繁殖方法：菊花脑可用种子繁殖、分株繁殖和扦插繁殖。以扦插繁殖、分株繁殖较为常用，属于无性繁殖。

1. 扦插法繁殖

（1）配置营养床土，建好苗床。用草炭土或细河沙、蛭石：腐熟有机肥各 50% 的比例混合均匀，选择地势较高，排灌方便，无病无污染地块建好苗床，苗床中铺垫配置好的营养土 5~

10cm 厚。

（2）选择生长势健壮、整齐、无病、纯度好、原品种典型性突出的母株为取枝对象，在 5—6 月，剪取长 5~6cm 的新梢作为插条，摘去基部茎上的 2~3 叶片，把新梢扦插于苗床，深度为嫩梢长度的 1/3，插后保持苗床土壤湿润，并用遮阳网遮阴，半个月左右成活，发出新叶。

（3）成活后可随时移栽，栽种密度为 30~40cm。随栽随即浇水，确保成活。栽后加强田间管理，促其健壮生长，以获高产。

2. 分株繁殖

利用菊花脑多年生宿根或地下匍匐茎的分枝性强的特性，选择纯度高、生长健壮、原品种典型性状突出、抗逆性好的植株，挖出根系，分株或切成 5~6cm 小段，每段上有分节 5~6 个，每穴 1~2 株或段，移栽后及时浇水，保持土壤湿润，待新芽长出后，进一步加强田间管理，以获高产。

3. 育苗繁殖

选择土壤肥力高，技术管理水平高，交通便利，排灌基础好的地方建苗床育苗，苗床宽 1.5~1.8m，用过筛无病细土与腐熟有机肥各 50% 左右比例配置营养土，混合均匀待用，开春后，在建好的苗床上装入床土 5~10cm 厚，常用撒播，亩播种量 1~2kg，要求撒播种子均匀一致，播后镇压踏实，覆盖土层 0.5cm，做到厚薄一致，浇透水，再覆盖薄膜增温保湿，7~10 天出苗。出苗后及时摘去薄膜以免影响幼苗生长，保持苗床地面湿润，可早晚洒水，当苗高 10~15cm、单株 3 片真叶时，即可移栽。露地移栽在华北黄淮流域 4 月下旬进行。

4. 原种生产技术

（1）菊花脑以留种用的植株，夏季过后不要采收，任其自然生长，并适当追施氮、磷、钾肥，以利开花结子。一般 9 月中旬现蕾，10月开花，11月下旬至12月上旬种子成熟后，剪下花头，晾干，搓出种子，一般每亩产种子5~6kg。采种后的老茬留在田里，翌年3月又可采收嫩梢上市。

（2）一般应选择土壤肥力高，技术管理水平高，交通方便，四周500m内没有花期相同的其他菊花脑异品种繁种的地块，采用"四年三圃"提纯复壮法生产原种种子。第一年，选单株，在长势良好、纯度高的种子繁育田或系圃田中选择单株，注意在各个生育关键时期做好田间观察鉴选，及时淘汰病、弱、杂、变异株，当选单株一般在9月开花，10—11月种子成熟。当选植株单收单晒，考种筛选。要选籽粒性状、千粒重、株型整体度、生长势强、符合原品种典型性状的单株，当选数量应根据繁殖面积而定。第二年，建立株行圃，将第一年筛选的优良单株种子，每株种植1行，在各个生育期做好田间观察鉴定，及时淘汰变异、感病、杂、弱株行，将品种典型性突出、纯度高、长势好的株行当选，单收单晒单存。第三年，建立株系圃，将第二年筛选的当选株行种子，分别种植，在各个生育期做好田间观察鉴定，及时淘汰变异、感病、杂、弱株系，将品种典型性突出、纯度高、长势好的株系当选，分株系单收单晒单存。第四年，建立原种圃，将第三年筛选的优良株系种子，混系种植，在各个生育期做好田间观察鉴定，及时淘汰变异、感病、杂、弱株，将品种典型性突出、纯度高、长势好的植株当选，混收即为原种。为了缩短选择繁殖年限，也可在选择株行，建立株系圃的同时，采用大量的优良单株选择，分株行比较，将当选优良株行混合繁殖作为简易原种。

5. 大田用种生产技术

一般应选择土壤质地结构良好，土壤肥力高，技术管理水平高，交通方便，四周200m内没有花期相同的其他菊花脑品种繁种的地块，播种要求用纯度高，品质好的原种种子，在4月播种，在苗期、现蕾、开花、籽粒成熟等主要生育时期，加强田间观察拣选，及时淘汰变异、杂、弱、感病植株，选留健壮、原品种特征特性突出的优良单株，适时收获，脱粒晒干扬净，贴好种子标签，上市或入库待用。

第十八节　冬寒菜

一、概述

冬寒菜，别名又叫冬苋菜、马蹄菜菜、冬葵、葵菜、滑菜、滑肠菜等，植物学属锦葵目锦葵科冬寒菜种双子叶植物。冬寒菜食用部分为嫩茎叶，作汤或炒食，营养丰富，口感油滑利爽，柔嫩清香，据测定每 100g 嫩茎叶含水分 90g，蛋白质 3.1g，脂肪 0.5g，碳水化合物 3.4g，钙 315mg，磷 56mg，铁 2.2mg，胡萝卜素 8.98mg，维生素 E 0.13mg，维生素 B_2 0.3mg，尼克酸 2mg，维生素 C 55mg。为胡萝卜素、维生素 C 和钙含量较高类型蔬菜，长期食用，可促进食欲，提高人体免疫力，具有一定药用价值。具肥大直根，基部叶圆形有 5~7 个深裂，裂片成倒披针至倒卵形，边缘有缺口或缺刻，托叶长 3cm，生于花萼基部，花单生，直立在延长的花梗上，花冠酒杯状，花瓣深红色或浅红，先端截形多有不整齐齿牙，花茎 7.5cm，雄蕊相连成一筒状，花柱分枝，丝状，柱头生于内侧边缘，春夏之间开花，离果，具分果 15~25 个。为喜冷凉、喜湿润气候条件，忌高温，抗寒力强，耐热力弱。生长较适宜温度 15~20℃，轻霜不枯，低温可增强其品质，30℃以上，病害严重，组织硬化，品质低劣。对土壤要求不严，但保水保肥力强的土壤更易丰产，目前我国各地均有种植，栽培面积不断扩大。

二、高产栽培技术要点

1. 整地施肥

大田种植应该选择土地肥沃、土质疏松、排灌方便的地块，前茬收获后，要及时施足基肥，一般每亩施腐熟的优质粪肥3 000~5 000kg，氮磷钾复合肥20~30kg，撒施均匀，深翻耕、细平整后，做成宽1.5m左右平畦，若计划多次采收嫩梢的，以实际方便采收宽度为佳。冬寒菜耐肥力强，需肥量也较大。播种后即可淋浇人畜粪作为种肥。

2. 播种与育苗

冬寒菜种植方式直播、育苗都可以，播种时间可分春播和秋播两种种植方式。播种方法有条播、穴播或撒播。条播、撒播需种量大（0.75~1.5kg），穴播需种量小（0.5~0.75kg）。条播行距25cm，株距10~15cm。穴播株行距20cm×25cm左右，每穴播种10粒。育苗每亩需种子50g。种子在8℃时开始发芽，发芽适温为20~25℃，30℃以上植株病害严重，低于15℃植株生长缓慢。春播时间黄淮流域以4月中下旬为宜，秋播以8月底至9月中旬为宜。

3. 及时定苗或移栽

根据采收要求不同，定植密度也有所不同，以采收幼苗为目的的，可适当密植，10~15cm^{2}为宜，多次采收嫩梢的，以25cm^{2}为宜。移栽的，要在苗高10~15cm、单株4~5片真叶时移栽，移栽前苗床浇透水便于起苗，栽前秧苗大小分开，移栽沟开直开好，深度3~5cm，土壤肥沃，行距大一些，土壤瘠薄走下限或者加大栽植密度，一般行距20~25cm，每亩留苗10 000~20 000株

4. 加强田间管理

（1）及时间苗、定苗。除草中耕，出苗后分别在第2片真叶

（株高 6~7cm）、第四片真叶（株高 7~10cm）出现时间苗 2 次，在第 5 片真叶出现（株高 11~15cm）时定苗，结合间苗、定苗，及时拔除行内株间杂草或浅中耕除草，减少杂草对土壤养分及水分消耗。定苗时苗距 15cm 左右，穴播的定苗以 3~5 棵苗为 1 丛。

（2）追肥浇水。对于多次采收嫩梢的，在生长旺季时，要随着不断地采收，进行追肥，以补充因采收而带走的大量养分。一般以尿素为主，每采收 1 次，即追肥浇水 1 次。

（3）病虫害防治。冬寒菜虫害有地老虎、斜纹夜蛾和蚜虫等，可采用毒饵诱杀或敌百虫喷雾防治。病害主要有炭疽病、根腐病等，炭疽病可用 50%复方甲基硫菌灵可湿性粉剂 1 000 倍液，或用 75%百菌清可湿性粉剂 1 000 倍液加 70%甲基硫菌灵可湿性粉剂 1 000 倍液，或用 2%农抗 120 水剂 200 倍液喷雾防治，也可用 50%多菌灵可湿性粉剂 500 倍液或 40%多硫悬浮剂 400 倍液喷雾防治。

5. 适时采收

对于采收幼苗的，当播种后 40 天左右，可结合间苗，间拔采收。对食用嫩梢的，当株高 18cm 时，即可割收上段叶梢。春季留近地面的 1~2 节收割，若留的节数过多，侧枝发生过多，养分分散，嫩叶梢不肥厚，品质较差。其他季节留 2~5 节收割。冬寒菜生长速度非常快，在其生长旺季，每 5~7 天就可采收 1 次。亩产可达 1 500~2 000kg。

三、主要品种类型简介

（1）糯米冬寒菜。植株特征是叶中部紫色，边缘绿色，扇形，皱褐；叶基向叶柄延伸，形似"鸭脚板"。叶片肥厚，柔软多汁，细脉少，叶脉明显，呈红色，叶面有茸毛，叶柄绿色，品质较佳。中熟，较耐热，不耐冻，不耐渍。生长期长，侧芽萌发力强，冬前生长缓慢，越冬后生长较快，一次播种多次收获，株高25cm左右，一般亩产量3 000~4 000kg。

（2）白梗冬寒菜。植株特征是茎、叶、柄均绿色，叶片较薄较小，叶柄较长。较耐热，较早熟，茎叶易老化，品质一般，产量相对较低，适宜秋季栽培利用，代表品种福州白梗、重庆小棋盘、浙江丽水等，一般亩产量1 500~2 500kg。

（3）红叶冬寒菜。该品种为地方品种。植株特点是叶紫色，呈心脏状五角形，叶面平整，叶片较薄，细脉较多，品质较好。生长快，较耐寒，不耐渍。一般亩产量2 000kg左右。

（4）紫梗冬寒菜。该品种为地方品种，茎绿色，节间及主脉、叶脉基部的叶片紫褐色，呈心脏状七角形，主脉7条，叶柄较短，叶面有皱或平整，叶片肥厚，细脉较多，品质较好。营养生长势强，生殖生长发育慢，抽薹晚，开花迟，所以，生长期较长，生长较快，较耐寒，不耐渍，江西紫叶冬寒菜、福州紫梗冬寒菜等。

四、种子生产技术

1. 原种生产技术

一般应选择土壤肥力高，技术管理水平高，灌水、排水和交通较为方便，原种生产田四周500m内没有花期相同的其他冬寒菜异品种繁种的地块，采用"四年三圃"提纯复壮法生产原种种子。第一年，选单株，在长势良好、纯度高的种子繁育田或系圃田中选择单株，注意在各个生育关键时期做好田间观察鉴选，及时淘汰病、弱、杂、变异株，当选单株一般在5月开花，6—7月种子成熟。当选植株单收单晒，考种筛选。要选籽粒性状、千粒重、株型整体度、生长势强、符合原品种典型性状的单株，当选数量应根据繁殖面积而定。第二年，建立株行圃，将第一年筛选的优良单株种子，每株种植1行，在各个生育期做好田间观察鉴定，及时淘汰变异、感病、杂、弱株行，将品种典型性突出、纯度高、长势好的株行当选，单收单晒单存。第三年，建立株系圃，将第二年筛选的当选株行种子，分别种植，在各个生育期做好田间观察鉴定，及时淘汰变异、感病、杂、弱株系，将品种典型性突出、纯度高、长势好的株系当选，分株系单收单晒单存。第四年，建立原种圃，将第三年筛选的优良株系种子，混系种植，在各个生育期做好田间观察鉴定，及时淘汰变异、感病、杂、弱株，将品种典型性突出、纯度高、长势好的植株当选，混收即为原种。为了缩短选择繁殖年限，也可在选择株行，建立株系圃的同时，采用大量的优良单株选择，分株行比较，将当选优良株行混合繁殖作为简易原种。

2. 大田用种生产技术

一般应选择土壤质地结构良好，土壤肥力高，技术管理水平高，交通方便，四周 200m 内没有花期相同的其他冬寒菜品种繁种的地块，播种要求用纯度高，品质好的原种种子，在 4 月播种，在苗期、现蕾、开花、籽粒成熟等主要生育时期，加强田间观察拣选，及时淘汰变异、杂、弱、感病植株，选留健壮、原品种特征特性突出的优良单株，适时收获，脱粒晒干扬净，贴好种子标签，上市或入库待用。

第十九节　京水菜

一、概述

京水菜，全名称白茎千筋京水菜，是从日本引进的十字花科芥菜类 1~2 年生蔬菜。以鲜嫩绿叶及白色的叶柄为食用产品，外形介于不结球小白菜和花叶芥菜（或雪里蕻）之间，口感风味类似于不结球小白菜。可采食菜苗，掰收分芽株，或整株收获。嫩叶凉拌、炒食，清香可口，风味独特，深受消费者青睐。

据测定每 100g 京水菜的茎叶中含水分 94.4g, 维生素 C53.9mg, 钙 185.0mg; 钾 262.5mg。钠 25.58mg, 镁 40mg, 磷 28.9mg, 铜 0.13mg, 铁 2.51mg, 锌 0.52mg, 锰 0.32mg, 锶 0.93mg。

植株较直立, 株高 40cm 左右, 开展度 60cm 左右, 腋芽萌发力强, 分蘖多。叶倒披针形, 长 45cm, 宽 16cm, 叶片深裂呈条状, 裂片 4 对, 叶面光滑、绿色, 叶柄白色, 全株叶片 150~200 片。单株重 300~500g, 一般每亩产 2 000kg。京水菜不耐酷暑, 喜冷凉湿润环境, 生长适宜温度 15~25℃, 温度过高, 易感染病毒病。

二、高产栽培技术要点

1. 选地整地

前茬作物收获后, 将植株残体和杂草清除干净, 每亩撒施腐熟细碎有机肥 3 000~6 000kg, 复合肥 15~20kg 在耕地前均匀施入, 然后进行耕翻, 耕翻深度 20~25cm, 整平后作成 1.5m 左右宽, 15~20m 长的平畦或高畦备用。

2. 直播或育苗

京水菜播期弹性较大, 黄淮流域 7 月下旬至 10 月下旬均可陆续播种, 分期上市, 苗期 30~40 天。京水菜的种子籽粒小, 苗期生长缓慢, 对播种的质量要求比较高, 直播、也适宜育苗移栽, 苗床建造应选择保水、保肥能力强的肥沃壤土, 播种前 7~10 天, 深翻晒垡, 然后按亩的苗床, 施用充分腐熟的有机肥 3 000~5 000kg, 磷酸二氢钾 15kg, 均匀洒施地面, 耕翻 20~30cm, 搂耙平整后, 进行浇水, 浇水时要将苗床浇匀、浇透, 等水渗下后, 再进行播种。为了能使种子撒播均匀, 最好按 1:3 的比例将种子掺细沙土后撒种; 播种量按每平方米苗床 1g 左右为宜, 分 2 次撒播, 可使种子播的均匀, 然后覆盖过筛细土, 厚度 0.5cm 左右, 播种后保持床温 25℃ 以下, 并保持畦面

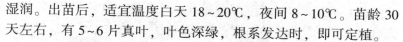

湿润。出苗后，适宜温度白天 18~20℃，夜间 8~10℃。苗龄 30 天左右，有 5~6 片真叶，叶色深绿，根系发达时，即可定植。

3. 适时移栽定植

移栽定植时，先在备好的畦上开沟（穴），根据栽植密度，设置行株距，一般每畦定植 5~8 行，平均行距大约 25cm，株距 20cm、每亩栽 8 000~10 000株密度种植，总体要求以采收叶及掰收分生小株栽培的，密度要大些，若一次性采收大株的，密度要稀些，可按行距 45~55cm，株距 30~50cm，每亩定植 3 000~5 000株。一般普通栽培株距 30cm，行距 40cm，每亩栽植 5 500 株。移栽定植时不要栽植的过深，做到地上不压心（生长点）、地下不露白（原来育苗时地下部分），以小苗的叶基部在地表面以上为准，如果过深则会影响植株生长和侧株的萌发，有时还会引起烂心。如果过浅则会是原来处于地下的根系裸露在外，由于表皮周围环境条件变化较大，容易失水，影响成活率、返苗时间以及发棵质量，移栽时最好带土坨定植，栽植后及时浇水。直播的，待幼苗具有 2~3 片真叶时就可间苗，4~5 片真叶时定植，一般每亩留苗 6 000株左右。定苗时要尽量少伤根，不使根扭曲。定植后及时浇透浇足定根水，以利迅速返青成活。

4. 加强田间管理

定植后要做好田间管理。

（1）适时中耕除草。京水菜前期生长慢，缓苗后，及时中耕，提高地温、保护底墒、兼顾除草，一般需要 1~2 次，中耕深度由浅入深，为促进根系生长发育创造良好条件。

（2）浇水。定植后 2~3 天，应再浇 1 次缓苗水，以提高成活率，然后中耕蹲苗 15 天左右，待新叶变绿再开始浇水，一般每隔 7~15 天浇 1 次小水，使土壤保持湿润，避免干旱，尤其在分生侧株时，要保证水分供应，以小水勤浇为宜，不要大水漫灌，因京水菜怕涝，田间不宜积水。

（3）施肥。京水菜为浅根性作物，追肥宜掌握"先淡后浓，先少后多"的原则，在施足基肥的情况下，京水菜生长前期，一般不需要施肥，但在分生侧株时，要每亩撒施氮磷钾三元复合肥15kg 或人粪尿稀释液 1 500 kg，施肥可以结合浇水进行，在生长期间，叶面喷肥 2～3 次，每次用 2‰浓度的磷酸二氢钾加 5‰浓度的尿素液混合喷施，喷施以 8：00～10：00 或 15：00～18：00 喷施效果较好，实践表明科学追肥能促进叶片迅速生长，提高单位面积产量和品质。

（4）调节温度。保护地温度调节十分重要，白天适宜温度为 18～25℃，夜间 8～10℃，冬季作好保温防寒和防风工作。夏秋季节要做好降温工作，不要使大棚温室内的温度过高，而影响生长和降低品质。

（5）病虫害防治。京水菜一般病害发生很轻，只有在低温和极度潮湿的环境下容易发生霜霉病，可选用 25%甲霜灵可湿性粉剂 800 倍液，每亩需喷 50kg 左右，隔 7～10 天再喷 1 次，连喷2～3 次即可。同时，栽培上要注意合理灌溉，增施磷钾肥，提高植株的抗性。京水菜一般虫害主要有蚜虫、白粉虱，有翅蚜虫还容易传播病毒病。药剂防治，每亩用 10%吡虫啉可湿性粉剂2 500～3 000 倍液或 50%抗蚜威可湿性粉剂 1 500 倍液叶面喷洒，或者用 40%克蚜星乳油 800 倍液或 50%的辟蚜雾可湿性粉剂1 500 倍液喷洒，连喷 2～3 次，便可达到治虫防病的效果。

5. 适时采收

当植株分蘖达到 12 个以上时，即可陆续采收上市。过早收获产量低，过迟采收，则粗纤维增多，品质降低。

三、主要品种简介

（1）早生京水菜。该类品种属早熟类型，植株较直立，叶的裂片较厚，叶柄奶油色，适应性强，较耐热，品质柔嫩，口感较好，适宜春、秋露地播种利用，也可在夏季冷凉地区种植。

（2）中生京水菜。该类品种属中熟类型，植株较开张，叶片绿色，叶缘锯状缺刻，深裂成羽状，叶柄白色有光泽，分枝能力较强，适应性比较强，冬性较强，较耐寒，不易抽薹，品质和口感比较好，适宜北方地区冬春保护地栽培利用，也可在冷凉地区秋播种植。

（3）晚生京水菜。该类品种属晚熟类型，植株开张度较大，叶片浓绿色，叶缘羽状深裂，叶柄白色柔软，耐寒力强，不易抽薹，分枝能力强，适应性、耐寒性比较强，冬性特征较明显，产量高，但不耐热，适宜冬季保护地栽培种植。

四、种子生产技术

1. 原种生产技术

一般应选择土壤肥力高，技术管理水平高，交通方便，四周500m 内没有花期相同的其他京水菜异品种繁种的地块，采用"四年三圃"提纯复壮法生产原种种子。第一年，选单株，在长势良好、纯度高的种子繁育田或系圃田中选择单株，注意在各个生育关键时期做好田间观察鉴选，及时淘汰病、弱、杂、变异株，植株（当选单株）一般在 4—5 月开花，5 月下旬至 6 月中旬种子成熟。当选植株单收单晒，考种筛选。要选籽粒性状、千粒重、株型整体度、生长势强、符合原品种典型性状的单株，当选数量应根据繁殖面积而定。第二年，建立株行圃，将第一年筛选的优良单株种子，每株种植 1 行，在各个生育期做好田间观察鉴定，及时淘汰变异、感病、杂、弱株行，将品种典型性突出、纯度高、长势好的株行当选，单收单晒单存。第三年，建立株系圃，将第二年筛选的当选株行种子，分别种植，在各个生育期做好田间观察鉴定，及时淘汰变异、感病、杂、弱株系，将品种典型性突出、纯度高、长势好的株系当选，分株系单收单晒单存。

第四年，建立原种圃，将第三年筛选的优良株系种子，混系种植，在各个生育期做好田间观察鉴定，及时淘汰变异、感病、杂、弱株，将品种典型性突出、纯度高、长势好的植株当选，混收即为原种。为了缩短选择繁殖年限，也可在选择株行，建立株系圃的同时，采用大量的优良单株选择，分株行比较，将当选优良株行混合繁殖作为简易原种。

2. 大田用种生产技术

一般应选择土壤质地结构良好，土壤肥力高，技术管理水平高，交通方便，四周200m内没有花期相同的其他京水菜品种繁种的地块，播种要求用纯度高，品质好的原种种子，在4月播种，在苗期、现蕾、开花、籽粒成熟等主要生育时期，加强田间观察拣选，及时淘汰变异、杂、弱、感病植株，选留健壮、原品种特征特性突出的优良单株，适时收获，脱粒晒干扬净，贴好种子标签，上市或入库待用。

第二十节　叶用枸杞

一、概述

叶用枸杞，别名又叫枸杞菜、枸牙菜、大叶枸杞，是枸杞中的一个叶片较大的变异类型品种。植物学上为茄科枸杞属多年生灌木，多作一年生绿叶蔬菜栽培。叶用枸杞以嫩茎叶作蔬菜食用，俗称枸杞头，可炒、炸、做汤、鲜食，含有丰富的蛋白质、维生素和多种氨基酸、芦丁、甜菜碱等，据测定每100g鲜嫩茎叶中含还原糖1.22~6.0g，蛋白质5~5.8g，脂肪1.0g，纤维素1.62g，胡萝卜素3.96mg，硫胺素0.23mg，尼克酸1.1mg，维生素C 17.5mg，钾504.0mg，钠2.2mg，钙105.0mg，镁50.9mg，磷104mg，铜0.28mg，铁4.89mg，锌0.41mg，锶0.46mg，锰

0.90mg，硒 3.30μg。此外，叶用枸杞还含有丰富的锗、东莨菪碱、β-谷甾醇、葡萄糖甙、芸香甙、芦丁、甜菜碱等，是一种保健蔬菜。株高 100cm 以上。为落叶小灌木，茎青绿色，无刺或偶有小软刺。叶互生，宽大卵形，质柔软，绿色。花为合瓣花，1~4 朵簇生于叶腋，花冠漏斗状，淡紫色，有缘毛，花萼钟状，浆果卵形或长椭圆形，鲜红色，种子细小，扁平肾形，千粒重 1.11g。发芽力可保存 2 年。保护地、露地均可种植，对土壤适应性很强，在干旱、沙荒、盐碱的土壤里都能生长，但不耐涝，并需经常保持土壤湿润。氮、磷、钾和微量元素供应充足，以土层深厚、疏松、肥沃、排水性能良好的偏碱性土壤生长最好。喜冷凉的气候条件，适宜生长的温度白天 20~25℃、夜间 10℃ 左右。白天 35℃ 以上或夜间 10℃ 以下，生长不良，有时会落叶。

二、高产栽培技术要点

1. 栽植方法

（1）露地多年生栽培。黄淮流域一般 2—3 月温室种子育苗，4 月中下旬定植，也可在 4 月中旬直接扦插，5 月底至 6 月初开始采收，秋季如不开花结果（枸杞果）可继续采收。以成株越冬。越冬植株翌年春季 3 月萌芽，4—10 月可以连续多次收获采摘。

（2）温室栽培。为满足周年供应，北方地区冬季需进行日光温室栽培，8—9 月育苗，9—10 月中旬月定栽植，冬季 11 月至翌年 6 月均可采收，可进行周年生产。

2. 播种方式

枸杞种植比较容易，有种子播种、枝条扦插、分株等不同方式，生产上一般采用种子繁殖和扦插繁殖。

（1）种子繁殖。一般在 3 月底至 4 月初播种。播种前 7~10 天，将成熟的干果用 40~50℃ 的温水浸泡一昼夜，将吸水膨胀的果实揉烂，分离出种子，清洗干净，然后将种子与 5~10 倍细沙混匀，加入温水湿润进行催芽，经5~7天即可发芽。

（2）苗床准备。选择地势平坦，排灌良好、土质肥沃的沙壤土或轻壤土，深耕20cm，每亩施腐熟有机肥4 000kg，复合磷肥25kg，耙细整平，做成1m宽的平畦，在播种前3~4天浇透水。

（3）播种。一般开沟播种，按行距15cm，宽5cm开沟，沟深2~3cm，每亩用种量0.5~0.7kg，覆土轻压。

（4）苗期管理。出苗后要适时浅水浇灌，当苗高5cm左右开始间苗，当苗高6~8cm时定苗，株距5cm左右。要及时中耕除草、定苗后可追肥1次，每亩施尿素5kg。

（5）适时移植。在苗高50~80cm时即可移栽。按行距2m，株距1.5m挖坑，每坑栽2~3株，施足底肥。

3. 扦插繁殖

一般在3月下旬至4月上旬扦插，应在枸杞发芽前，采集生长健壮，粗0.4~0.6cm的一年生枝条，剪成长15cm左右至少具有2~3个饱满芽的枝段，最好选择枝条的基部或中部，尽量不要用顶端嫩弱的部分。枝段的上部剪平，基部剪成马蹄状，在生根剂或黄腐酸溶液中浸泡10分钟，然后插入苗床或畦中，苗床选用沙壤土，斜向插入床土，入土枝长占枝条长度的2/3，注意腋芽向上，不能倒插，间距10cm×10cm，插后及时浇水。春季要支小拱棚，覆盖薄膜，增温保湿，约2周后开始萌芽，视发芽情况适时撤去薄膜。

及时定植。亩施腐熟、细碎有机肥3 000kg以上，与土壤掺匀，深翻细耙整平后做成1.5m左右宽的畦（低洼易涝的地块可做成高畦），按行距20~30cm、株距12~20cm栽植，每亩8 000~15 000株定植，温室种植应偏密，露地种植宜偏稀。

4. 加强田间管理

（1）苗期管理。插条发芽后及时将地膜撤掉，经常保持土壤湿润。苗齐以后可追施少量稀释的人粪尿。

（2）适时移植。当苗高50cm左右时即可移入大田。起苗时应少伤根系，不折断苗木。定植行距为2m，株距为1.5m。

（3）中耕松土。要勤中耕，缓苗后蹲苗15天左右，并中耕除草2~3次。每次浇水施肥后要中耕除草保墒，每次采收后也要进行中耕，秋天还要深翻25cm左右，以增强光照，提高地温，杀灭地下害虫。

（4）施肥浇水。枸杞需肥较多，除移栽时施足基肥外，在4月、5月、6月下旬，分别追肥，每次追施磷酸二铵15kg左右，在花期前后每15~20天向树冠喷施0.2%的尿素和0.2%磷酸二氢钾混合液。10月下旬可在越冬株边缘挖环状沟，每亩施有机肥3 500kg，复合肥50kg，幼树约为成树的一半。初次采收后要追肥，并结合浇水，以后每采摘1次需追肥浇水1次，常保土壤湿润，露地大暴雨后及时排水防涝。

（5）注意病虫害防治。叶用枸杞前期有地下害虫、中后期主要有枸杞实蝇、蚜虫、木虱、螨虫、瓢虫等害虫危害，严重时可用40%氧化乐果1 500倍液或用25%功夫、菊酯乳油3 000倍液喷雾防治；主要病害有白粉病和流胶病，白粉病可于发病初期用15%粉锈宁可湿性粉剂1 500倍液或2%农抗120水剂150倍液喷雾，每7~10天喷1次，连喷2~3次。流胶病可于发现后立即用刀将被害部位的皮刮去，再用2%硫酸铜涂刷消毒。

5. 及时采收

定植后50~60天，嫩茎高30~50cm即可采收。先采收生长旺盛的嫩枝条茎叶，留下其余的幼小嫩枝条继续生长，当新芽长到30~50cm基部叶片老化前，及时割取嫩茎叶，一般根据市场销售需要分次采收，春季当株高约20cm时，采摘嫩梢尖上市，从春季收获至秋季。1次种植采收3~4年。夏季摘收后若不再采收的植株，则开花结实，果实成熟变红后即可收获。

三、主要品种简介

（1）大叶品种。该品种特点，叶片宽大卵形，可长达8cm，宽5cm，叶肉较薄，色绿，味较淡，叶互生，产量高。株高约75cm，开展度55cm，茎长70cm，横茎0.7cm，茎青色，无刺或有小软刺，定植至初收约60天，可持续采收5个月左右。

（2）细叶品种。该品种特点，叶片卵状披针型，叶肉较厚，味香浓，叶互生，品质上等，叶面绿色，长5cm，宽3cm，较细小，产量低。株高约90cm，开展度55cm，茎长约85cm，茎粗0.6cm，嫩时青色，收获时青褐色，叶腋有硬刺。由定植至初收50~60天，可持续采收5个月左右。

（3）果用型枸杞。目前，推广较多的宁杞1号、2号、3号，虽然以采摘收获枸杞果为目的，但也可收获少量嫩茎叶，特别是前期结合夏季修剪、秋季修剪可以兼收嫩茎叶做蔬菜利用，一般当年生枝条上单叶披针形，叶长1.27~8.6cm，宽0.22~2.8cm，厚0.46~0.64mm，嫩茎叶品质稍差于叶用枸杞。

四、种子生产技术

繁殖方法：叶用枸杞可用种子繁殖、分株繁殖和扦插繁殖。以扦插繁殖、分株繁殖比较常用，属于无性繁殖。

1. 扦插法繁殖

（1）配置营养床土，建好苗床。用草炭土或细河沙、蛭石：腐熟有机肥各50%的比例混合均匀，选择地势较高，排灌方便，无病无污染地块建好苗床，苗床中铺垫配置好的营养土5~10cm厚。

（2）选择生长势健壮、整齐、无病、纯度好、原品种典型性突出的母株为取枝对象，在5—6月，剪取长10~15cm的新梢作为插条，摘去基部茎上的2~3叶片，把新梢扦插于苗床，深度为嫩梢长度的 1/3，插后保持苗床土壤湿润，并用遮阳网遮阴，半个月左右成活，发出新叶。

（3）成活后可随时移栽，栽种密度为 30~40cm。随栽随即浇水，确保成活。栽后加强田间，促其健壮生长，以获高产。

2. 分株繁殖

利用枸杞多年生宿根或地下匍匐根的分枝性强的特性，选择纯度高、生长健壮、原品种典型性状突出、抗逆性好的植株，挖出根系，分株或切成 5~6cm 小段，每段上有分节 5~6 个，每穴 1~2 株或段，移栽后及时浇水，保持土壤湿润，待新芽长出后，进一步加强田间管理，以获高产。

3. 育苗繁殖

选择土壤肥力高，技术管理水平高，交通便利，排灌基础好的地方建苗床育苗，苗床宽 1.5~1.8m，用过筛无病细土或河沙与腐熟有机肥各 50% 左右比例配置营养土，混合均匀待用，开春后，在建好的苗床上装入床土 5~10cm 厚，常用撒播，亩播种量量（干枸杞果）5~6kg，要求撒播种子（或干枸杞）均匀一致，播后镇压踏实，覆盖土层 0.5cm，做到厚薄一致，浇透水，再覆盖薄膜增温保湿，7~10 天出苗。出苗后及时摘去薄膜以免影响幼苗生长，保持苗床地面湿润，可早晚洒水，当苗高 10~15cm、单株 3 片真叶时，即可移栽。露地移栽，在华北地区黄淮流域大约 3 月上旬至 4 月下旬进行。

第二十一节　藤三七

一、概述

藤三七，又称洋落葵、藤子三七、川七、金不换，植物学属于落葵科落葵薯属多年蔓生肉质藤本植物。一般蔓长 5~10m，根肥大，其基部生长大量块根。地上茎圆形，嫩茎绿色，后变成棕褐色，节间生不定根；叶互生，肉质肥厚，心脏形，光滑无毛，有短柄，外形与白落葵（即绿木耳菜）很相似，食用时口感滑嫩带脆、微苦。在叶腋处能长出瘤状的绿色珠芽，直径3~4cm。藤三七的叶片、幼茎、珠芽、嫩梢均可作为蔬菜食用，其味道鲜美，口感嫩脆；块根作蒸菜食用，营养丰富，具有滋补腰膝、活血及消肿化淤的作用。藤三七喜温暖的气候，耐热耐高温高湿，喜温暖湿润、半阴的环境，其生长适温25~30℃。耐旱，耐盐碱，耐寒力较落葵强，能耐短时的0℃低温。我国东北、华北、西北各地都零星种植，设施条件下可常年生产，主要分布于南方及长江流域各省区；朝鲜、日本、蒙古、俄罗斯、越南亦有分布。多生于山地林缘、林下、灌丛中或草地及石砾地，生命力很强。在-2℃以下的气温地上部分会冻死，但翌年地下部块茎或珠芽可萌发出新株。在35℃以上的高温下，病害严重，生长不良。在炎热的夏季，藤三七生长缓慢，叶片小，产量低，品质差。生产实践表明，在水源充足、有遮光的条件下，植株能顺利越夏，一般在遮光率为45%左右的遮阴棚中生长良好。藤三七对土壤要求不甚严格，不择土壤，在沙壤土中栽培能获得较大的地下块茎（珠芽团），较耐干旱、耐涝，生命力强。夏季自叶腋上方抽生穗状花序，花序长达20cm，花细小、下垂、花冠5瓣、白绿色。

　　藤三七富含蛋白质、碳水化合物、维生素、胡萝卜素等，尤以胡萝卜素含量较高，每100g成长叶片含蛋白质1.85g、脂肪0.17g、总酸0.10g、粗纤维0.41g、干物质5.2g、还原糖0.44g、维生素C 6.9mg、氨基酸总量1.64g、铁1.05mg、钙158.87mg、锌0.56mg。藤三七具有滋补、壮腰健膝、消肿散瘀及活血等功效，是一种新型保健蔬菜。藤三七主要以叶片和嫩梢作为蔬菜食用，嫩滑爽口。应选择叶片深绿色、无斑痕、叶片肥大厚实、茎

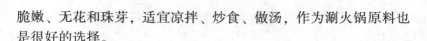

脆嫩、无花和珠芽，适宜凉拌、炒食、做汤，作为涮火锅原料也是很好的选择。

二、优质栽培关键技术

1. 繁殖方法

通常分营养繁殖（无性）、种子繁殖（有性）。以无性繁殖方法较为普遍，包括珠芽繁殖、扦插块根、直播等方法，并以扦插块根繁殖为主。

（1）珠芽繁殖。在生长植株的叶腋摘取珠芽或茎基部的珠芽团，直接种于苗床，珠芽尖向上，稍露芽尖即可。2~3周即成苗。

（2）扦插繁殖。大量繁殖常采用扦插繁殖。在植株上剪取枝条长10cm左右，具3~4个节，用竹签打一小孔插入土中5cm，5~7天即可长出新根，20天左右成苗。

（3）块根繁殖。选择生长健壮、无损坏、无病虫害的块根，在下一年春季按行距60~70cm、株距30~35cm挖穴，穴深5~10cm，将芽头向上放入穴内，每穴1颗。选择土层深厚、保水保肥力强的沙壤土，每亩施腐熟农家肥3~5t、三元复合肥50kg作基肥，基肥拌匀后深翻20~35cm，整1.5m宽的高畦，在3月中下旬至4月上旬选择晴好天气定植，浇足定根水。以每畦种4行，每亩种植4 000~5 000株为宜。适当密植，能提高光能利用率，增加产量。

2. 种植季节

在我国北方黄淮流域地区利用保护地或设施可周年栽培，露地栽培以终霜后，耕层地温回升在10℃以上时可定植，直至初霜期结束。家庭冬季可于向阳面的窗台上用花盆栽培，摘食叶片及观赏两用。在我国南方为多年生植物，四季可种。大面积经济栽培时，宜选排水良好的沙质壤土，施足腐熟有机肥，作畦，宽约 120cm，双行植，株距 30～50cm，行距 80cm，亩植 2 000～2 800 株。

3. 加强田间管理

（1）采用适宜的栽培措施。若地膜覆盖，定植后及时覆盖地膜，提高温度和抑制杂草生长。块根繁殖的当幼苗出土后，2～3 叶时要及时破膜，防止晴天高温烧苗；若露地栽培时，夏季宜用遮光网遮阴，可以抑制花芽分化，使植株继续营养生长，克服夏季开花，能达到全年生产叶片的目的，增加产量。

（2）及时间苗、定苗。及时间苗、定苗，有利于确保苗匀、苗足、苗壮。

（3）搭架或立支柱。当苗高 30～50cm 时，及时搭架使其攀缘，一般用竹子或小木棒搭人字架将藤三七苗用尼龙绳固定在架上，使其攀爬向上，同时，摘心促侧芽萌发。

（4）加强肥水管理。藤三七生长势强，蒸发量大，虽耐干旱，但要叶片生长得肥大、商品质量优良、产量高，需要经常浇水，宜保持土壤湿润，要有充足的氮肥。磷肥和钾肥供应，追肥以腐熟的粪尿肥并加入复合肥为好，一般每隔 10～15 天追肥 1次，促进生长，使藤三七嫩茎生长粗壮，叶片肥厚宽大鲜嫩，防止叶片早衰、发黄。每采收 2 次叶片后应追施复合肥料 15～20kg/亩，若用花盆栽培的，特别是盆土偏少的每天都要浇水。

（5）摘心去花，延长营养生长。藤三七主茎的生长势很强，无论是留长藤蔓栽培还是不设支架留短藤蔓栽培管，为提高分枝数，在生长初期当蔓长 20～50cm 时，都需要摘取植株生长点株芽和花穗，促发侧枝，增大、增厚叶片，促进侧枝新梢萌发生长。留长藤蔓栽培的一般用竹篱笆作支架，让藤蔓上架后才摘梢，在架上长叶；留短藤蔓栽培的，当蔓长到 20～30cm 长时摘去梢端，让其在地面上长叶。

（6）重视病虫害防治。藤三七的叶片略具苦味，病虫害很少，主要病害是褐斑病为害叶片，特别是在夏季雨水多时会发生该病，又称"落葵蛇眼病"，症状是为害叶片，叶斑近圆形，边缘紫红色，分界明晰，斑中部黄白色至黄褐色，稍下陷，质薄，有的易成穿孔，严重时病斑密布，不堪食用。

防治方法：一是适当密植，注意通风，雨季及时开沟排水，控制浇水量，避免浇水过量及偏施氮肥。二是喷施植保素 7 500 倍液，促使植株早生快发。三是发病初期喷施 75% 百菌清可湿性粉剂 1 000 倍液或 50% 速克灵 2 000 倍液，控制病害蔓延。在初收后喷 0.01mg/kg 的"906"（即结晶油菜素内酯）能促使植株早生快发，预防或减轻该病害发生。

藤三七的主要虫害有斜纹夜蛾、甜菜夜蛾、蚜虫等，斜纹夜蛾、甜菜夜蛾可用 0、36% 百草一号水剂 1 000 倍液或 0、6% 清源保水剂 1 500 倍液喷雾防治；蚜虫用 5% "菊"牌天然除虫菊乳油 1 000 倍液喷雾防治。

4. 及时采收

藤三七一般为 1 次种植，多年收获，通常以采收嫩梢或成长叶片为产品。藤三七可收获叶片嫩梢、珠芽和块根，定植后 30 天后即可采收，60 天后进入盛产期。在生长初期可以零星采收叶片和嫩梢；在生产盛期，可大量采收叶片和嫩梢，采收时间可长达 6 个月；块根可在 11 月后作药用收获，如冬季采用塑料大棚栽培，四季均可采收。藤三七种 1 次可连续采收 2～3 年，栽培管理得当，四季均可采收，一般每亩年产量可达 3 000～4 000kg。

三、主要利用品种简介

藤三七作为蔬菜利用，多处于开发初期阶段，目前新品种类型较少，据查阅文献资料显示，可利用的品种资源极为有限。

（1）普通藤三七。该品种属落葵科多年生草本植物。藤生，为肉质小藤本，以嫩叶及梢供食用，质脆嫩滑，营养丰富，蛋白质含量，梢 2.61%，叶 1.55%。每 100g 鲜叶含维生素 A 含量高达 5 644 国际单位、含维生素 C 28~33.7mg，有落葵味，块茎有活血、散瘀作用，是一种保健蔬菜。藤三七茎圆形，嫩茎绿色，长成后变成棕褐色，节间处易发生不定根。叶互生，肉质肥厚，心脏形，光滑无毛，有短柄，外形与白落葵（即绿木耳菜）很相似，与落葵的区别在于藤三七的叶腋均能长出瘤块状的绿色株芽，直径 3~4cm。夏季期间自叶腋上方抽生穗状花序，花序长达 20cm，花小，下垂，花冠五瓣，白绿色，花期长达 3~6 个月，黄淮流域地区一般不结实，很难获得种子，故一般利用珠芽及杆插等无性繁殖方法进行繁殖，它适应性广，既喜阳光，又较耐阴，较耐寒。春、秋两季生长旺盛，北方设施条件下或在南方可常年采收供应，产量较高，一般亩年产量 4 000~6 000kg，是一种低投入高产出的新型蔬菜。

（2）屏边藤三七。该品种属地方优良品种，与原变种的区别在于花冠深黄色，伞状，雄花径 1.5cm，花冠裂片全缘，子房及果实上密布白色小瘤突。藤三七原变种是落葵科落葵属多年蔓生植物，它是宿根稍带木质的缠绕藤本，叶互生，肉质肥厚，叶片心脏形，光滑无毛，有短柄。原产于巴西，在中国很多地区均有种植，尤其在南方地区种植较多，在北方近年人工栽培也较普遍，特别是利用温室、大棚等设施周年栽培。藤三七主要以叶片和嫩梢作为蔬菜食用，嫩滑爽口。其营养价值高、口味好，富含维生素 A 和维生素 C，具有滋补、壮腰健膝、健胃保肝、消肿散瘀及活血等功效，是一种新型保健蔬菜。云南省民间素有采收藤三七的株芽、块茎，洗净去皮后与瘦肉或鸡块同煮食用，株芽、块茎还可用于无性繁殖。

（3）文山野生藤三七。该品种属地方优良品种，为多年生宿根稍带木质的缠绕藤本，光滑无毛。一年的新梢可长达 4~5m

以上，植株基部簇生肉质根茎，常隆起裸露地面，根茎及其分枝具顶芽和螺旋状着生的侧芽，芽具肉质鳞片。老茎灰褐色，皮孔外突，幼茎带红紫色，具纵线棱，腋生大小不等的肉质珠芽，形状不一，单个或成簇，具顶 藤三七 芽和侧芽，芽具肉质鳞片，可长枝着叶，形成花序或单花。叶互生，具柄；叶片肉质，心形、宽卵形至卵圆形，长 4~8cm，宽 4~9cm，先端凸尖，稍圆形或微凹，基部心形、楔形或圆形，全缘，平滑而带紫红，间见叶面扭曲而呈波状，主脉在下面微凹，上面稍凸。总状花序腋生或顶生，单一或疏生 2~4 个分枝，花序轴长 10~30cm，花数十朵至 200 余朵；花梗长 2~4mm，基都有一披针形、先端锐尖的苞叶；花基合生呈杯状的苞片 2 枚，其上有与其交互对生的宽卵形或椭圆形小苞片 2 枚，较花被片短；花被片卵形或椭圆形，长约 3mm，宽约 2mm，白色；雄蕊比花被长，花丝基部宽而略联合，在蕾中时外折；子房近球形，上位，花柱上部 3 裂，柱头乳头状。花芳香，开后变黑褐色，久不脱落。花虽两性，但通常不孕。果未见。花期 6—7 月起可开放半年。

另外，还有景天三七、菊三七等相关品种，景天三七又称土三七，旱三七，为景天科景天属多年生草本植物，野生的景天三七生于山坡岩石上，草丛中，主产我国北部和长江流域各省。它可做为花卉盆栽或吊栽，点缀平台庭院，又是一种保健蔬菜，它叶茎营养价值高，口感好，无苦味，可炒、可炖、可烧汤、可凉拌等，是普通家庭、餐厅、高档酒店餐桌上的一道美味佳肴，常食可增强人体免疫力，有很好的食疗保健作用。全草药用，有止血、止痛、散瘀消肿之功效；菊三七是菊目菊科下的属，全世界约 40 种，主要分布在亚洲地区，植株叶子背面或边缘通常呈紫色。我国有 10 余种，比较知名的菊三七如尼泊尔菊三七、红凤菜等，都是营养丰富的食用蔬菜，具有很强的药用及保健开发潜力，分布于我国南北各省区，属药菜功效同源新型蔬菜种类，除菜用价值外，还有破血散瘀，止血，消肿等功效。

四、种子繁殖技术要点

藤三七繁殖生产尽管有无性繁殖（营养体）、有性繁殖（种子生产），但由于种子繁殖生产因种植地域（黄淮流域地区）的自然气候、有效积温等影响，种子生产成本较高，露地条件下一般开花而不结实，生产实践中主要利用无性繁殖方法满足生产需要。

1. 无性繁殖

藤三七一般可采用枝条、珠芽或地下块茎扦插繁殖。

（1）利用枝条插扦繁殖。在繁种田中选择纯度高、生长旺盛、抗病虫害等表现优良的母株，在各个生长发育关键时期鉴选，当选母株做好标记，在早春发芽前，从优良母株上选择长势强壮、芽饱满、节间较短的枝条，一般栽剪掉（截去）基部和顶端叶芽瘦秕枝条，选用枝条中部腋芽饱满部分截成 8~10cm 长且至少带有两个节的枝条小段作插穗，苗床适宜用疏松无污染物的壤土或沙壤土，株行距按 10cm 见方扦插，插穗地上部分应留 1~2 个芽眼，插扦后的苗床要保温保湿，温度控制在 20°C 左右，5~7 天即可长出新根，20~30 天长成出圃幼苗。若家庭少量种植，可在室内常温下，把插穗放于清水瓶内，每 1~2 天换水一次，1 周内长出根后即可栽植于移植圃或花盆中，庭院适宜搭架栽培，也可爬地栽培或盆栽，通常多采用基质栽培。

（2）利用藤三七株芽繁殖。采用株芽扦插前，选择种株生长势强、抗病抗虫性突出、遗传性状稳定、品种典型性突出、纯度高、生长健壮母株上的珠芽，注意珠芽大小一致、珠芽形状整齐、无病无虫的珠芽作为繁种材料用。选择排灌良好，土质疏松的地块建苗床插扦繁殖。种植前充分翻耕整地，施足底肥，亩施腐熟有机肥 2 000~3 000kg 与土混匀，起畦种植。种植密度为株距 10cm，行距 10cm。选择健壮株芽用托布津 1 500 倍液浸 30 分钟杀菌防病。种植后浇足水，盖遮阳网保湿促早生快发，培育健壮幼苗。

（3）利用块茎无性繁殖。一般在春秋两季进行，选择种株生长势强、抗病虫害表现好、遗传性状稳定、品种典型性突出、纯度高、大小一致、形状整齐的块茎作为种用块茎进行育苗无性繁殖，选择排灌良好，土质疏松的地块进行播种（插扦）繁殖。种植前施足底肥，亩施腐熟有机肥 2 000～3 000kg 撒施均匀，深翻耕精细整地，根据当地地下水位高低及降水特点灵活采用平畦或高畦，一般起畦种植，畦宽 1.5～2.0m。种植密度为株距 10cm，行距 10cm。

2. 利用种子繁殖（有性）

一般多利用外源种子，选择土壤肥沃，土层深厚，质地结构为壤土、沙壤土，排灌水源方便的地块，种植前施足基肥，每亩施腐熟有机肥 3 000～4 000kg 且撒施均匀，深翻耕精细整地，根据当地地下水位高低及降雨特点灵活采用平畦或高畦，一般起畦种植，畦宽 1.5～2.0m，多采用开沟条播（行播），也可撒播，行距 20～30cm，开沟深度 2～3cm，底墒不足时，应浇小水做底墒，在水下渗后，撒种，覆土，保湿保温，出苗前应保持地面湿润。

加强幼苗田间管理，及时查苗补种，除在种植时施足底肥外，要做好间苗、定苗、中耕松土、除草、培土、苗期病虫害防治，并及时拔除株间杂草，培育壮苗，做好移植定苗等工作。

【思考题与训练】

1. 简述上海青等小白菜类高产栽培技术要点？
2. 上海青等小白菜类种子繁育的特点是什么？
3. 试述菠菜高产优质的几种栽培方法？

4. 菠菜常规品种种子及杂交亲本种子如何生产？

5. 油麦菜高产优质的主要栽培技术要点是什么？

6. 简述油麦菜种子生产的基本程序？

7. 简述空心菜高产优质的关键技术措施？

8. 试问空心菜种子如何生产？

9. 简述木耳菜的高产优质生产技术？

10. 谈谈木耳菜种子如何生产？

11. 简述雪里蕻（叶用芥菜）高产栽培技术措施？

12. 简述雪里蕻（叶用芥菜）种子繁育的技术方法？

13. 苋菜高产栽培的技术要点是什么？

14. 试述苋菜种子生产的技术要点？

15. 苦菜如何种植？关键栽培管理技术有哪些？

16. 简述苦菜种子如何生产？

17. 荠菜生长发育有何特点？大田如何高效益栽培？

18. 简述荠菜种子繁育技术要点？

19. 简述莙荙菜栽培技术及种子生产技术要点？

20. 简述番杏栽培技术及种子生产技术要点？

21. 试述珍珠菜高产栽培及种子生产技术要点？

22. 试述马兰高产栽培技术及种子生产技术要点？

23. 简述地榆栽培技术要点及种子生产技术？

24. 简述紫背天葵高产栽培及种子生产技术要点？

25. 试述菜苜蓿栽培技术及种子生产技术要点？

26. 简述菊花脑栽培技术及种子生产技术要点？

27. 简述叶用枸杞高产栽培及种子繁殖技术要点？

28. 简述冬寒菜栽培技术及种子繁殖技术要点？

29. 简述京水菜栽培技术及种子生产要点？

30. 简述藤三七蔬菜优质高产关键栽培与种子繁殖技术？

31. 调查当地普通叶菜类蔬菜市场的基本情况，依据自身生产条件，起草一份"×××蔬菜高产优质栽培种植方案"，内容涵盖品种名称，需要备用种子数量，播种时间与方法，田间栽培管理基本技术要点，病虫害防治方法及需要备用的符合要求的药物名称与数量，种植成本与效益估算等。

32. 根据自身生产条件，制定一份可行的"×××蔬菜种子繁育计划"，内容包括品种名称、种子类型（原种或大田生产用种）、繁育面积、繁殖材料来源、具体技术措施、计划产量以及所需费用。

第二章　结球叶菜类

【学习目标】了解当地主要的结球叶菜类蔬菜的名称、生物学特性，生长发育特点，大田生产基本环节，关键栽培技术要点，熟悉其生产栽培全过程，市场需求状况及变化规律，能够科学高效的进行该类蔬菜种植栽培，能生产出更多的结球类优质蔬菜；熟练掌握结球类叶用蔬菜的种子繁育特点、种子生产基本方法、关键技术、制种基本环节与技术要点以及种子生产的全过程，能生产出各种结球叶菜类蔬菜的优质种子，以满足市场需求。

【小知识】结球叶菜类概念与特点

（1）结球叶菜类是叶用蔬菜中的一大类，当地结球叶菜类主要包括大白菜、包心菜（结球甘蓝）、结球生菜、花椰菜等，一般以叶球为食用部分。

（2）尽管结球类蔬菜为耐肥喜肥作物，对氮磷钾等养分的吸收量因土壤供肥能力、蔬菜品种、产量高低不同而异，但其对营养元素的需求趋势是吸收钾最多，氮次之，磷最少，对氮、磷、钾的吸收比例为 $1:(0.3\sim0.47):(1.25\sim1.33)$，因此，在高产栽培中要注意科学施肥。

（3）结球叶菜类生长初期吸收钙较多，若缺钙将会严重影响其产量与品质。因此，在结球叶菜类蔬菜生产中，同样需要注意和重视钙肥。

第一节 大白菜

一、概述

大白菜又叫结球白菜，属于十字花科芸薹属一二年生草本植物，原产中国，各地均有种植。由于叶片发达，营养丰富，质地柔嫩，品质卓越，口感滑腻，味道清香，无其他异味，成为群众喜爱的大宗蔬菜，自古就享有"菜中之王"的美称，而且适应性广，栽培技术简单，产量高，耐贮藏、耐运输，在0℃条件下，可贮藏120天以上。大白菜食用价值很高，据测定每100g叶球中含蛋白质1.2g，脂肪0.1g，碳水化合物2.0g，维生素C 31mg，尼克酸0.5mg，核黄素0.06mg，胡萝卜素0.1mg，钙40mg，磷28mg，铁0.8mg，食用方法多样，用途广泛，可炒食、鲜食、做汤、做馅、亦可腌渍、加工，深受人们喜爱，在我国南北方蔬菜周年供应中，占有重要的地位。

黄淮流域春夏秋都可露地栽培，借助设施冬季或早春均可种植栽培。但以8—11月种植最佳，易获高产，一般亩产6 000kg左右，最高可达10 000kg。其余季节种植，被称为"反季节种植"。2—4月春季种植需采用地膜覆盖或温室温棚栽培；5—8月夏季种植应注重选择耐热、抗病品种，一般亩产量可达3 000~4 000kg；11月至翌年3月种植应实行保温性设施栽培。

二、高产关键技术要点

1. 选地、整地、施基肥

大白菜连作容易发病，所以，要进行轮作，特别提倡粮菜轮作、水旱轮作。在常年菜地上栽培则应避免与十字花科蔬菜连作，应选择前茬是早豆角、早辣椒、早黄瓜、早番茄等地块栽培。在前茬作物收获后，及时清除残株杂草，亩施腐熟农家肥3 000~5 000kg，翻犁 20~25cm，晒垡 5~7 天、亩施氮磷钾复合肥 40~80kg 作基肥，深旋细耙，精细整地，规划做畦，畦面平整，上虚下实，一般畦宽 1.5~2.0m，或 0.8m 的窄畦、高畦。作畦时，要考虑方便浇水，地势平坦畦宽一些，地势平整度差畦窄一些，要深开畦沟、腰沟，围沟 25cm 以上，做到沟沟相通，以便秋季汛期排除积水。

2. 适时播种

大白菜一般采用直播，也可育苗移栽。直播以条播为主，点播为辅。在前茬地不能及时腾茬整地时，为了不影响栽培季节，也可采用育苗移栽。不管采用哪种种植方式，土壤一定要整细整平。一般早熟品种积温为 1 000~1 200℃，中熟品种为 1 400~1 600℃，晚熟品种为 1 800~2 000℃。也可根据上市需要安排播种时期。早熟品种一般在 8 月上、中旬播种。中熟品种在 8 月中、下旬播种。晚熟品种以 8 月下旬播种为宜。直播每亩用种量 200g 左右。育苗移植者，每栽 1 亩大田，需苗床 35~40m²，育苗多用撒播的方法，需用种量 75~100g。直播的宜采用条播，播后及时用细碎土覆盖，每天早晚各洒浇水 1 次，保持土壤湿润，土壤相对湿度一般应达 85%~95%，3~4 天即可出苗。大白菜的行株距，要根据品种的不同来确定，一般早熟品种为（33~50cm）×33cm，每亩保苗 3 500~5 000 株，晚熟品种为 67cm×50cm，每亩保苗 2 000 株左右，育苗移栽的最好选择阴天或晴天傍晚进行移栽。为了提高成活率，最好采用小苗带土移栽，苗龄一般在 15~20 天，幼苗有 5~6 片真叶时，栽后浇好定根水。

（1）种子处理。

在播种前晒种 1~2 天，播种前用 55℃的温水浸泡种子 15 分钟，晾干用多菌灵拌种或用 0.3%~0.4%的福美双拌种可防治部分病害。

（2）播种方法及密度。

采用条播或育苗移栽的如前所述，不在赘述。采用穴播的，要根据品种特征特性和地力情况确定合理的播种密度，一般亩播2 000~6 000穴。每穴播饱满种子3~4粒，播种后用细粪土覆盖，在连作地或多发病的地块需用75%百菌清或1%石灰水浇穴，并保持土壤湿润。

3. 加强田间管理

（1）及时间苗和定苗。

当幼苗2~3片叶时，间去弱苗、病苗、杂苗，每穴留2~3株，4~5片真叶时进行定苗，选留健壮苗1株。早春若采用地膜覆盖栽培的，在出苗后应及时破膜露苗，并用细土封压膜口保温。

（2）中耕培土与除草。

间苗和定苗时结合中耕除草，特别是久雨转晴之后，应及时中耕散墒，防止土壤板结，促进根系的生长。为了便于追肥，前期要松土，除草2~3次。莲座中期结合沟施饼肥培土作垅，一般垅高10~15cm。培垅的目的主要是便于施肥浇水，减轻病害。培垅后粪肥往垄沟里灌，不能黏附叶片；水往沟里灌，不浸湿蔸部，使株间空气湿度减小，可减少软腐病的发生。

（3）灌水和排水。

苗期应轻浇勤浇保湿润，土壤湿度应保持在80%~90%；莲座期间断性浇灌，见干见湿，土壤湿度以75%~85%为宜，适当练苗；夏秋季高温多雨，要注意雨后清沟，培土、排涝；结球期是需水量最大的时期，对水分要求较高，要适时浇水，如果缺水，会造成大幅度减产，过多又会发生软腐病等，可采用沟灌，要防止大水漫灌，土壤湿度以85%~90%为宜。冬春季干旱，容易缺水，应适时浇水，以保持土壤湿润。在气温较高时以傍晚或夜间灌水较好，要缓慢灌入，切忌满畦，及时排出多余的水，做到沟内不积水，畦面不见水，根系不缺水。高产实践表明，从莲座期结束后至结球中期，保持土壤湿润是大白菜高产优质的关键之一。

（4）合理追肥。

大白菜生长过程对氮素的供给反映比较敏感，同时，又需要大量的磷肥、钾肥等，据测定每生产5 000kg大白菜，大约需要纯氮7.5kg，五氧化二磷3.5kg，氧化钾10kg，3种元素的比例大致为2∶1∶3。生产中重点应抓住苗期、莲座期和结球前期的3次追肥。第一次在定苗后洒施腐熟人畜尿粪（清粪水）1 000kg左右；第二次在莲座期亩用腐熟清粪水2 000kg左右加尿素10kg；第三次在结球始期亩用腐熟清粪水2 000kg左右加尿素20kg，最好再增施钾肥，每亩追施草木灰100kg左右或硫酸钾10~15kg，这次施肥菜农称为"重点施肥""高产肥""灌心肥"；辅之在结球中期喷施1∶250倍的磷酸二氢钾溶液，能增强植株抗性，改善外观形象，提升内在品质，提高白菜商品价值。

（5）束叶和覆盖。包心结球是大白菜生长发育的自然现象，一般不需要束叶。对一些晚熟品种如遇严寒，为了促进结球良好，延迟采收供应，小雪后把外叶扶起来，用稻草绑好，并在上面盖上一层稻草或农用薄膜，能保护心叶免受冻害，还具有软化作用。对大白菜的早熟品种就不需要束叶和覆盖。

（6）病虫害防治。采取预防为主，综合防治的方针，当大田发现病虫害时，选用高效、低毒、对口的农药进行防治。

①病毒病：主要由蚜虫传播，防治措施有选用抗病品种；适期早播，躲过高温及蚜虫猖獗季节；苗期做好蚜虫防治；发现病株及时清除；发病初期喷洒病毒1号乳剂500倍液，或用病毒2号乳剂1 000倍液防治。

②软腐病：防治措施有尽可能选择前茬小麦、水稻、豆科作物的田块种植白菜，避免与茄科，瓜类及其他十字花科蔬菜连

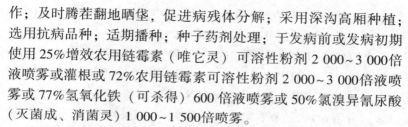

作；及时腾茬翻地晒垡，促进病残体分解；采用深沟高厢种植；选用抗病品种；适期播种；种子药剂处理；于发病前或发病初期使用25%增效农用链霉素（唯它灵）可溶性粉剂2 000~3 000倍液喷雾或灌根或72%农用链霉素可溶性粉剂2 000~3 000倍液喷雾或77%氢氧化铁（可杀得）600倍液喷雾或50%氯溴异氰尿酸（灭菌成、消菌灵）1 000~1 500倍喷雾。

③黑斑病：防治措施有选用抗病品种；种子消毒；消除病株残体、杂草；施足基肥，增施磷钾肥，提高植株抗病力；发现病株及时喷施75%百菌清或58%甲霜灵锰锌或10%苯醚甲环唑900~1 300倍液或43%戊唑醇悬浮剂2 000~2 500倍液；农用链霉素每小包加水50kg或70%敌克松600倍灌根；也可用20%龙克菌600倍或47%加瑞农800倍7天喷1次，连喷2~3次。

④大白菜干烧心：属生理病害，大多是在结球期及贮藏期间发生。发病原因多以施用化肥不当、土壤盐碱、灌溉水质差、天气干旱、栽培管理不当等因素引起发病。防治措施有选用抗病品种；加强栽培管理（增施有机肥，注意轮作，合理施用氮素化肥，增施磷钾肥）；增施钙肥；分别在苗期，莲座期或结球期喷洒"大白菜干烧心防治丰"防治。

⑤蚜虫：用10%烟碱（康禾林）800~1 000倍液或25%阿克泰750~1 500倍液或3%啶虫脒（莫比朗）2 000~3 000倍液或辟蚜雾可湿性粉剂2 200~3 000倍液喷施防治。

⑥菜青虫、黄条跳甲及地下害虫：用溴氰菊酯（敌杀死）2 000倍液，15%氯氰菊酯1 000倍液防治，苏云金杆菌乳剂130g/亩喷雾，菊酯类农药40~80ml/亩+敌敌畏1 200倍液混合喷雾。

⑦小菜蛾：用5%锐劲特悬浮剂每亩50~100ml对水60kg防治或5%抑太保乳油2 000倍液或3%甲维盐微乳剂4 000~6 000倍液或2%阿维菌素3 000~5 000倍液等生物农药。另外，可选

用生物防治技术—性诱剂诱杀成虫，在小菜蛾发生初期，田间虫口密度低进行诱杀也可起到很好的防治效果。

⑧野蛞蝓（蝓蛞）：在田中央放置瓦块，菜叶、或扎成把的菜秆或树枝，太阳出来后它们常躲藏在其中，可集中清除杀灭。用蜗牛敌或丁蜗锡等药物与米糠、豆糖、青草等混合，拌成毒饵锈杀。亩用6%密达颗粒剂0.7kg或3%灭蜗灵颗粒剂1~2kg，碾碎后拌细土5~7.5kg，于温暖天气土表干燥的傍晚撒在受害株附近根部的行间，2~3天后接触到药剂的野蛞蝓分泌出大量黏液而死亡。

4. 适时收获上市

当大白菜结球紧实后，表明生长成熟，应及时收获上市。成熟至收获的缓冲期为7~10天，若超过10天，将会形成破球抽薹或造成脱帮腐烂，轻者降低商品价值，重者导致失收。

三、主要品种简介

（1）新早56。该品种是由河南省新乡市农科院选育的一代杂交品种，亲本为自交不亲和系3039×6210。特征特性：外叶无毛，黄绿色，球叶黄白色，球顶合抱或轻叠，球高24.8 cm，球径15.1cm，单球质量1.5kg，叶帮薄，粗纤维含量少，口感好，风味佳。早熟，生长期56天。高抗病毒病，抗软腐病和霜霉病，耐热、耐湿、稳产。春、夏、秋播皆宜，幼苗、叶球兼用。定苗密度分别为3 300株/亩；平均净菜产量4 500kg/亩。适宜我国南北各地栽培。

（2）新乡小包23。该品种是由新乡市农科院选育的一代杂交品种，亲本为自交不亲和系1305×5201。特征特性：外叶深绿多皱，叶柄绿白色，叶球叠抱紧实，球高22.4cm，球径21.8cm，单球质量3kg，软叶率62.5%，净菜率76.5%，纤维少，品质优良。生长期70天左右，秋季晚播于8月15~25日播种，定苗密度为 2 300 株/亩，春季保护地栽培可于 2 月中下旬温室育苗，3 月中下旬大棚定植或 3 月上旬温室育苗，4 月上旬地膜覆盖定植，春季定植密度分别为 3 000 株/亩。高抗病毒病和干烧心，抗霜霉病和软腐病，适应性和冬性强，耐贮藏，适于秋季晚播和春季保护地栽培。结球性好，适应地区广，干物质含量高，品质优良，口感好，每亩产净菜 7 000kg 左右。适宜河南、河北、陕西、山西、湖北等省的小包类型种植地区应用，具有春播耐抽薹、秋晚播结球紧实的特点。

（3）新早 58。该品种是由新乡市农科院选育的一代杂交品种，亲本为自交不亲和系 9688×255。新早 58 外叶深绿色，球叶绿白色，帮较薄，矮桩叠抱，球高 24.6cm，球径 17.2cm，单球质量 1.5kg，软叶率 54.0%，净菜率 78.8%。早熟，生长期 50 天左右。高抗霜霉病和软腐病，对病毒病免疫，耐热、耐湿，适合夏末秋初种植。平均净菜产量 5 000kg/亩。适宜我国南北各地栽培。栽培要点在河南及气候相似区域，秋季早熟栽培 8 月 1 日前后播种，春季保护地栽培可于 2 月中下旬温室育苗，3 月中下旬大棚定植或 3 月上旬温室育苗，4 月上旬地膜覆盖定植，要求最低气温在 12℃以上，定植密度 3 700 株/亩，施足有机肥重施磷钾肥，高垄栽培。整个生长季节供应充足肥水，注意防治病虫害，及时采收上市。

（4）新乡 903。该品种由新乡市农科院用自交系 4200 和自交不亲和系 4210 杂交配制而成的一代杂种。生长期 80 天左右，长筒形，叶球牛心-轻叠，外叶绿色，叶柄绿白色，株高 56cm左右，一般单球质量 3.5kg，品质优良，高产稳产，高抗病毒病、霜霉病、软腐病及黑斑病，对肥水要求不太严格，抗热耐寒，适播期长，适宜全国各地种植。亩产净菜 8 000kg 左右，较对照晋菜 3 号增产 20% 左右，种子褐红色，千粒重 2.3~3g。栽培要点：在豫北及其气候相似地区 8 月 1~25 日均可播种，宜选择土壤肥沃，地势平坦，排灌方便的地块种植。种前应施足底肥，重施磷钾肥，一般每亩施腐熟农家肥 5 000kg、磷酸二铵 25kg，深耕耙平，高埂栽培，行距 53cm，株距 40cm，每 667m² 定苗 3 100 余株。在莲座初期，结合浇水，每亩追施尿素 20kg；间隔 10～15 天后，结合浇水，每亩追施尿素 20kg。生长前期注意防治甜菜夜蛾、小菜蛾和菜青虫。

（5）豫白菜 6 号。该品种原名豫园 1 号、郑白 4 号，由郑州市蔬菜研究所选育，属中熟品种，生育期 70～80 天，外叶浅绿色，叶柄白色，叶球白色，倒圆锥形，叠抱。包球快，抗逆性强，高抗病毒、霜霉、软腐病等白菜三大病害。对水肥管理要求不严格，矮桩叠抱，倒锥形，净菜率高达 75.6%，软叶率 57.2%，单球重 6～9kg，适宜高肥水种植，每亩净菜产量可达 6 000～7 500kg，品质好。株距 60cm，行距 70cm，亩密度 1 600 株，宜秋播。

（6）夏王-白菜种子。该品种抗根瘤病，病毒病，软腐病，味道好，外叶是深绿色，黄芯白菜，抽薹稳定，叶数多，叶球为圆筒形，易包装，耐贮运，从播种到收获 65 天左右，结球紧实，单球重 2.2～2.5kg，适于夏季栽培利用。

（7）夏星-白菜种子。该品种播种后 65 天左右结球的黄芯白菜，抗病毒病及根瘤病，合抱型，球重 2.0～2.3kg，适于夏季栽培利用。

（8）春丰-白菜种子。该品种定植后生育期 65～70 天收获，口感优秀，合抱圆筒形，单球重 2～2.5kg。结球内叶色黄，抽薹稳定，抗根瘤病和病毒病，抗石灰缺乏现象等各种生理障碍。适宜于保护地、春季露地、高冷地夏季播种栽培。

（9）强势-白菜杂交种子。该品种特征特性：为早熟品种，定植后 55 天左右收获。长势强，抗抽薹，结球能力强。外叶少，叶色浓绿。球叶微黄。叶球叠抱。球高 25～27cm，直径 18～

20cm，单球重 2~3kg。

（10）豫白菜 2 号。该品种开封市蔬菜研究所育成的杂交种，株型小，莲座叶较直立，外叶长倒卵形，绿色面稍皱，叶柄白色。叶球短筒形、叠抱、顶部稍大，球叶白绿色，紧实。该品种中早熟，生长期为 65 天，抗病毒病，霜霉病，亩产 4 000kg 左右。

（11）鲁白 6 号。该品种山东省农科院蔬菜研究所育成。外叶淡绿，叶面较皱，叶柄白色，叶球倒圆锥形，单株重 3kg 左右。品质好、耐热、抗病、早熟，生长期为 55~60 天，一般亩产 3 000~5 000kg。

（12）豫白菜 1 号。该品种开封市蔬菜研究所育成。株型较大，外叶 6 片，叶色深绿，叶柄白色。叶球圆锥形，叠抱，球顶平圆，球叶绿色，单株重 4.5kg，品质好，耐贮存，中晚熟，生长期 85 天左右，高抗病毒、霜霉、软腐病。一般亩产 6 000~7 000kg。

（13）山东 4 号。该品种山东省农科院蔬菜研究所育成。株型较太，外叶浅绿，中肋白色，单株重 5~7kg。抗病，生长期为 85~90 天，一般亩产 5 000~6 000kg。

四、种子生产技术

1. 原种生产技术

大白菜的常规品种是异质稳定的群体．其原种生产大多采用母系选择法进行提纯，空间隔离距离要在 2 000m 以上。具体做法是：秋季在采种田或生产大田中，从莲座期到结球期进行认真观察，选择若干具有本品种典型性壮的优良单株，加以标记。在采收前再复选 1 遍，淘汰表现不良或后期感病的植株，将复选选中的植株连根挖出，根上加以标记，置于窖中妥为保存。

第二年春季 3 月中、下旬定植。定植前 1~2 周将叶球切开，不同的球型用不同的切法，通常采用 1 刀切、2 刀切、3 刀切及环切等方法。切时注意不能伤及已开始伸长的茎和顶芽。切完菜头后，应将种株及时晾晒，使植株由休眠状态转化为活动生长状态，使叶片由白变绿，有助于定植后的扎根，提高种株耐寒、耐旱能力。然后将植株定植在采种田内，在采种田四周 2 000m 内不得有其他花期相同的白菜品种繁种田。当植株开花后，让群体内株间自然传粉，如在大棚内定植，棚内要放蜜蜂辅助授粉。种子成熟后，各单株分别采收、脱粒、留种和保存。

第二年秋季各单株的种子分别种 1 个小区，建立母系圃。在各个生育时期进行观察比较，选出具有本品种特征特性的、系内株间无差异的、系间也基本表现一致的、抗病丰产的母系若干个，插杆标记。收获时将各中选的母系的优良单株收在一起，总株数在 200 株以上，冬季窖藏。第三年春季，采用与上年相同的方法切球、定植、栽培。采用田株间自然授粉，种子成熟后混合采种，既为原种。如果第一次母系选择后纯度仍不达要求时，可再连续进行 1~2 次母系选择，直到达到要求为止。

2. 大田用种的生产技术

白菜常规品种良种生产一般采用成株采种法、小株采种法或半成株采种法。

（1）成株采种法。具体程序是：第一年秋季培育种株，即使之长成叶球。从中选择生长强健、具有原品种特征的植株，连根带球挖出冬贮。第二年春季将种株重新栽植，使之抽薹开花结实。这是大白菜最典型的采种方法。成株采种法需经过充实叶球阶段，可对种株进行严格的选择，从而能保证品种的种性和纯度，甚至可逐代提高。但这种方法占地时间长，又需经过冬藏，种株定植后比较弱，甚至腐烂死株，种子产量不高。

（2）小株采种法。利用大白菜萌动的种子就能感受低温而通过春化，在长日照条件下不经过结球就能抽薹开花结实的特性进行种子生产。在不同地区的不同气候条件下，生产方式有多种。第一种方式是前一年底到当年年初苗床育苗，到2月底3月初定植于采种田，这是华北地区常用的方法；第二种是冬前露地直播，当年夏季收获种子。小株采种法生产的种子仅供生产之用。

（3）半成株采种法。这种方法介于成株采种法和小株采种法法之间。采种过程类似于成株采种法，主要不同点是秋季播期较前者晚7~10天，越冬前不能形成充实的叶球。此种方法种子产量高，在种子质量、生产成本，选择效果及后代生产力等方面居于前现两者之间。

采用上述方法生产大白菜良种时，因白菜为虫媒花植物所以空间隔离距离应在1 000m以上。

3. 杂交制种技术

目前，大白菜杂交制种主要以利用自交不亲和性为主，还有利用雄性不育两用系及三系配套制种。

（1）利用自交不亲和系杂交制种。该杂交制种包括自交不亲和系开花后自交不亲和，但蕾期授粉可正常结实。因此，克服自交不亲和性的方法是进行蕾期授粉，也就是利用蕾期柱头尚未充分成熟，对不亲和的花粉还未产生排斥时进行授粉，以便受精结子。蕾期授粉的最佳蕾龄为开花前2~4天。

①大白菜自交不亲和系繁殖：可以采用成株采种法，栽培管理方法同常规品种的原种生产，自交不亲和系的种株多定植在大棚等保护设施内，以便用纱网隔离。授粉时，用小镊子剥开花蕾，露出柱头，然后用当天开放花朵的花粉涂抹在柱头上。授粉结束后可将花序末端以及新生的花蕾去掉，以免消耗营养，有时为了节省蕾期授粉用工，可在开花期每隔1~2天用5%食盐水喷到柱头上。这样能引起乳突细胞失水收缩，对乳突细胞合成胼胝质具有抑制作用，导致自交亲和。

②一代杂交种子的生产技术：利用自交不亲和系生产大白菜一代杂交种子，常采用小株采种法，于冬前在阳畦或大棚播种，父母本播种量相等，每公顷用种量约450g，幼苗2~3片真叶时分苗1次。当种株幼苗6~10片叶时按父、母本1∶1的比例定植于采种田，四周隔离1 000m以上．如果选两个自交不亲和系互为父母本的杂交组合，采种时，在2个亲本上收获的种子都是杂交种子，制种产量也高。

（2）利用雄性不育两用系杂交制种。

①雄性不育两用系的繁育：目前，大白菜所应用的雄性不育系多为核型雄性不育系，既不育上生产的种子50%不育，50%可育。因此，不育系的保持不需要特定的保持，只需在安全隔离条件下，让兄弟妹株自然授粉，从不育株上获得的种子既为两用系种子，其中，50%不育。为了在采种田区别可育株和不育株，应在花期进行检查，将不育株做好标记，以便成熟时收获。

②杂交种子生产技术：利用两用系生产杂交种时，将可育株在始花期拔除，再让父本给其授粉，就可配成一代杂交种，具体可采用小株采种法。在早春将两用系种子进行低温处理后（华北地区不处理也可）于1月中旬在阳畦播种育苗，当幼苗6~10叶时，将父、母本按1∶3的比例定植于采种田，定植时应适当增加母本行的密度，以提高产量，当两用系生长进入初花期时，将母本行的可育株拔除，并把不育株上的主苔摘除，这样做的目的，一是给不育株作标记；二是可将不育株的花期适当推迟，以避免在两用系中右育株尚未拔除的情况不就授粉，当母本行一级侧枝开花时，可育株基本拔除完毕，即可与父本自然授粉杂交。种子成熟后，在母本行上采收的种子既为杂交种子。利用两用系生产一代杂交种子技术的关键是拔除可育株，一般要求从初花期开始，每隔1~2天检查拔除1次，直到拔除干净为止。

第二节 娃娃菜

一、概述

娃娃菜，又称微型大白菜，是一种袖珍型小株白菜，外形酷似大白菜，但大小尺寸仅为大白菜的 1/5～1/4，类似大白菜的仿真微缩版，因此，被称为娃娃菜。属十字花科芸薹属白菜亚种。营养价值和大白菜也基本相同，富含胡萝卜素、B 族维生素、维生素 C、钙、磷、铁等，且钙的含量较高，为白菜含量的 2～3 倍；其微量元素锌的含量不但在蔬菜中名列前茅，就连肉、蛋也比不过它。药用价值也很高，味道甘甜，色泽金黄，经常食用具有养胃生津、除烦解渴、利尿通便、清热解毒之功效。尤其是从韩国、日本引进的娃娃菜品种，帮薄甜嫩、味道鲜美，更深受消费者喜爱。

生育期为 45～55 天，商品球高 20cm、直径 8～9cm，净菜重 150～200g。生长适宜温度 5～25℃，低于 5℃ 则易受冻害，抱球松散或无法抱球；高于 25℃ 则易染病毒病。

二、高产栽培技术要点

1. 品种选择

春播应选抗抽薹能力强、耐寒性较好、极早熟、个体小、可高度密植、叶球匀称，上下等粗、色泽艳丽、叶质脆嫩、便于包装的品种。主栽品种选择"高丽贝贝""高丽金童""高丽金娃娃"、迷你星、珍珠娃娃菜等；夏播要选择耐热性较好、上心早的抗病品种，如高丽贝贝、抗热 55 等；秋播一般对品种要求不严格。此外，一般带颜色品种的娃娃菜干物质含量较高。

2. 适时播种

娃娃菜属半耐寒性蔬菜,最适宜生长的温度为 15~20℃,平均温度高于 25℃生长不良,低于 10℃生长缓慢,长期生长在-2℃低温条件下则受冻害,为避免低温春化导致抽薹,播期不宜过早,播种温度应以 10~25℃为宜。早春播种的应覆盖地膜,提高地温,实现早播早上市。一般要求定植后夜温稳定在 13℃以上。黄淮流域一般在 4 月上中旬露地播种,每亩用种量直播的需要 80~100g、移栽的需要 50g,种植密度 10 000 株左右,株行距 20cm×30cm 较为适宜。直播省工适宜大面积种植,但用种量大。育苗移栽虽节省种子用量,但投、用工量大,适宜小面积栽培。早春育苗移栽的可提早播种 20 天左右,即先在保护地育苗,待大地回暖后栽于露地,可提早上市,增加经济效益。夏、秋季节育苗移栽的可提早播种 7~10 天,我国北方地区多采取小高畦种植。

3. 施肥整地

应选择土壤肥力较高、透气性好、耕层深厚、排灌方便、pH 值 6.5~7.5 的壤土或沙壤土地为宜。每亩底施腐熟有机肥 5 000kg,45% 复合肥（15-15-15）20~30kg,过磷酸钙 15~20kg,硫酸钾 5~l0kg 作基肥,深翻细耙整平地面,打畦开沟,一般畦宽 2m 左右,每畦 6~7 行,开沟深度 2~3cm,洒坐墒水少许,待水下渗后将处理好的种子掺（草木灰）细沙均匀撒在沟中,地下水位高的要开好 3 沟以利排水。

4. 适时移栽定植

一般在幼苗 4~5 片叶时带土移栽定植。株距 20cm、行距 30cm,也可以采用 25cm×25cm 的株行距,亩保苗 10 000 株左右。早春在 2—3 月保护设施定植栽培;露地 4 月下旬定植栽培;夏季注意遮阳降温栽培;秋季在 9 月中下旬、四叶一心时移栽为宜,栽后及时浇水,缩短缓苗时间,促苗快发。

5. 加强田间管理

娃娃菜生长期短，要加强肥水管理，促进叶球快速生长。移栽成活后，为促使秧苗生长健壮，可浇施 0.5% 尿素液每株0.5kg 或每亩开沟条（穴）施尿素 8~10kg 或追施腐熟的人畜粪尿稀释液 1 000kg；进入莲坐期、有 10 片真叶时，每亩施 45%（15-15-5）复合肥 40kg；结球期间，每亩随水追施尿素 10kg左右或追施腐熟的人畜粪尿稀释液 2 000kg，叶面喷洒磷酸二氢钾 2~3 次，有利于叶球充实，最好在阴天或晴天 16：00 进行。娃娃菜喜冷凉的气候条件，较耐寒。叶片和叶球的生长适温为15~20℃，10℃以下、25℃以上生长缓慢，短期 0~2℃ 低温虽受冻但能恢复生长，长期生长在 -2℃ 以下则受冻害。所以早春前期注意保温，夏季注意降温，保持最佳生长温度、湿度。秋季应增加密度，前控后促，基肥要比春季少。

水分不足则生长不良，叶肉组织硬化，纤维增多，严重影响品质。如果土壤水分过多则影响根系吸收养分和水分，也会造成生长不良，故应保持土壤见湿见干。以浇小水为宜，浇水后注意排湿。

6. 病虫害防治

娃娃菜生育期较短，抗病性较强，一般无病虫害发生。个别地区个别年份可能会发生霜霉病、软腐病、病毒病、黑腐病及苗期常见的猝倒病和立枯病，苗期可选用 72.2% 普力克 400~600倍液或 64% 杀毒矾 500 倍液喷洒防治，但不要过量用药以免发生药害；霜霉病可用 72%g 露 600~700 倍液防治；软腐病可用 72%农用硫酸链霉素 3 000倍液防治；病毒病可用 20%盐酸吗啉胍·铜 500 倍液防治，7 天喷 1 次，连喷 2~3 次。虫害主要有菜螟、跳甲、菜青虫、小菜蛾、甜菜夜蛾、斜纹夜蛾、蚜虫、斑潜蝇等，尤其春夏播茬口应注意防治。可选 1.8% 阿维菌素乳油2 500~3 000 倍液或 2.5%菜喜悬浮剂 1 500~2 000 倍液或 5%除虫菊素乳油 1 000~1 500倍液或 2.5%天王星乳油 1 000~1 500倍液或 10%除尽乳油 1 200~1 500倍液。菜螟、菜青虫、小菜蛾可用苏云金杆菌 300~800 倍液防治，跳甲可用 2.5%敌杀死 6 000 倍液防治，蚜虫可用 36%虿蚜落 1 500~2 000倍液防治。

7. 适时采收

当株高达 30~35cm、抱球紧实后即可采收。采收时，应全株拔除，切剥外叶，整理包装，上市销售。

三、主要品种简介

（1）春玉黄。该品种为韩国产一代杂交优良品种，外叶深绿，内叶嫩黄，叠包坚实；圆筒形上下一致，开展度小，单球重 0.8~1kg，结球紧实，口味特佳；抗病性强，耐寒耐抽薹，极早熟，生长期 48~52 天。

（2）高丽贝贝。该品种原产韩国，全生育期 55 天左右，开展度小，外叶少，株型直立，结球紧密，适宜密植；球高 20cm 左右、直径 8~9cm，品质优良，高产；帮薄甜嫩，味道鲜美，风味独特，抗逆性较强，耐抽薹，适应性广。

（3）高丽金娃娃。该品种原产韩国，极早熟、耐抽薹；开展度小，外叶少，株形直立，结球紧密，外叶深绿色，内叶金黄艳丽，球形美观，整齐度好；球高 20cm、直径 8~9cm，全生育期 55 天，抗逆性好，耐病性强，适应性广，可密植栽培。适宜于春季，秋季栽培及高海拔冷凉地区夏季栽培。

（4）京春娃娃菜。该品种由北京市农林科学院蔬菜研究中心育成，为春播一代杂交种。生育期在定植后 45~50 天即可收获。该品种包球速度快、株型较小，适宜密植，亩留苗 8 000~10 000株，株行距 25cm×（25~30）cm。外叶绿色，球叶浅黄色，叶球合抱，抗病毒病、霜霉病、软腐病，耐抽薹性强，适期采收的商品娃娃菜，一般净菜株高 15cm，球径 5cm，上、下等粗，单球重量 200~300g，品质极好，风味佳，适合包装运输。栽培要点　适于低海拔地区春播、适于高海拔地区夏、秋播种，干旱、半干旱地区可腹膜栽培，垄栽、平栽均可，具体应根据灌溉条件和生育期间降水多少而灵活掌握。

（5）京夏娃娃菜。该品种由北京市农林科学院蔬菜研究中心育成，为夏、秋播一代杂交种。生育期在定植后 45~50 天即可收获。该品种耐热、耐湿、包球早，株型小，包叶速度快、适宜密植，亩留苗 10 000~15 000株，株行距23cm×（23~30）cm。外叶深绿色，叶面邹，球叶黄白色，质地柔软，无毛，叶球拧抱，抗病毒病、霜霉病和软腐病，耐抽薹性强，适期采收的商品娃娃菜，一般净菜株高 14cm，球径 7cm，中部稍粗，单球重量 100~150g，品质极好，风味佳，适合包装运输。栽培要点　适于低海拔地区夏、秋播种，干旱、半干旱地区可腹膜栽培，垄栽、平栽均可，以窄垄双行栽培为宜，具体应根据灌溉条件和生育期间降水多少而灵活掌握。

（6）迷你星二号娃娃菜。该品种属小株型白菜品种，株型较直立，开展度小，结球紧密，外叶少，内叶金黄艳丽，富含多种维生素。适宜密植，球高 20cm 左右，直径 8~9cm，品质优良，高产，帮薄甜嫩，味道鲜美柔嫩，风味独特，抗逆性强，抗黄萎病，抗倒伏，耐抽薹，适应性广。全生育期 50~60 天。栽培要点：适宜春秋两季露地、保护地种植使用，垄作畦作均可，以垄作更佳，株行距 20cm×30cm，加强水肥管理。

（7）金福娃娃菜。该品种原产于韩国，播种后 50~55 天收获，抽薹稳定，外叶深绿色，球叶黄色，株型较小，抗、耐病性强，品质较好；高产需密植栽培，亩留苗 10 000~15 000株。适宜于低海拔地区春季，高海拔地区夏季，秋季栽培。

（8）九千娃娃菜 1 号。该品种生育期 50~55 天，耐先期抽薹，耐热性强。株高 25cm，开展度 30cm，外叶绿色，叶柄白色，叶球合抱、筒形，球内叶橘红色，球纵径 19cm，横径 8～12cm，平均中心柱长 4.3cm，单球质量 0.32～2.1kg，净菜率 60%左右，品质佳，商品性好，类胡萝卜素含量显著高于普通大白菜，具有帮薄、熟食易烂、色泽艳丽等特点。该品种适宜栽培温度为 13～32℃，春夏季露地覆膜直播适期为 4 月上旬至 5 月下旬，5 月下旬至 7 月上旬收获。注意春播不宜过早，以防先期抽薹开花。黄淮地区夏秋季露地直播，播种期为 7 月下旬至 9 月初。温度高、湿度大的雨季，可做 50～100cm 宽小窄高畦，每畦种 2～4 行，行间植株错开，或做 1.0～1.2m 宽平畦或高畦，每畦 4～5 行；株距 20cm，行距 25 cm，亩种植 12 000～13 000 株。凉爽干燥的季节可平畦栽培，畦宽 100cm，每畦 4 行，株距 20～25cm。亩产净菜量 3 700～5 800kg。较对照迷你星增产 17.11%～19.45%，抗病毒病，兼抗霜霉病、软腐病和干烧心等多种病害。

（9）亚洲迷你-娃娃菜。该品种定植后 50～55 天收获，株型紧凑，外叶浓绿色；抽薹稳定，早春栽培也有利；内叶色为黄色，叶数多，商品性好；生长快，熟期短，早期栽培有利。适宜于春季露地，夏季遮阳，秋季种植。

四、种子生产技术

娃娃菜的原种生产、大田种子生产技术同大白菜种子生产，在此不再赘述。

第三节　塌　菜

一、概述

塌菜，又名百叶菜，乌塌菜，为十字花科芸薹属芸薹种白菜亚种的一个变种，以墨绿（黄绿）色叶片做蔬菜用，是白菜的一个变种，是由白菜变异而来，叶色浓绿、肥嫩，因塌地生长而得名。主要分布在我国安徽省及长江流域，具有分布广、产量高、风味好、供应期长等优点。主要特征是：植株暗绿，叶柄短而扁平，叶片肥厚而有泡皱和刺毛；外叶塌地生长，心叶有不同程度的卷心倾向；耐寒，可露地越冬，冬、春两季均可供应市场；香味浓厚，霜降雪盖后，柔软多汁，糖分增多，品质尤佳，素有"雪下塌菜赛羊肉"的传说。近年黄淮流域温室大棚、日光温室等设施农业条件下也广泛种植，其品种繁多，主要有黄心乌、黑心乌、宝塔乌、紫乌、白乌、麻乌等。

据测定，每 100g 塌菜中含水分 92g，蛋白质 1.56~3g，还原糖 0.8g，脂肪 0.4g，碳水化合物 2.1g，粗纤维 2.63g，灰分 0.6g，胡萝卜素 1.52~3.5mg，维生素 B_1 0.02mg，维生素 B_2 0.14mg，尼克酸 0.3mg，维生素 C 43~75mg，钙 152~241mg，磷 46.3mg，铁 0.5mg，钾 382.6mg，钠 42.6mg，铜 0.111mg，锰 0.32mg，硒 2.39mg，锌 0.31mg，锶 1.03mg。并含有硅、锰、锌、铝、硼、镍、钼、镁等多种微量元素。被视为白菜中的珍品，因其中含有大量的膳食纤维、钙、铁、维生素 C、维生素 B_1、维生素 B_2、胡萝卜素等，也被称为"维生素"菜 。适用于炒、焓、烧、煮等烹调方法，既可做菜肴主料，也可做菜肴配料。

二、栽培关键技术

1. 选择适宜的栽培季节

塌菜在我国南、北方均可露地栽培，我国北纬 25°~45°区域均可种植，只是播种期有所不同。北方各省份播种期在 6 月下旬至 7 月上旬。中原省份播种期在 8 月上旬至 9 月上旬。南方各省份播种期在 8—10 月。北纬 25°以南地区则可周年播种。北方冬季可在设施条件下栽培，一般 9 月中旬至 10 月中旬播种育苗，苗龄 25~30 天，移栽后加强管理，12 月至翌年 3 月陆续采收上市。

2. 播种育苗

种植方式，塌菜一般用种子直播、育苗移栽等方式，一般都多选择育苗移栽。宜选择疏松肥沃，排灌方便的壤土地块育苗。播种前深翻床土 25cm，每亩施入腐熟人畜粪水 1 000~1 500kg 作基肥，整细耙平。苗床宽 1.5m 左右，厢沟深 25~30cm。播种要求均匀，密度适宜。浇足底墒水，播后覆盖 1cm 厚的过筛肥细土，再盖遮阳网保湿防暴雨，3~5 天后出苗。齐苗后，及时间苗、定苗，培育壮苗，防止徒长。幼苗 4~5 片真叶时即可定植。

3. 高标准定植

定植前，施足基肥，每亩施入腐熟有机肥 3 000~5 000kg 或人畜粪水 2 000~3 000kg 作基肥。深翻 25~30cm，耙糖后精细整地打畦，一般畦宽 1.5m 左右，每畦种植 5 行，株距 25~30cm。定植时，先开沟后施足定根清粪水，以利成活。栽植密度范围 4 000~13 000 株，具体可根据土壤肥力、种植季节、上市时间、采收时期、商品蔬菜植株大小等灵活掌握。

4. 肥水管理

加强肥水管理是保证丰产优质的主要环节。定植后据天气情况合理浇水，促进缓苗。缓苗后每隔 7~10 天追施 1 次清粪水或每亩施 5~7kg 尿素，并经常保持土壤湿润，以利叶片生长。冬季地温低，生长慢，应减少追施次数。开春后，及时追施粪水或尿素 2~3 次，并适当浇水，促进叶片迅速生长。

5. 加强病虫害防治

百叶菜（塌菜）的主要病害为病毒病、霜霉病和软腐病。主要虫害有蚜虫、菜青虫、小菜蛾等；对于病害应在发病初期用病毒 A 1 000~1 500 倍液喷雾防治，或用敌克松、百菌清、代森锰锌、多菌灵等药剂；对于虫害可用 40% 乐果乳油 1 000 倍液防治蚜虫；用 2.5%溴氰菊酯 1 500~2 000 倍液或用 BT 浮剂 500~600 倍液喷雾防治菜青虫和小菜蛾。

6. 适时采收

塌菜的适宜采收期因品种生育时期及特性、栽培季节和市场需求而不同，一般定植后 40~50 天即可陆续采收上市，每亩的产量 1 500~2 000kg。

三、主要品种简介

（1）小八叶塌菜。该品种是上海地方良种，有上百年栽培历史，是上海著名的地方优良品种之一，主要妈祖春节时令蔬菜，生长期 70~80 天，定植后 45 天左右即可开始采收，以霜冻后采收上市为最佳。因经霜冻后，其叶片含糖量高，叶厚质嫩，风味佳，价格好。塌菜应在春节期间上市完毕，春节过后，塌菜开始抽薹，品质下降。

（2）黄心乌塌菜。该品种是沿淮地区的名优特产蔬菜，是一个优良地方品种，盛产于淮南，也称"乌塌菜"，在沿淮地区的栽培有上千年的历史。株高 12~20cm，开展度 10~20cm，一般有 16~20 片叶，有 6~8 片外叶，叶柄短平，叶片肥厚而有泡皱和刺毛。外叶塌地生长，内叶有不同程度的卷心倾向，株形似菊花状，外叶翠绿、内叶浅黄至金黄、叶面有较大核桃纹，叶柄短、白色或浅绿色品质佳、耐寒，成熟时，心叶紧抱或半抱，霜后品味更为鲜美。生长环境 5~30℃，适宜温度 10~20℃，在零下-5℃气候条件下可保持 30 天以上。种植方式以露地秋季种植，冬季采收为主。每亩产量 4 000~6 000kg，甚至可达 7 500kg。

（3）黑心乌塌菜。该品种植株半塌地，为淮南地方优良品种，早熟、高产、耐寒、抗病。株高 15~20cm，全株无毛，或基生叶下面偶有极疏生刺毛；根粗大，顶端有短根茎；茎丛生，上部有分枝。叶肥厚卵圆状或倒卵形，叶面呈泡状皱褶，外叶墨绿色，心叶半包合，以墨绿色叶片供食，有光泽，开展度 32cm，叶柄白色，叶片浓绿色，又泡头皱褶，上部叶近圆形或长圆状卵形，长 4~10cm，全缘，抱茎。单株重 700g，生长期 60~90 天，耐寒性强，产量高。习性喜冷凉，不耐高温，种子发芽适温 20~25℃，生长发育适温 15~20℃，能耐零下 -10~-8℃ 的低温，在 25℃ 以上高温则生长不良。

（4）上海乌塌菜。该品种是上海著名的优良品种，株型塌地，植株较矮，叶簇紧密，层层平卧。叶片近圆形，全缘略向外卷，深绿色，叶面有光泽皱缩。叶柄浅绿色，扁平。较耐寒，经霜雪后品质更好，纤维少，柔嫩味甜。依植株大小及外形可分为 3 个品系：小八叶、中八叶、大八叶。以小八叶菊花心为最优，其品质柔嫩，菜心菊黄，每年春节远销香港。

（5）瓢儿菜。该品种是南京著名的地方品种。耐寒力较强，能耐 -10~-8℃ 的低温。经霜雪后味更鲜美，其代表品种有菊花心瓢儿菜。依外叶颜色可分为 2 种，一种外叶深绿，心叶黄色，长成大株抱心。株型多高大，单产较高，较抗病，代表品种"六合菊花心"；另一种外叶绿，心叶黄色，长成大株抱心，生长速度较快，单产较高，抗病性较差，代表品种"徐州菊花菜"。此外，还有黑心瓢儿菜、普通瓢儿菜、高淳瓢儿菜等品种。

（6）紫乌塌菜。该品种由安徽省农科院园艺所蔬菜育种团队多年来运用杂交、回交、分子标记等技术，选育而成。该乌菜品种"丽紫1号"和"绯红1号"均已通过安徽省品种认定委员会现场认定。性状稳定的紫色乌菜。紫乌因长相俊美、色彩靓丽，叶片紫色，这种乌菜外形与普通乌菜相仿，但叶柄扁平微凹，叶脉泛紫，叶片紫黑有光泽，植株贴地生长，仿佛盛开的紫色花朵，极具观赏性。叶片质地柔嫩，粗纤维少，也适合生食。质地细腻，鲜脆爽口，风味独特。据介绍，紫乌菜耐寒性很强，零下-10℃的低温下不产生冻害。在合肥、怀远、六安等地两年示范推广，2个紫色乌菜品种亩产均在4 000kg以上，种植效益较为可观，据分析紫色乌菜富含花青素，具备很强的抗氧化能力，能预防高血压，保护肝功能，改善视力，营养价值较高。

（7）白乌塌菜。该品种高15~30cm，叶片绿色，叶柄白色，全体无毛或基生叶下面偶有极疏刺毛。茎短，上部分枝。基生叶密生，短且宽，显著皱缩，圆卵形或倒卵形，长10~20cm，先端圆形，基部宽楔形，全缘或有疏生圆齿，不裂或基部有1~2对不显著裂片，中脉宽，侧脉近扇形，叶柄白色，宽8~20mm，稍有边缘，有时叶柄有裂片；上部茎生叶近圆形或圆卵形，全缘，基部抱茎。花瓣浅黄色，长圆形，长约8mm，具爪。长角果圆柱形，长2~4cm，喙粗，长4~8mm；果梗粗壮，伸展或上部弯曲；种子圆球形，直径1mm，深褐色。花期3—4月，果期5—6月。

（8）麻乌塌菜。麻乌也是塌地菜的一个变种类型，属于半塌地类型，乌塌菜的品种很多，按其株型分为塌地与半塌地两种类型，尽管塌菜的叶子密密实实的堆成莲座状，样子小巧精致，如同盛开的菊花一般，也称菊花菜，塌菜口感肥嫩多汁，非常适合炒制和凉拌。麻乌它是小白菜一个食用叶的变种类型。叶缘没有一般塌菜光滑，而是皱折明显，植株形态呈现半塌地生长状。

（9）黑桃乌塌菜。该品种株形矮伏，叶柄短，叶片倒卵形，莲座叶塌地，叶面凹凸有刻痕，如同核桃外壳，叶色青中发黑、黑里透亮，因此，取"核桃"之谐音，故有美称"黑桃乌"，黑桃乌塌菜秋天种植，冬春上市。有专家称"黑桃乌"为"雪里青"，为塌菜中独特的一个优良品种，是安徽宝应独有的优质地方品种，较耐低温，经霜耐寒，抗病虫害能力较强，尤其是霜雪过后，色、香、味极佳。

四、种子生产繁育技术要点

塌菜（百叶菜）的原种生产、大田种子生产技术同大白菜种子生产，在此不再赘述。

第四节　包心菜

一、概述

包菜是结球甘蓝（甘蓝的 1 个变种），又俗称洋白菜、卷心菜、疙瘩白、圆白菜、包心菜、莲花白等，属十字花科芸薹属两年生草本植物，在我国南北各地均有栽培。包心菜是一种生产量大，产量高，可鲜食可加工及下部脚叶可作饲料的用途广泛的大宗蔬菜。华北及黄淮流域地区包心菜可在春、夏、秋季及保护设施条件下越冬栽培，多数地区实行排开播种、移栽，分期收获。

包心菜的优点是适应性和抗逆性强，易栽培，易高产，耐贮运，菜叶质地嫩脆，营养丰富，据测定，每 100g 嫩菜中含蛋白质 1.1g，脂肪 0.2g，碳水化合物 3.4g，维生素 C 38mg，尼可酸 0.3mg，硫胺素 0.04 mg，核黄素 0.04mg，烟酸 0.6mg，胡萝卜素 0.02mg，还含有钙 32mg，磷 24mg，铁 0.3mg，食用方法多样，深受人们喜爱，在我国南北方蔬菜周年供应中，占有重要的地位。

包心菜喜温和气候，能抗严霜和较耐高温。结球期适宜的温度为 15~20℃，但适应温度范围为 7~25℃，幼苗能忍耐−15℃低温和 35℃的高温。包心菜要求土壤水分充足和空气湿润，若土壤干旱会影响结球，降低产量。为长日照作物，喜肥、耐肥，吸肥量较多，在幼苗期和莲座期需氮肥较多，结球期需磷、钾肥较多，全生长期吸收氮、磷、钾的比例约为 3：1：4。每生产

1 000kg叶球，吸收氮 4.1～4.8kg、磷 0.12～0.13kg、钾 4.9～5.4kg。在施足氮肥的基础上，配合施用磷、钾肥，有明显的增产效果。

二、高产栽培技术要点

1. 合理安排茬口，选择适宜品种

包心菜适应性强，其栽培设施、栽培方法、播种期与收获时间有较大差异，华北地区可周年四季栽培，主要栽培方式与栽培时间如下。

（1）春季设施栽培。一般采用温室温棚或阳畦育苗，播种期在 11—12 月，移栽定植期在 1—3 月，收获期在 4—5 月。

（2）夏季露地栽培。育苗时间在 12 月至翌年 3 月，移栽定植期在 3—5 月，收获期在 6—8 月。

（3）秋季露地栽培。育苗时间一般在 6—7 月，移栽定植期在 7—8 月，收获期在 9—11 月。

（4）冬季设施栽培。育苗时间一般在 8—9 月，移栽定植期在 9—10 月，收获期在 2—4 月。

对于不同栽培茬口，应选择适宜品种。一般冬季和早春茬口应选用具有耐低温耐严寒耐冻性强、不易抽薹、产量高、抗逆性强、适应性广、品质好的包菜品种，如鸡心包菜、金早生、迎春、牛心包菜、黑叶小平头、黄苗、中甘 21 号等。夏季或早秋栽培，应选择抗热、耐高温性强，高温季节生长势好，不抽薹、产量高、抗虫抗病抗逆性强、适应性广、品质好的包菜品种，如鸡心包菜等。秋季种植应选择不易抽薹、产量高、抗逆性强、适应性广、品质好的包菜品种，如荷兰比久、鸡心包菜等

2. 适时播种与育苗

选择土壤肥沃、无土壤性传播病害、排灌方便的地块，先清理前茬作物秸秆与杂草残体，施足基肥，每亩施 2 500kg腐熟人

粪尿或优质有机肥、氮磷钾复合肥 20～30kg 作底肥，然后深翻细耕，旋耙均匀，使土肥融合，然后平整做畦，要求上虚下实，畦宽 1.8～2m。每平方米播种子 10g，然后盖上一层过筛后的细土杂肥（或发酵煤灰土），夏季光照强气温高时，搭棚进行遮阳（用遮阳网较好），长期保持土壤湿润，出苗后及时除去杂草，喷施药剂防治病虫。夏甘蓝，3—7月上旬播种；京丰一号；秋甘蓝7月上、中旬播种；越冬（春甘蓝）甘蓝、鸡心包等在10月下旬至11月上旬播种。每亩用种量 50～75g。

3. 大田栽培

结球甘蓝生产，由于属稀棵蔬菜作物，大田生产一般都采用移栽定植，所以，在移栽前，首先要做好大田整地，宜选择土层深厚、结构疏松、肥力较高、pH 值中性的壤土或轻黏土地块种植。耕地前要重施基肥，以有机肥为主，每亩施腐熟有机肥（猪、牛粪）或者人粪尿 3 000kg，饼肥75kg，N、P、K 复合肥40kg 或过磷酸钙50kg、草木灰或灶土灰 150～200kg，撒施均匀后耕翻土地，耕深 20～25cm 再旋耕平整。移栽前最好再次精细整平地畦，畦宽2m 左右，地势低洼，采用起垄栽植，一般垄或畦高 25cm 以上、宽 35～200cm、每垄（畦）1～6行，行距 30～60cm，株距 30～40cm，还要开好厢沟、腰沟、围沟，达到沟沟相通，沟宽 25～30cm，避免田间因雨积水。为使肥效集中，可将饼肥复合肥直接施于穴沟内，将穴土拌匀，以待移栽。

高质量移栽定植。

①要求苗龄适宜，一般在 25～30 天。

②要选择健壮无病叶、无残破叶、长势敦实一致、根脚好的苗子，进行带土移栽。栽植密度为：夏光甘蓝，株行距 35cm×45cm；秋甘蓝京丰L号，株行距 40cm×45cm；鸡心、牛心、春丰越冬春甘蓝，株行距 35cm×40cm。

③栽后及时灌水确保成活，一般移栽后要浇结合水每株

0.5kg 左右，有条件的小水沟浇，3~5 天后再重复浇水 1 次确保成活不缓苗。采用地膜覆盖栽培的，盖膜前应将畦面整平，盖膜时一定要拉紧、盖平，使地膜与畦面贴紧，膜的四周用土压实，一般先移栽定植后浇水，待水下渗后再封土，压实穴坑周围地膜保温，防止遇风揭膜。

4. 加强田间管理

定植成活后，在莲座期进行第一次追肥，每亩用 10% 的人畜粪稀液追施，亩施 600~800kg。以后于摊盘期、结球前、中期追肥 3~4 次，追肥浓度为 30%~40% 人畜粪尿稀液为宜，数量为每亩 1 500kg 左右，也可加一点氮肥，一般每 100kg 加尿素 0.5kg 即可。氮肥不宜过多，以免影响包菜品质。在气温高、光照强、久晴不雨的情况下，应及时浇水防旱，浇水宜在晴天傍晚或早晨进行，做到灌水后沟内不长时间积水，以免造成沤根。春甘蓝的追肥与秋甘蓝追肥有所不同。在基肥一样的情况下，春甘蓝在冬季一般以浇清水进行抗旱保苗为主，只要菜苗长势较好，没有出现缺水，就不要浇水。开春后，春甘蓝生长迅速，宜追肥 2~3 次，第 1 次在株间叶片长满田面，称为"封行"时进行，另 1~2 次在结球前、中期进行。每次每亩施入 40% 左右浓度的人粪尿液 1 500kg 左右或速效氮素化肥 10kg 左右。

5. 做好病虫害防治

（1）常见虫害。有菜青虫、蚜虫、菜螟、斜纹夜蛾、小菜蛾、白背粉虱、黄条跳甲等。菜青虫、小菜蛾可用 5% 定虫隆（抑太保）乳油 2 500 倍液、或用 5% 氟虫脲（卡死克）1 500 倍液、或用 50% 辛硫磷 1 000 倍液喷雾防治；蚜虫可用 10% 吡虫啉 1 500 倍液、或用 5% 啶虫脒 3 000 倍液、或用 50% 抗蚜威 2 000~3 000 倍液喷雾防治；甜菜夜蛾可用 37.5% 硫双灭多威 1 500 倍液、或用 52.25% 毒·高氯乳油 1 000 倍液、或用 20% 虫酰肼 1 000 倍液等药剂喷雾防治；白背粉虱可用 10% 扑虱灵 1 000 倍液、或用25%灭螨猛1 000倍液、或用20%康福多浓4 000倍液、或用2.5%天王星乳油3 000倍液倍液喷雾防治；菜螟虫可用40%氰戊菊酯乳油3 000倍液、2.5%功夫乳油2 000倍液、20%菊杀乳油2 000~3 000倍液、10%菊马乳油1 500~2 000倍液交替喷雾防治；黄条跳甲可用90%敌百虫1 000倍液、50%辛硫磷乳油1 000倍液、21%灭杀毙4 000倍液、25%喹硫磷乳油1 000倍液、10%吡虫啉1 000~2 000倍液交替喷雾防治。

（2）常见病害。霜霉病、软腐病、菌核病、炭疽病、灰霉病、黑斑病、黑腐病、病毒病等等，可采用80%代森锌5 000倍稀释液、75%百菌清500倍稀释液、敌克松原粉600倍稀释液喷施或灌浇病株及周围健株根部进行综合防治。霜霉病可用25%甲霜灵750倍液、69%安克锰锌500~600倍液、64%杀毒矾1 000倍液等药剂交替喷雾防治2~3次。炭疽病、黑斑病可用69%安克锰锌500~600倍液或80%炭疽福美800倍液喷雾防治；病毒病可在定苗或定植前后喷施1次20%病毒A600倍液或1.5%植病灵1 000~1 500倍液进行防治；软腐病可用72%农用硫酸链霉素4 000倍液或新植霉素4 000~5 000倍液喷雾防治；黑腐病可用14%络氨铜水剂350倍液、60%琥·乙膦铝600倍液、77%可杀得500倍液、72%农用硫酸链霉素4 000倍液、新植霉素4 000倍液、氯霉素4 000倍液等药剂交替喷雾防治；灰霉病可用50%速克灵2 000倍液、50%扑海因1 000~1 500倍液、50%农利灵1 000~1 500倍液、40%多·硫悬浮剂600倍液等药剂交替喷雾防治。

三、主要品种简介

（1）荷兰比久45。该品种来自荷兰，特性：早熟春甘蓝杂交种，植株开展度45~50cm，外叶12~14片，叶色深绿色，叶球质地脆嫩，品质优良，冬性较强，适宜栽培条件下，不易抽薹，定植后 40~50 天可以收获，亩产可达 3 000~4 000kg。

（2）荷兰比久 65。该品种来自荷兰，中熟春甘蓝杂交品种，具有耐裂球、开展度小，适宜密植等优势表现。适宜北菜南运首选品种。叶球高圆，蜡粉厚，抗病、抗虫、抗逆能力强，生长势健壮，定植后 60~65 天可以收获，单球重 1.5~2kg，亩产可达 4 000~5 000kg。

（3）荷兰比久 80。该品种来自荷兰，为中晚熟春甘蓝杂交种。叶球高圆，蜡粉厚，抗病、抗虫、抗逆能力强，植株开展度 45~50cm，外叶 12~15 片，叶色深绿，叶球紧实，近圆形。叶质脆嫩，不易未熟抽薹，抗干烧心病。定植后 80 天左右可以收获，单球重 2~3kg，亩产量 5 000~6 000kg 以上。

（4）夏光甘蓝。该品种表现为早熟，耐热、丰产、结球紧，整齐度高。是作为夏季甘蓝栽培的主要品种。该种亩产 2 000~2 500kg。为小平头包，系杂交一代品种。

（5）京丰 1 号。该品种表现为早中熟，较耐热、耐寒、耐肥、忌渍水和干旱，叶球紧实，中平头型，成熟一致，品质好，是近年来广为推广的秋栽甘蓝杂交一代良种，亩产 3 000kg 左右。

（6）鸡心包。该品种表现为早熟，冬性强，不易抽薹，耐寒、耐肥，不耐热，忌渍水和干旱。植株紧凑，尖头型，是多年的越冬春包菜主栽品种，亩产 1 500~2 500kg。

（7）春丰。该品种系杂交一代品种，表现为早熟，丰产，耐寒，越冬不易抽薹，外叶少，叶球胖尖形，结球紧实，亩产 3 000~4 000kg。系近年来越冬春包菜栽培的新优品种。

（8）昆甘一号。该品种系杂交一代品种，表现为叶球紧，牛心形，冬性较弱，品质好，抗病性较强，抗寒性较差，主要作早春甘蓝栽培，亩产 2 000kg 左右。

（9）紫玉–紫甘蓝。该品种长势旺盛，产量较高，低温结球肥大性好，高温结球性也非常出色，播种幅度大，可春、夏、秋三季播种。叶球包裹紧实，内叶紫红色光泽度好。叶球半圆球形，单球重 1.0~1.8kg，裂球特别迟，商品性佳。

（10）紫阳-紫甘蓝。该品种来自日本，适合春夏秋种植，中早熟，植株长势旺盛，栽培容易，单球重 1.5~2.0kg，正圆球形，颜色赤紫色，定植后 70~75 天可以收获，耐暑性、抗病性强。

（11）普莱米罗-紫甘蓝。该品种早熟品种，品质优良，生长势强，生长旺盛，栽培容易。定植后 75 天左右可收获，表现裂球晚，耐储运。

（12）紫特-紫甘蓝。该品种来自韩国紫色甘蓝，表现生长势强，生长旺盛，栽培容易，结球内部充实，球重 1.3~1.6kg，定植后 70 天左右可收获，为早熟品种，裂球晚，耐贮运。

（13）紫甘 2 号。该品种由北京市农林科学院蔬菜研究中心选育，为中早熟紫甘蓝一代杂种，从定植到收获 70 天左右。植株生长势强，开展度 56cm，叶面蜡粉多；叶圆球形，深紫色，紧实，不易裂球，耐贮运，球高 15cm，横径 15cm，单球质量 1.5~2.0 kg，营养品质好，花青素含量高；耐热，田间抗病毒病和黑腐病较好，一般每亩产量 5 000kg 左右，适宜春秋两季栽培。

（14）紫甘 3 号。该品种由北京市农林科学院蔬菜研究中心选育，为中晚熟紫甘蓝品种，从定植到收获 90 天左右。株型直立，开展度 62cm，外叶数 14 片，紫色，叶面蜡粉多，叶缘有轻波纹，无缺刻。叶球深紫色、紧实，圆球形，球高 16cm 左右，横径 15cm 左右，单球质量 1.5~2.0kg，质地脆嫩，味甘甜，不易裂球，每亩产量 4 400kg 左右，适于全国各地春、秋季种植。

四、种子生产关键技术

1. 原种生产技术

包心菜（结球甘蓝）为异花授粉作物，因此，种子生产的关键技术措施之一是要有良好的隔离条件，原种生产空间隔离距离要在 2 000m 以上，大田生产用种繁育空间隔离距离要在 1 000m 以上。

原种生产可采用混合选择法和母系法。具体程序是：越冬苞菜于 8 月中旬播种育苗，10 月定植，使植株在冬前长为成株，收获时选留具有本品种的典型性性状、生长健壮、抗病性强、叶球紧凑坚实不分裂、不抽薹的单株。在冬季可以越冬的地区将种株栽到留种田里，最好上面覆盖土杂肥或草帘越冬。冬季不能露地越冬的地方，可将选留的种株连根拔除假植于能安全越冬的地方（日光温室或阳畦中或地窖内越冬），保持根系完好，保留根系的吸收功能。次年早春定植于露地，并进行严格的隔离，隔离距离要求在 2 000m 以上。生长期间进行鉴定选择，淘汰未熟抽薹、受冻、感病、变异等劣株，留下的入选种株在畦内继续生长、观察鉴定，种子成熟后，如果采用混合选择法时可混合采种，如果采用母系法时则可将各单株分别采种，翌年分株种植，建立母系圃。再进行观察比较，从中选出具有本品种典型性状的若干个优良母系，成熟后混合收获即可作为原种。

2. 大田用种的生产技术

（1）成株采种法。该种法就是由种子—叶球—种子的采种方法。具体程序是：第一年秋季培育种株，播种与定植同一般大田生产，即 8 月底至 9 月初播种，9 月底至 10 月初定植，按生产田的管理办法加强田间管理，使植株在冬前长到成株。并在苗期、莲座期、结球期、抽薹期、成熟期分别进行一次严格选择，选择生长强健、抗病抗逆性好、抽薹整齐、角果形状均具有原品种特征特性的植株（空间隔离距离要求在 1 000m 以上）使之抽薹、开花、自然授粉结实，种株处理常见的有留心柱法、割球法、带球留种法。成熟后采收种子即为良种。

（2）小株采种法。该种法就是由种子—种子的采种方法，又叫半成株采种法，要求空间隔离距离在 1 000m 以上。具体程序在不同地区的不同气候条件下，生产方式和程序有多种。第一种方式是前一年底到当年年初苗床育苗，到2月底至3月初定植于采种田，夏季采收种子，这是华北地区常用的方法；第二种是冬前露地直播（10月播种），以小苗越冬，开春后间苗、去杂去劣，翌年夏季收获种子。小株采种法在生产种子过程中的苗期、莲座期、抽薹期、开花期、成熟期等阶段分别进行1次严格选择，要求选择生长强健、抗病抗逆性好、抽薹整齐、角果形状等均具有原品种特征特性的植株，淘汰杂、劣、病、弱植株，由于缺少结球性状拣选，所以小株采种法生产的种子仅供生产之用，不能进行种子繁殖使用。

3. 杂交制种技术

包心菜属异花受粉作物，杂种优势利用和杂交制种的关键技术是利用自交不亲和系配置杂交种，这也是目前国内外通行的技术方法，主要包括亲本保持与繁殖和配制杂交种2方面。

（1）亲本保持与繁殖。自交不亲和系（自交系）的繁殖技术，关键是要解决自花授粉不结实，蕾期需要（异花）授粉才能获得种子的问题。为了保持自交系的纯度，必须严格隔离防杂、适龄花蕾选择、花粉选择、授粉方式。

（2）配制杂交种。制种方式有露地、保护地、露地＋保护地。

技术要点：保证隔离条件，注意调节双亲花期，加强田间管理，授粉。注意：种子收获应视亲本性状而异，双亲均为自交不亲和系且正交、反交差异不大时，可将父母本种子混合收获，若正交、反交差异明显，则应分开收获，分别利用。

第五节　生　菜

一、概述

生菜，又称叶用莴苣，是一个能形成叶球、嫩叶的叶用莴苣变种，属菊科莴苣属中 1~2 年生草本植物。目前主要种植利用的有 3 个变种，即长叶生菜、皱叶生菜和结球生菜。长叶生菜叶片狭长直立，一般不结球或卷心呈圆筒状。皱叶生菜叶面皱缩，叶缘深裂，不结球。皱叶生菜按叶色又可分为绿叶皱叶生菜和紫叶皱叶生菜。结球生菜顶生叶形成叶球，叶球呈圆球形或扁圆球形等。结球生菜按叶片质地又分为绵叶结球生菜和脆叶结球生菜两个类型。绵叶结球生菜叶片薄，色黄绿，质地绵软，叶球小，耐挤压，耐运输。脆叶结球生菜，叶片质地脆嫩，色绿，叶中肋肥大，包球不紧，易折断，不耐挤压运输。生菜味甘、性凉，口感鲜嫩清香，营养丰富，据有关分析测定，每 100g 新鲜生菜含热量 15.00kcal，碳水化合物 2.1g，脂肪 0.40g，蛋白质 1.40g，膳食纤维素 0.60g，维生素 C 20.00mg，硫胺素 0.02mg，核黄素 0.06mg，烟酸 0.40mg，镁 18.00mg，钙 80.00mg，铁 1.20mg，锌 0.24mg，铜 0.09mg，锰 0.16mg，钾 206.00mg 磷 38.00mg，钠 159.00mg，胡萝卜素 360.00μg，维生素 A 60.00μg，硒 0.57μg，还具有镇痛催眠、降低胆固醇、清热爽神、清肝利胆、养颜养胃，辅助治疗神经衰弱、利尿、促进血液循环、抗病毒等药理作用。

根据生菜各生育期对温度的要求，黄淮流域露地春夏秋都可种植，利用保护设施冬季也可种植，若做到分期播种、可实现周年生产供应，以春秋季节栽培种植容易获得高产。春秋季栽培时要注意先期抽薹的问题，应选用耐热、耐抽薹的品种。目前，生

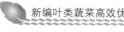

产上利用的半结球生菜有意大利全年耐抽薹、抗寒奶油生菜等；散叶生菜有美国大速生、生菜王、玻璃生菜、紫叶生菜等。

二、高产栽培技术要点

1. 施足基肥，高质量整地

由于生菜种子小，发芽出苗要求条件相对要好，所以，要施足底肥，种植大田或苗床土壤要求土壤肥沃，地面平整，土壤细碎、要求每亩施有机肥 2 000~5 000kg、过磷酸钙 20kg 或复合肥 50kg。粪肥撒匀（折合每平方米施入腐熟的农家肥 30~75kg，磷肥 0.025kg），深翻耕，整平畦面。常见的种植方法有直接播种（撒播、条播）和育苗移栽 2 种方式。当旬平均气温高于 10℃ 时，露地即可直接播种或育苗，低于 10℃ 时，需要采用适当的保护措施。播种前浇足底水，待水下渗后，在畦面上撒一薄层过筛细土，随即撒籽，撒种前应将种子与适量湿细沙混匀后撒播，以实现播种均匀，播后覆土厚 0.5cm 左右，2~3 片真叶及时间苗、5 叶定苗。直播每亩需要种子；育苗移栽每亩大田需要 25~30g 种子，需苗床 20~30m^2。

2. 做好种子处理

将种子用清水浸种 4~6 小时，搓洗捞出后用湿纱布包好，置放在 4~6℃ 的冰箱冷藏室中处理 1 昼夜后（也可用浓度为 0.2‰的"赤霉素"溶液浸种 24 小时即可打破生菜种子休眠），再置于 15~18℃ 温度下催芽，80% 种子露白时再行播种。播种时将处理过的种子掺入少量细沙土，混匀，再均匀撒播，覆土 0.5cm。播种育苗一般播种期为 8 月至翌年 2 月，适宜播种为 10 月中旬至 12 月中旬，3 月上旬至 7 月上旬亦可播种，不过生育期短、产量低。冬季和早春进行大棚或小棚栽培，夏季进行遮阳网或阴棚栽培。

3. 苗期管理

苗期温度白天控制在 16~20℃，夜间 10℃左右。在 2~3 片真叶时分苗。分苗前苗床先浇 1 次水，分苗畦应与播种畦一样精细整地，施肥，整平。移植到分苗畦按苗距 6~8cm 栽植，分苗后随即浇水，并在分苗畦盖上覆盖物。缓苗后，适当控水，利于发根、苗壮。

4. 及时移栽

当幼苗长到 5~6 片真叶时即可定植。定植时要尽量带土移栽保护幼苗根系缩短缓苗期，及时浇定根水，提高成活率。根据天气情况和栽培季节采取灵活的栽苗方法。露地栽培可采用开沟或挖穴栽苗后灌水的方法；冬春季保护地栽培，可采取以土稳苗的方法，即先在畦内按行距开定植沟，按株距摆苗后浅覆土将苗稳住；在沟中灌水，然后覆土将土坨埋住。这样可避免全面灌水后降低地温给缓苗造成不利影响，特别是隆冬初春栽培，应采用地膜覆盖或小拱棚、温室温棚栽培，白天温度控制在 12~22℃为适宜，温度过低应注意保温，温度过高（24℃以上）应揭膜通风降温，一般情况下，可使大棚裙膜敞开；高温季节定植的，应在定植当天上午搭好棚架，覆盖遮阳网，16：00 后移栽；栽植深度以不埋住心叶为宜。

5. 适时浇水与追肥

缓苗后 5~7 天浇 1 次水，春季气温较低时，水量宜小，浇水间隔的日期长；生长盛期需水量多，要保持土壤湿润；叶球形成后，要控制浇水，防止水分不均造成裂球和烂心；保护地栽培开始结球时，浇水既要保证植株对水分的需要，又不能过量，田间湿度不宜过大，以防病害发生。夏季露地育苗，注意用遮阳网覆盖，每天淋水 1~3 次，使土壤湿润。追肥 生菜以底肥为主，结球初期，随水追 1 次氮素化肥促进叶片生长；15~20 天追第二次肥，以氮磷钾复合肥较好，每亩 15~20kg；心叶开始向内卷曲时，再追施 1 次复合肥，每亩 20kg 左右，定植后 5~6 天追少量速效氮肥，15~20 天后每亩追复合肥 15~20kg，25~30 天后追复合肥 10~15kg，但中后期不可用人粪尿作追肥。定植后需水最大，应根据缓苗后天气、土壤湿润情况，适时浇水，一般每 5~6 天浇水 1 次。

6. 搞好病虫害防治

主要病害有霜霉病、软腐病、病毒病、干腐病、顶烧病等；主要虫害有潜叶蝇、白粉虱、蚜虫、蓟马等。叶用莴苣大都用于生吃，病虫害应以预防为主。加强田间管理等综合措施，化学防治应选用低毒、高效、低残留农药。蚜虫为害可用 40%乐果乳剂 600~800 倍液，或 50%避蚜雾 2 倍液等喷雾防治，菌核病可用 70%甲基硫菌灵可湿性粉剂 500~700 倍液或 50%扑海因粉剂 1 000~1 500倍液喷雾防治。软腐病在高温多雨月份易发生，可用浓度47%加瑞农可湿性粉剂 1 000倍液；或用 77%可杀得可湿性粉剂 500 倍撒喷雾防治，采收前的 15 天停药。

三、主要品种简介

（1）玻璃生菜。该品种又叫软尾生菜、散叶生菜。由广州市蔬菜科学研究所育成。由香港引入，经提纯选优的散叶类型生菜品种，株高 25cm，开展度 30cm。叶簇直立生长，散生，叶片近圆形-倒卵形，黄绿色，有光泽，叶面皱缩-有皱褶，叶缘波状，心叶抱合。叶柄扁宽，长 1cm，白色。叶群向内微抱，但不紧密，单株重 150~500g。生长期 60~80 天。耐寒，稍耐热。叶质脆嫩，纤维少，略甜，品质优，净菜率高。亩产 2 000~2 500kg，适于全国各地春秋种植。一般播种期 8 月至翌年 3 月。育苗移栽，苗期 25~30 天，4~6 片真叶定植，株行距14cm×18cm。

（2）结球生菜"皇帝"。该品种属早熟品种，生育期 85~90

天。叶片中等大小，绿色，外叶小，叶面微波，叶缘缺刻中等，叶球中等大小，很紧密，球顶部较平，单球平均重500g左右，品质优良，质地脆嫩，耐热性好，可做越夏遮阴栽培。一般冬春季保护地栽培12月下旬至翌年1月下旬播种育苗，3月中旬至4月中旬收获。春季露地栽培，2月中、下旬播种育苗，5月中下旬收获。夏季冷凉地栽培，4月上旬前播种，6月下旬收获。秋季保护地栽培，8月下旬至10月中旬播种，11月下旬至翌年1月中旬收获。播种期根据定植期而定，苗龄30~40天。行株距20×17cm。从定植到收获，结球生菜一般需要50~60天，过早采收产量低，过晚采收抽薹失去商品价值。

（3）红花叶生菜。该品种来源：原产德国，引自中国农业科学院。属于半结球类型，叶为绿色，边缘为紫色，平均单株550g，叶肉较厚，质柔嫩，叶略带苦味，品质佳，宜生食亦可熟食。生育期60~70天，从定植到收获30~40天。适应性较强，抗病虫能力极强，无需打药，可称为无污染蔬菜。抗寒性较强，能耐2℃低温。亩产可达5 000kg。栽培要点：花叶生菜属早熟、速生的叶菜类，要求冷凉的气候条件，适时早播种，根据不同的覆盖形式来决定播种期。在温室间、套栽时可在1月上中旬播种，2月中旬定植。大棚栽培可在2月上旬播种，3月上旬定植。露地和小棚栽培可于2月中旬播种，3月中下旬定植。亩施基肥4 000~5 000kg，亩保苗株数8 000~10 000株。生长中保证肥水供应，不能蹲苗，一促到底，适时早收。

（4）花叶生菜。该品种又名苦苣 叶簇半直立，株高25cm，开展度26~30cm。叶长卵圆形，叶缘缺刻深，并上下曲折呈鸡冠状，外叶绿色，心叶浅绿，渐直，黄白色；中肋浅绿，基部白色，单株重500g左右。品质较好，有苦味；适应性强，较耐热，病虫害少，全生育期70~80天。适合春、夏、秋季露地及大棚栽培。

（5）凯撒。该品种由北京市特种蔬菜种苗公司 1987 年从日本引进的结球生菜品种。极早熟，生育期 80 天。株型紧凑，生长整齐。肥沃土适宜密植。球内中心柱极短。球重约 500g，品质好。抗病性强，抽薹晚，高温结球性比其他品种强。适合春、夏、秋季露地及大棚栽培。是生产者较喜爱栽培的品种。

（6）京优 1 号。该品种由北京市农业技术推广站育成，曾用名"京优"。属极早熟结球生菜品种，全生育期 65～70 天，长势旺盛整齐，开展度 40cm×35cm，叶色翠绿色，叶缘缺刻深且较细密，外叶开展。叶球淡绿色，抱合紧实，单球重 400～500g。品质佳，口感好，耐寒性、耐热性均衡，抽薹较晚，种子白色。亩产量可达 2 000～3 000kg。适宜于春秋两季及早夏栽培，苗龄 25～30 天，行距 40cm，株距 30cm，每亩密度 6 000 株左右，每亩用种量 20g。栽培过程中注意氮、磷、钾肥均衡施用，适度灌溉，及时采收。适宜黄淮流域春秋两季和早夏种植。

（7）生菜王。该品种株高 20～30cm，开展度 30～40cm，叶卵圆形，嫩黄绿色，叶面较平滑，叶长、宽各约 20cm。单株重 300～500g，口感脆嫩，无苦味，生食、熟食品质均好。抗寒、耐热、抗病、生长速度快、丰产，商品性好，适宜春秋露地、保护地及冬保护地栽培。育苗移栽苗龄 30～40 天，平畦栽培，畦宽 1.8～2.0m，栽 5～6 行，株距 25cm，定植后 25～35 天收获，定植缓苗后加强肥水管理。亩用种量 25g 左右。

（8）大速生。该品种株高 20～22cm，开展度 30～35cm，植株生长紧密。抗叶灼病，适应性光，耐寒性强，散叶型，叶片多皱，叶缘波状，叶色嫩绿。生长速度快，生育期 45 天左右，从定植到收获，春栽 35 天左右，秋栽 20～25 天。品质甜脆，无纤维，不易抽薹。叶卵圆形-倒卵形，嫩绿色，叶面褶皱，叶缘波状，美观。单株重 300～450g，口感脆嫩，品质好。耐寒，抗病，生长速度快，不耐高温干旱。适宜春秋露地及保护地栽培。育苗移栽苗龄 30~40 天，小苗 4~5 片叶时定植，平畦栽培，株行距 20~25cm，定植缓苗后，加强肥水管理。亩用种量 15~20g。是春冬保护地栽培及露地生产的理想品种。

（9）紫生菜。该品种株高 25~30cm，开展度 33~40cm。叶长卵圆形，长约 25cm，宽约 16cm，叶缘波状，紫红色，美观，商品性好，叶质柔嫩、水分中等，单株重 200~450g。适于生食及做沙拉的配色蔬菜。适应性强，抗病，适于春秋露地及保护地栽培。育苗移栽苗龄 30~40 天，小苗 4~5 片叶时定植，平畦栽培，株行距 20~25cm。从定植到收获春栽 50~60 天，秋栽 35~40 天。定植缓苗后加强肥水管理，亩产可达 1 500kg 以上。亩用种量 15~20g。

四、种子生产技术

1. 原种生产技术

生菜的授粉方式为自花授粉作物，虽有少数异花授粉，但异交率一般不超过 1%。要求空间隔离距离 500m 以上，即原种田四周 500m 内不能有花期相同的其他生菜品种种子生产田。生菜种子为灰黑色、灰白色或黄褐色瘦果，种子千粒重 0.8~1.2g，而结球莴苣种子的千粒重 8~12g，前者为后者 1/10。播种前要求选用纯度较高的原种种子或原原种种子、育种家种子。种子发芽时对温度要求较低，4℃ 左右种子就可萌发，故在 3 月上中旬即可播种至 5 月初（春播采种；也可在 6—7 月夏播采种；9—10 月秋播采种；11 月上中旬翌年 2 月冬播采种），繁育种子以秋播、冬播为主要形式。播前用 70% 敌克松按种子重量的 0.3% 对种子进行药剂处理。选地整地要求同前，播前苗床浇透水，采用撒播或条播方式，播种量 60~80g/亩，播后浅耙覆土，然后覆膜保墒，通过地膜覆盖，保证地温在 15~20℃ 的最适宜发芽温度范围内。待菜苗出苗后，及时揭膜，通过低温锻炼，抑制幼苗徒长，提高抗寒性。一般苗期可浇水 1~3 次。用 0.1% 的磷酸二氢钾和 0.3% 的尿素水溶液叶面追肥 1~2 次，增产效果显著。为保证制种纯度，2~4 片真叶时，应及时拔除变异苗、弱苗、畸形苗和杂苗。定植前 7~10 天整地，结合整地，亩施磷酸二铵 15~20kg。定植采用平畦栽培，结合地势注意畦宽，确保浇水方便。移苗时间为生菜团棵后，一般在 5 月下旬为佳，中晚熟品种株行距 25~30cm 为宜。定植时，务必做到随栽随灌。浇定植水后一个星期，可根据墒情再浇 1~2 次缓苗水。定植后随水亩追肥尿素 10~20kg。生菜既怕干旱又怕潮湿，所以水分管理是关键，全生育期浇水 3~5 次，结球后期要适当控制浇水。在生长中后期，要根外追肥 3~4 次，以补充钙、硼、镁、铜等微量元素，这对提高产量十分重要。通过中耕和人工除草，确保田间无杂草。

病害主要为霜霉病，可用 50% 克菌丹 500 倍液进行喷洒 1~2 次防治。植株缺钙所引起的干烧病，可用 0.5% 的硝酸钙进行叶面喷洒防治。主要害虫为红蜘蛛，可用 73% 克螨特 1 000 倍液喷洒防治。

正常水肥管理下，生菜种子至 6 月中旬，种子陆续成熟。当种子显灰色或发黑、有光泽时，即可收获。采收时，按成熟情况逐棵割倒。为防止落粒，收割宜在清晨时进行。在地头铺放塑料布，将割倒植株放在上面晾晒，到下午即可通过人工摔抖，使种子脱落。由于采种方式差异，采收时间一般延后至 10 月中旬左右结束。采收到的种子，通过风选，将桔梗、花絮等杂物清除，确保种子净度在 98% 以上。筛选过的种子及时用防潮袋包装，放至阴凉处，防雨防鼠，以备销售，一般种子产量可达 60~80kg/亩。

2. 大田用种的生产技术

（1）不结球生菜的采种。此类莴苣的采种技术较简单。株选的标准是：植株生长健壮、旺盛，叶片多、叶色纯正，无侧枝，无病害，抽薹晚，符合本品种特征待性的植株；及时淘汰抽薹早的植株、杂株、劣株、变异株。北方地区采种于2月上旬温室播种，两叶一心至三叶分苗，注意及时间苗，保怔通风透光，在3月中下旬定植于繁种田中，行株距40cm×35cm，亩定植4 800株左右。繁种田应施足氮磷肥，5月中下旬开始抽薹，这个时期适量施钾肥，少施氮肥，浇水不宜过多，以增强茎秆的强度，茎伸长至50cm高时，应及时插架防倒，种子成熟时分批采收，一般在6月中下旬采收种子。

（2）结球生菜的采种。

①秋播成株采种：一般在8月下旬至9月上旬播种，加强田间管理（同大田生产），分别在出苗后至入冬时，除加强田间管理外，还应该多次进行田间选择鉴定符合本品种特征特性，生长健壮、高抗病虫害，适应性强的单株，及时淘汰杂株、弱株、病株、变异性植株，将入冬前当选的种株连根挖出，假植于温室温棚或者保温效果较好的土窑洞中，翌年惊蛰以后移栽到种子田，栽前需要将球叶剥开，不要损伤中心柱和生长点，保留外叶，这一工作在晴天进行，为防止剥叶球引起污染腐烂，可喷施300倍百菌清消毒。如中心柱又长出新叶片抱球时，要及时扒开，露出生长点，使其感受高温长日照条件下提早抽薹。栽后及时浇水保成活，4月中下旬抽薹，开花，5月下旬至6月中旬种子成熟，栽后除田间管理外，还应拣选成活好，抽薹整齐，注意淘汰病、弱、杂株。只收获成熟性好的当选株种子。

②春播成株采种：一般在2月下旬至3月上旬温室播种，3月下旬定植于繁种田。当植株结球后，选择符合本品种特征特性、外叶少、结球紧、无侧枝、无干烧心及其他病害的健株，将球叶剥开，不损伤中心柱和生长点，保留外叶，这一工作在晴天进行，为防止剥叶球引起污染腐烂，可喷施300倍百菌清消毒。如中心柱又新长出叶片又抱球时，要及时扒开，露出生长点，使

其感受高温长日照条件提早抽薹。注意不要连续打叶，以免形成难以愈合的伤口，造成病害侵染。种株根茎部易发生细菌性软腐，表现为上部姜蔫、根茎部腐烂溢脓，呈黑褐色，发病初期可用600倍加瑞农喷雾，病株及时拔起清除，并注意土壤消毒。华北地区5月上中旬开始抽茎，6月上中旬开花，7月下旬收获种子。

③春季小株采种：2月温室播种，3月下旬定植，结球前选择符合采种要求的优良单株，用20～10mg/kg赤霉素喷生长点，1周1次，并连续喷3次，代替长日照促进抽薹开花。

（3）种株后期管理。生菜种子分批成熟，收获期不集中。为了提高种子产量，要分批及时采收。原则上随熟随收。为了省工，多分两次采收，第一次在50%种子成熟时，花枝上部出现白色冠毛后，种子显灰色或发黑、有光泽时，即可收获。一般选在晴天上午剪取成熟种子的花枝晾晒。第二次在整株70%～80%种子成熟时，剪下所有花枝摆放在塑料薄膜上晾硒几天，让未熟种子充分后熟，然后脱粒、风、筛选种子。一般每亩种子产量可达30～50kg。

【思考题与训练】

1. 大白菜高产优质栽培技术要点有哪些？
2. 简述大白菜种子繁育生产技术要点？
3. 试述娃娃菜生产技术要点是什么？
4. 试述娃娃菜与大白菜在高产优质栽培技术方面的异同点有哪些？
5. 简述包菜（洋白菜）高产栽培关键技术？
6. 包菜（洋白菜）种子生产关键技术？
7. 结球生菜如何栽培管理才能获得高产优质？
8. 简述生菜种子如何繁殖生产？

9. 娃娃菜种子繁育技术要点是什么？

10. 简述百叶菜（塌菜）高产栽培与种子繁育技术要点？

11. 调查结球叶菜类蔬菜种子市场状况，根据自身生产条件，制定一份可行的种子繁育计划，内容包括品种名称、种子类型（原种或大田生产用种）、繁育面积、繁殖材料来源、具体技术措施、计划产量以及所需费用。

12. 某农户有耕地 10.59 亩，原来种植粮食作物，近几年生产条件得到改变，灌溉井渠配套，随着农村社区发展和新扩集镇建设形成，准备调整作物布局，今年秋季计划种植结球类蔬菜大白菜、包心菜、娃娃菜和结球生菜，请制定一个详细的种植计划方案，并预算出生产投资、收入及经济效益概况明细表。

第三章　香辛叶菜类

【学习目标】了解当地主要的香辛叶菜类蔬菜的种类、名称、生物学形态特性，生长发育特点，大田生产基本环节，关键栽培技术要点，熟悉其生产栽培全过程，市场需求状况及变化规律，能够科学高效的进行该类蔬菜种植栽培，能生产出更多的香辛叶菜类优质蔬菜；熟练掌握香辛叶菜类的种子繁育特点、种子生产基本方法、关键技术、基本环节与技术要点以及种子生产的全过程，能生产出各种香辛类蔬菜的优质种子以满足市场需求。

【小知识】香辛叶菜类特点与作用

（1）香辛叶菜类蔬菜当地常见的主要种类包括：芫荽、荆芥、茴香、芹菜、茼蒿、薄荷、韭菜、葱、蒜等，随着育种技术的改进、栽培技术的发展与提高、野生植物资源的不断开发与利用，香辛类蔬菜的品种及类型还会不断地引进、开发、改良、增加和丰富。

（2）香辛叶菜类蔬菜组织器官中常含有浓烈的特殊芳香气味、或含有挥发油及辛辣味，也是一种天然植物香（辛辣）料、保健品、医用药品的主要原材料。

（3）香辛叶菜类蔬菜不但含有丰富的营养物质，还能起到天然的调味作用，增强人们食欲，有的还具有杀菌、消炎、清热、泻火、明目等作用，属纯自然的无公害调（味）料。

第一节 芫荽（香菜）

一、概述

芫荽，又称香菜、香荽、胡荽，为伞形科芫荽属的 1~2 年生草本植物，芫荽以嫩叶片和叶柄供食，据测定，每 100g 鲜菜中含水分 94g、蛋白质 2g、脂肪 0.3g、碳水化合物 6.9g、粗纤维 1g、维生素 B_1 0.14mg、维生素 B_2 0.15mg、维生素 C 41mg、磷 49mg、钙 170mg、铁 5.6mg，胡萝卜素 3.77mg、尼克酸 1mg。

芫荽适生范围广，各地都有食用习惯，黄淮流域一年四季均可种植栽培，不但具有特殊香味，为香辛蔬菜，还具有药用价值，果实可入药。植株半直立，生长势强，株高 30~60cm，开展度 35~40cm，奇数羽状单裂片 4~6 对，椭圆形，叶深绿色，叶缘齿状，有 1~2 对深刻。一般亩产 1 500~2 500kg，高产可达 3 000kg以上。

二、高产栽培技术要点

1. 品种选择

芫荽品种分为小叶香菜和大叶香菜 2 种类型，大叶香菜植株较高，叶片大，缺刻少而浅，风味稍差，但生长快，产量高。小叶香菜植株较矮，叶片小，缺刻数多，深裂，香味浓，但生长缓慢，产量低，耐寒性强，适应性广。生产上多选择适应性广，冬性强，抽薹迟，耐寒，耐热，耐旱，病虫害少，品质好的品种。如永伟油叶香菜王、艾伦、韩国大棵香菜等。夏至早秋季节应选用耐热性好、抗病、抗逆性强的大叶香菜品种为宜。

2. 栽培季节

黄淮流域一年四季均可种植，以秋播的生长期长，产量高。

春、夏、秋采用露地栽培，冬季采用设施保护栽培。由于芫荽以嫩叶和叶柄为食，属营养生长期采收，表现为生长期短，采收时间弹性大，播种期灵活性大。一般保护性设施栽培多以11月至翌年3月；春播3—4月进行；秋播7—8月进行；夏播5—6月，夏季天热日照长，容易抽薹，病虫草为害多，栽培上要注意遮阳降温，还可与其他蔬菜间混套种，插空栽培；冬播9—11月进行。

3. 整地施肥

选择有机质丰富，土壤肥沃，保水，保肥力强，透气性好，排灌方便的微酸性或中性壤土为好，避免重茬种植，最好选择在3年内未种过芫荽、芹菜的地块上种植为好，以防发生菌核病、灰霉病、软腐病、病毒病、根腐病等土传病害。每生产100kg芫荽大约需从土壤中吸收纯氮0.3kg、磷0.1kg、钾0.4kg，氮磷钾比例约为3∶1∶4，为了保证香菜的品质和产量，做到土地用养结合，应重视氮、磷、钾配方平衡施肥，另外还应注意对钙、镁、硫、铁、锌等中、微量元素的补充。一般要求亩施腐熟农家肥3 000~5 000kg，磷酸二铵20~40kg，硫酸钾10kg或含钾复合肥25~30kg，深翻耕20~25cm，耙碎坷垃作畦，畦宽1.5~2m，达到畦面平整，上虚下实，以备播种，夏季多采用高畦栽培，防止汛期田间积水，秋、冬、春季多采用平畦栽培。

4. 种子处理

香菜种子种壳坚硬吸水发芽相对困难，播种前应将种子的果实搓开，将种子用1%高锰酸钾溶液或50%多菌灵可湿性粉剂300倍液浸种30分钟，捞出洗净，再用清水浸种12~24小时（中间最好换1次清水），捞出后空出多余水分（用新高脂膜800倍液拌种，能驱避地下病虫，隔离病毒感染，增强呼吸强度，提高种子发芽率），置于20~25℃条件下保湿催芽，待有30%种子露白时播种。

5. 播种方法

生产上常采用撒播法或条播法，播种量 2~3 kg/亩为宜。播前在畦内浇透水，待水渗后，将种子掺沙拌匀，均匀撒播，然后盖 1~2cm 厚的细沙土。播种若采用条播或穴播，应在畦内先开沟，行距 20~25cm，（穴距 10cm 左右、每穴播种 4~5 粒，播种量 1~1.5kg/亩），待水渗后播种，再用营养土覆盖 1~2cm 厚。播后随即用新高脂膜 800 倍液喷雾土壤表面，可保墒防水分蒸发、防晒抗旱、保温防冻、防止土壤表面板结和隔离病虫源，提高出苗率。或者覆盖旧草苫、稻草等遮盖物保墒保温。一般播后 7 天左右就可出齐苗，待幼苗大部分出土时，除去覆盖物。

6. 加强田间管理

（1）化学除草。

①芽前除草：用 48% 氟乐灵，以混入土中灭草效果最好，能被土壤胶体或土壤有机质强烈吸附，因而不易淋失，每亩用 150~200ml，对水 45kg 喷雾处理土壤后，用钉耙混土，5~7 天后再播种香菜。或者播种后用 33% 施田补每亩 100~125ml，对水 60~75kg 均匀喷湿地面。②苗后除草：在杂草 2~3 叶期，每亩用 15% 精稳杀得乳油 30~80ml，或用 6.9% 威霸乳剂 50~60ml，对水 45kg 对畦面株行间杂草进行喷雾。

（2）人工除草。出苗后及时除草，也可待到 2 片真叶时结合间苗、定苗进行人工除草。撒播田留苗距离 3~5m² 为宜。

（3）追肥。在苗高 3~6cm 时，每亩随浇水冲施碳酸氢铵 20~30kg 或尿素 8~10kg；收获前 30 天叶面喷施 1~2 次 0.3% 的磷酸二氢钾加 0.2%~0.5% 的尿素混合液 20~30kg/亩，以提高品质。

（4）水分管理。高温季节避免土壤过干，缺水时于早晚喷淋或小水轻浇，保持叶片鲜嫩，土表湿润。生长期间应根据天气、土壤润湿程度、植株生长情况等综合表现，做到适时合理浇水，一般全生育期需要浇水1~3次。浇后适时中耕保墒、以利蹲苗，促进根系发育。整个生长期间，要保持田间湿润，土壤疏松。中后期控制浇水，田面不要过量积水，温棚温室栽培应注意控制棚室内湿度。

（5）温度管理。温棚温室栽培，白天温度控制在15~25℃，过低要保温，过高（30℃以上）要通风降温、排湿。尽管芫荽能耐零下低温，但夜间不应低于8~10℃为好。夏秋栽培气温高，及时搭盖遮阳网和防虫网，加强通风，防止病害发生。

（6）病虫害防治。芫荽的病害有早疫、晚疫病、菌核病、灰霉病、软腐病、病毒病、株腐病等，虫害有蚜虫、白粉虱、美洲斑潜蝇等。

①病害防治：猝倒病用64%杀毒矾可湿粉剂500倍液防治；立枯病用72%普力克水剂800倍防治；叶枯病用71%甲基托布津可湿性粉剂800倍液或50%扑海因可湿性粉剂1 000~1 500倍液防治。

②虫害防治：蚜虫用10%吡虫啉可湿性剂2 000~3 000倍液，或用2.5%敌杀死乳油2 000~3 000倍液防治。

③棚室内挂银灰膜驱出蚜虫：在香菜植株上部挂黄粘板诱杀蚜虫、白粉虱、斑潜蝇成虫。设防虫网防白粉虱、美洲斑潜蝇成虫进入。在喷施防药剂的同时，加施新高脂膜，可有效提高药效，巩固防治效果。

7. 采收

通常株高20~40cm时即可开始采收。先选择拔除大苗，或用刀子在植株地面下部处割收，留下小苗继续生长。一般依据上市时间灵活掌握分次采收，这样不影响及时销售又可争取获得好的产量和效益。秋季播种，10—11月收获的，收获后可冻藏或沟藏，增加效益，延长供应上市时间。

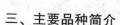

三、主要品种简介

（1）山东大叶。山东大叶为山东地方品种。株高45cm，叶大，色浓，叶柄紫，纤维少，香味浓，品质好，但耐热性较差。生长期50~60天。春季种植亩产650~1 000kg。秋季种植亩产可达1 300~2 000kg。

（2）北京香菜。北京香菜为京郊地方品种，栽培历史悠久。嫩株30cm左右，开展度35cm。叶片绿色，遇低温绿色变深或有紫晕。叶柄细长，浅绿色，每亩产量为1 500~2 500kg，较耐寒耐旱，全年均可栽培。

（3）原阳秋香菜。原阳秋香菜为河南省原阳县地方品种。植株高大，嫩株高42cm，开展度30cm以上，单株重达28g左右，嫩株质地柔嫩，香味浓，品质好，抗病、抗热、抗旱、喜肥。一般每亩产量为1 200kg。

（4）白花香菜。该品种又名青梗香菜，为上海市郊地方品种。香味浓、晚熟、耐寒、喜肥、病虫害少，但产量低，每亩产量为800~1 000kg。

（5）紫花香菜。该品种又名紫梗香菜。植株矮小，塌地生长。株高7cm左右，开展度14cm。早熟，播种后30天左右即可食用。耐寒，抗旱力强，病虫害少，一般每亩产量为1 000kg左右。

（6）四季香。该品种为安徽望江县经济作物技术研究所育成。经多年试种，该品种耐高温，耐寒性强，品质优、产量高，一年四季均可栽培种植，称为芫荽新品种——四季香。一般每亩产量为700~1 000kg，高产可达1 500kg以上。

（7）韩国大棵香菜。该品种又名长梗芫荽，棵大，产量高，香味浓。叶和嫩茎均可食用，可用于凉拌生食、炒食、腌渍或做汤时调味用，是药、食两用的保健蔬菜。每亩产量达6 000~

8 000kg，经济收入是常规品种的 4~6 倍。韩国大棵香菜植株半直立，生长势强，株高 40~50cm，适应性强，耐寒、冬性强，抽薹迟，品质好，产量高，商品株单株重量可达 125g。

（8）崂山伏芫荽。该品种为山东省崂山县地方品种。植株半直立，生长势较强，食用成株高度多在 25cm 左右，叶为奇数羽状单叶，最长叶柄 33cm 左右，叶绿色，叶柄绿红色，单株叶数 12 片以上，该品种适应性强，耐寒、冬性强，春季抽薹迟，耐高温，品质好，产量高，一般亩产量可达 1 000~2 000kg。

四、种子生产技术

1. 原种生产技术

香菜（芫荽）属伞形科，为顶生复伞形花序，无总苞；伞梗数条，小花梗短，密集成团；花萼 5 裂，花冠 5 瓣，边花花瓣大小不等；雄蕊 5 个，雌蕊 1 枚，柱头两裂，子房下位，2 室，为双悬果，黄褐色，近圆球形，果皮光滑而较厚，复粒种子，有棱，以果实为播种材料，种子使用年限 1~2 年。是虫媒花异花授粉植物，品种间容易天然杂交，要严格实行隔离种植，防止生物学混杂。

原种生产可采用混合选择法和母系法。具体程序是：选择隔离条件达标的地块，隔离距离要求 2 000m 以上。生产香菜原种应选择纯度高的原原种子或育种家种子于 9 月中下旬直接播种或育苗，10 月中下旬定植，使植株在冬前长为成株且处于抗冻害能力最强阶段越冬，选留具有本品种的典型性性状、生长健壮、抗病性耐冻性强、叶型、叶色、叶柄、株型均符合品种特性，将选留的种株做好标记。在春季返青后及时鉴定筛选冻害轻的种株再次标记，抽薹期、开花期、成熟期在留种田里进行复选，抽薹整齐的单株。生长期间多次进行田间鉴定选择，随时拔除变异劣株、杂株、受冻、感病、过早过晚抽薹等被淘汰的单株，对入选种株在种子成熟后还要进行室内的考种决选，如果采用混合选择法时可混合采种，如果采用母系法时则可将各单株分别采种，下年则分株种植，建立株行圃或母系圃。第 3 年再进行株系（母系）观察比较，从中选择出具有本品种典型性状的若干个优良株（母）系，成熟后分别单收单晒分系繁殖原种，或混合收获后，即可作为简易原种。

2. 大田用种生产技术

（1）成株采种法。具体程序是，黄淮流域第一年秋季培育种株，即 9 月底至 10 月初播种或 10 月下旬定植，按一般生产大田的管理办法加强田间管理，使植株在冬前长到成株。并从中选择生长强健、具有原品种特征特性的植株。若在当地不能安全越冬时，可在上冻前连根挖出冬贮在能安全越冬的温室温棚内或保温窖中，注意根系土壤水分含量 75%～85% 为宜。第二年春季将种株重新栽植在隔离区内（空间隔离距离最少要求在 1 000m 以上），加强田间管理，促使其抽薹、开花、自然授粉结实。成熟后采收种子即为大田生产用种。

（2）小株采种法。在不同地区的不同气候条件下，生产方式有多种，且空间隔离距离要求在 1 000m 以上。第一种方式是前一年底到当年早春露地直播或苗床育苗，到 2 月底至 3 月初定植于采种田，这是华北地区常用的方法；第二种是冬前露地直播（11 月播种），以小苗越冬，开春后间苗、去杂去劣，翌年夏季收获种子；第三种是埋头采种法，关键点是在入冬土壤封冻前播种，以种子萌动状态在土壤中越冬，播种时间掌握在昼融夜冻时期，日平均气温在 3～4℃ 进行。小株采种法生产的种子仅供生产之用。播种与冬前管理均同一般大田。秋季以平均气温 20～25℃ 播种为宜。发芽率 80% 以上的种子每亩用种量 1.5～2kg。播种前种子晾晒 2 天，然后把种子搓成两瓣（因香菜种颖壳内为两粒种子）以提高种子发芽出苗率。因香菜种子有 5～6 个月的休眠期，当年种子发芽率仅为 50%～60%，到第二年则可高达 90% 以上，故应选用鲜黄、色亮、粒度饱满、有浓香味的上年收获的种子为好。

香菜种子进入黄熟期时，植株上部子粒呈黄绿色，茎秆开始枯黄，叶片变黄脱落，全田有 30%～40% 果实变黄，75%～80% 的果实呈现黄绿色，大部分种子种皮处于变色阶段，分枝上端少部分果实为绿色，此时是收获采种的最佳时期。为防止"落粒"，可在清晨露水未干时收割，晾晒 2 天，子粒脱水变硬后，用人工扑打或机械轻度镇压，以防破粒。为保证种子发芽率、纯度和商品性，注意单收、单打、单晒、单独贮存，严防混杂。脱粒后种子要及时晾晒，直至晒干后再进行风选、装袋贮藏。

第二节　茴香

一、概述

茴香从形态上可分为小茴香、大茴香和球茎茴香 3 种类型，叶菜用茴香又名小茴香、香丝菜、怀香、小怀香，茴香苗是集蔬菜、香料、调味、医药、食用、化妆于一身的多用植物，植物分类上为伞形科茴香属小茴香种多年生（1～2 年生）宿根草本植物，性喜温暖，适应能力较强，茴香原产地中海沿岸及西亚。我国各地普遍栽培，一般在 4—9 月露地栽培种植，在有温棚温室等设施条件下可周年生产。黄淮流域露地栽培多以春、秋两季为主，以嫩茎、叶作蔬菜食用，每 100g 食用部分中含水分 92.9g，蛋白质 2.3g，碳水化合物 2.2g，脂肪 0.3g，粗纤维 0.8g，钙 150mg，磷 34mg，铁 1.2mg，胡萝卜素 2.61mg，维生素 B_1 0.05mg，维生素 B_2 0.12mg，维生素 C 28mg，尼可酸 0.7mg，具有特殊茴香气味、微甜、辛，其香气主要来自茴香脑、茴香醛、茴香醚、茴香酮等香味物质。茴香的叶片羽状分裂，裂片线形，表面有白粉。夏季开黄色花，复伞形花序，果椭圆形，黄绿色。适于砂壤土生长，忌在黏土及过湿之地栽种。

球茎茴香又称结球茴香或甜茴香，为小茴香的一个变种，与小茴香形态相似。其食用部位为叶鞘基部相互抱合形成的肥厚肉质球状茎，具有独特茴香气味。茴香果实可做香料及药用，有温肝肾、暖胃气、散寒结的作用。由于食用量不大，所以，各地均有零星栽培。

二、高产栽培技术要点

1. 选择适宜品种

尽管茴香有大茴香、小茴香和球茎茴香 3 种，但叶菜类茴香品种均为小茴香和球茎茴香，以小茴香较常见。

2. 精细整地

小茴香根系分布较浅，因此，整地要细致。每亩施用优质农家肥 3 000kg 以上、过磷酸钙 50kg，同时，深翻地 20~25cm，打碎土坷垃作畦，畦宽 1.5~2.0m，浇足底墒水，以备播种。

3. 高质量播种

播前将种子放入凉水中浸泡 12~24 小时，并进行搓洗，然后在 18~20℃ 条件下催芽，待种子露白时开始播种。也可用 5mg/kg 赤霉素稀释液浸泡 12 小时，以促进发芽。播种可用撒播或条播，每亩用种量 5~6kg。秋冬栽培可加大用种量到 7~8kg。条播时行距 10~15cm，开沟深度 2~3cm。播后立即浇水，保持气温在 15℃ 以上，畦面湿润，以利出苗。

4. 加强田间管理

出齐苗后及时间苗，保持 2~4cm 的株距，结合间苗进行拔草。茴香忌高温，在 15~20℃ 时生长良好，低于 4~5℃ 易受冻害，温度达 25℃ 时，应加强通风。当苗高 10cm 左右时进行追肥，亩施尿素15kg，结合追肥进行浇水。若多次收获，每次应当采收大苗留小苗，收获后及时追施氮肥并浇水促苗早发快长。

茴香不耐旱，只有充足的水分供应，才能达到高产优质的目的。出苗期应该保持土壤湿润，以利出苗。出苗后控水蹲苗，促使幼苗健壮生长，保持土壤见干见湿。待苗高10cm以上时，浇水易勤，保持土壤湿润，直至收获。

5. 病虫害防治

小茴香生长期间主要病害有菌核病、白粉病等，虫害有地蛆、蚜虫等。病害用70%代森锰锌可湿性粉剂600~700倍液或75%百菌清可湿性粉剂500~600倍液防治。地蛆用500倍的敌百虫灌根，蚜虫用2.5%溴氰菊酯乳油2 000倍稀释液喷洒防治。

6. 合理收获

待苗高达20~30cm时开始收获。若一次收获时可连根拔起，也可拔大苗留小苗。若多次收获，则于地表2~3cm处进行割取，每亩产量可达2 000kg左右，割后次日浇水撒施肥料促近地面处叶的腋芽生长，15~30天后待苗高25cm左右再次收割，一般可收割3~4茬。若种植于温暖地区及较好的土地上，每年能收割茎叶4次左右，若种于寒冷而瘠薄的地块，只能收割2~3次。一般是在茎叶生长繁茂、薹茎快达开花初期时收割，留茬高3cm左右为宜；留茬过高萌发新薹不好，留茬过低影响下次产量；一般第一次产量最高，以后递减，每年每亩可产鲜茎叶3 000~4 000kg。温暖地区作多年生栽培者，连续收割3~4年后植株老化产量下降，应更新另地再种植。

三、主要品种简介

（1）荷兰球茎茴香。该品种是北方地区主要种植，由荷兰引进的品种。植株高度70cm左右，叶长及开展度均为50cm左右，羽状复叶，小叶深裂成丝状，绿色。叶鞘膨大为球茎，着生在缩短茎上，扁球形，浅绿白色。从播种到采收球茎，需要55天左右，单球重0.5kg，亩产2 000kg。

（2）意大利球茎茴香。该品种是20世纪60年代末至70年代初从意大利引入并推广。该品种株高约54cm，开展度47cm，叶形和叶色与大茴香相似，基部叶鞘肥大呈扁球形，球茎纵径11cm，宽6~7cm，厚3~7cm，球茎重0.3~0.5kg。

（3）大茴香。该品种株高30~45cm，全株有5~6片叶，叶柄长，叶距大，生长快，春季栽培抽薹较早。该类型在山西、内蒙古等省区栽培较多。

（4）小茴香。该品种植株较矮，一般株高25~35cm，全株有7~9片叶，叶柄较短，生长较慢，春季抽薹较晚。小茴香按种子形状又分圆粒种和扁粒种。圆粒种生长期较短，抽薹较早，产量较低。扁粒种适应性强，抽薹较晚，再生能力强，生产中相对较多见，该品种在京、津、黄淮等地栽培上较多用。

四、种子生产技术

1. 原种生产技术

茴香从形态上可分为小茴香、大茴香和球茎茴香3种类型，无论是哪一种，目前生产上所用的种子均为常规品种。茴香属异花授粉作物，虫媒花，花为复伞形花序，花小呈两性，黄色或黄绿色、紫色，从开花到种子成熟30~40天。繁种时应注意与其他类型、品种的空间隔离距离不能少于2 000m，以防昆虫传粉而混杂。种植出苗后需要一定低温（4℃左右）才能通过春化进而分化花芽。春化后又需要在较长的日照和较高的温度下才能抽薹开花。因此，一般采用2年生植株采种，也可用小株采种，即当年早春播种当年收获种子。

原种生产多选用大株（老根）采种方法：根据植株生长年限又可分为2年、3年、4年及多年老根采种。一般种株年限愈久，主茎愈粗，分枝数越多，种子质量愈好，种子产量愈高。一般亩产种子量 80~125kg，高产者可达 150kg 以上。大株（老根）采种法关键技术要点在播种当年不采种，收割 3~4 次后留做种株，养根壮株，留根茬越冬。第一年播种时要选用纯度相对较高的育种家种子或原种，各项管理措施同生产大田，在苗期或初冬期重点选择株型、叶形、生长势、抗逆行符合其品种特征特性的优良单株，冬季保护好植株根系安全越冬（在高寒地区若不能安全露地越冬的，需要覆盖保暖材料或者在封冻前将种株挖出，尽可能保持根系完整，及时入窖假植保湿窖藏或深埋藏越冬），第二年春季移栽到选种田中采种，或者再收割 3~4 次后留做第三年用种株（老根母株采种）。采种田四周 2 000m 以内不能有其他茴香品种同时期开花，既原种生产空间隔离距离要求 2 000m 以上。为了发挥单株优势，栽培密度要比生产田小，种株行距 60~70cm，株距 40~50cm 为宜，每亩留苗 2 500 株左右。栽后加强田间管理，一般在发芽期、苗期、叶丛生长期、抽薹现蕾期、开花期、坐果期、果实（种子）成熟期多次田间观察，及时淘汰或拔除不符合本品种典型性状的劣株、变异株。当选株种子混收即为原种种子，关键是严格母株选择，受粉时期严防混杂，防串粉，及时淘汰变异株，劣等株，病弱株。

2. 大田用种的生产技术

（1）成株（老根）采种方法。一般采用春播或秋播，播种时需要选用纯度较高的原种或育种家种子，各项管理措施同一般生产大田，在苗期或初冬期重点选择株型、叶形、生长势、抗逆行等符合其品种特征特性的优良单株，冬季保护好当选植株根系安全越冬。第二年将鉴选种株（或入窖贮藏的种株）移栽到采种田中，采种田四周 1 000m 以内不能有其他同时期开花的茴香品种，保证空间隔离距离在 1 000m 以上。移栽密度要求行距 50~60cm，株距 30~40cm 为宜，每亩留种苗 3 000 株左右。栽后加强田间管理，在发芽期、叶丛期、抽薹现蕾、种子成熟期，多次田间鉴选，要求及时拔除、淘汰不符合本品种典型性状的劣株、变异株。当选单株混合脱粒，晒干扬净，检验种子纯度、净度、干湿度等达到大田生产用种标准。

（2）小株采种方法。小株采种法是当年播种当年收获种子的繁育方法。采种田四周1 000m以内不能有其他同时期开花的茴香品种，保证空间隔离距离达标。以采种为栽培目的的茴香，宜在早春播种（2月下旬至4月上旬直接播种），播种前最好进行浸种、催芽处理，有利通过春化阶段，播种时行距50～60cm，株距20～40cm，播后覆土1～1.5cm，一般直播每亩需要种子3～4kg，管理同生产田，在苗期、抽薹期、开花期、成熟期分别在田间进行严格拣选，及时拔除和淘汰不符合本品种典型性的变异株、劣株、病株。8—9月当果皮由绿色变黄绿色而呈现出淡黑色纵线时，即为成熟期，要及时采收。小株采种成本低，省工，但种子质量较差，产量也低，还应注意开花期易遇雨季，对种子的产量和质量有一定影响，小茴香抽薹期长，花果期不一致，果实陆续成熟，最好分批采收，分批晾晒脱粒，扬净杂质入库保管备用，一般亩产种子100～150kg。

第三节　荆　芥

一、概述

荆芥，又名线芥、四棱杆蒿、香荆芥等。为唇形科荆芥属一年生草本植物，主要以鲜嫩的茎叶供作蔬菜食用，也可作佐料，具有特殊的香味，香气甚浓，富含营养成分，全株可供药用，具有解表、散风、透疹、止血之功效。主治感冒、头痛、咽痛、麻疹不透、荨麻疹、皮肤瘙痒等病症。荆芥在整个生长期间几乎不会受病虫为害，是一种经济效益高、很有发展前途的无公害、保健型辛香蔬菜。一般株高 60～100cm。茎直立，方茎，基部稍带紫色，上部有分枝，全株被短柔毛。叶对生；叶片羽状深裂，裂片 3～5 片，两面均被柔毛，背面具凹陷腺点，叶脉不明显。花为轮伞花序，多密集于枝端，形成穗状；花小，淡紫色；花萼钟形，先端 5 齿裂；花冠 2 唇形，上唇 2 裂，下唇 3 裂；雄蕊 4 枚，2 强；子房 4 裂。小坚果 4 枚，卵形或椭圆形，长约 1mm，表面光滑，棕色。花期 6—9 月，果期 8—10 月。

对荆芥嫩茎叶营养成分测试结果表明，嫩茎叶中维生素 B_2、维生素 C 和胡萝卜素含较高，是一般蔬菜含量的 2～10 倍，每百克鲜菜中含钙（Ca）0.92mg、含铁（Fe）36.7mg、含铜（Cu）0.79mg、含钾（K）0.45mg、含锰（Mn）1.3mg、含锌（Zn）0.99mg、含镁（Mg）0.21mg，其含量远远高于一般蔬菜，嫩茎叶还富含人体必需的各种氨基酸，氨基酸组成合理，荆芥嫩茎叶是一种集营养、保健和药用功能于一体的宝贵名菜资源。

二、高产栽培技术要点

1. 选地、整地

荆芥适应性强，对土壤要求不严，高产栽培宜选择地势稍高，排灌方便，土壤疏松肥沃、排水、透气性能良好的地块，每亩施基肥用腐熟的优质农家肥 4 000～5 000kg、饼肥 70～80kg、三元素复合肥 25～30kg，撒匀基肥后深翻耕 25～30cm，细耙平整后做成宽 1.5m 左右的小畦备用。

2. 播种育苗

荆芥可采用直播，也可采用育苗移栽；撒播、条播和穴播均可。一般以收获幼苗为主的多用直播。播种前应对种子进行筛选、晾晒，拣出其中的杂质杂物，然后用清水浸泡 12～24 小时，以促使种子内部新陈代谢加快，增强成活力，提高发芽率。捞出后待种子表面无水时掺拌适量细沙或细土，使播种更均匀，种子与沙土的比例为 3∶1，搅拌均匀后即可播种，播种量每亩需要干种子 1kg 左右。一般行距 20~40cm，开沟深 2~3cm，先浇底墒水，待水下渗后撒种或定植，覆土。原则上土地肥力薄的行距小些，土地肥沃的行距可大些。定植时要大小苗分开，尽量栽植健壮苗，穴距 10~20cm，每穴栽植 3~4 株。也可采用高垄栽培，除大田栽培外，还可在房前屋后栽培或室内盆栽。

采用育苗移栽，宜选择排灌方便，土壤疏松肥沃的地块作苗床，一般做成 1~1.2m 宽的高床，每平方米苗床撒施腐熟的优质农家肥 5~6kg 做基肥。均匀撒播（或条播、穴播）掺有适量细砂或细土的种子，苗床面积与移栽大田面积比例一般为 1∶（10~15）。播种后，要保持畦面土壤湿润，以有利出苗。

3. 种植方式

黄淮流域冬季和早春应利用温棚温室等设施防寒保温栽培，夏季和初秋应适当遮阳保湿，一年四季均可播种育苗和定植移栽，出苗后于一对真叶时及时间苗，有真叶 3 对（苗高 15cm 时）左右时带土移栽，保持苗距 5cm 左右，亦可采用穴盘式育苗移栽种植。

4. 加强田间管理

当苗高 6~10cm 时，间去过密的弱苗、小苗。当苗高 10~15cm 时进行定苗，如有缺苗，应将间出的大苗、壮苗带土移栽，并适时浇水，保持土壤湿润，坚持干旱浇水、雨涝排水，切忌积水。每次采收后，每亩施用腐熟的人畜粪尿或沼气发酵液肥 1 500~2 000kg，或者追施尿素或硫酸铵 15~20kg，重视杂草清除，做到施肥后及时浇水、适时中耕松土；也可结合中耕松土和培土每亩施厩肥 800~1 000kg、三元素复合肥 10~15kg。夏季初秋要遮阳 40%~50%，并经常浇水和喷叶面水。冬季或早春应利用拱薄膜或塑料大棚、中棚、温室等栽培，在夜间用电灯补光处

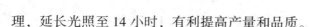

理，延长光照至 14 小时，有利提高产量和品质。

5. 搞好病虫害防治

荆芥抗病虫害能力较强，一般不需要用农药防治。荆芥病害有根腐病、立枯病、黑斑病、茎枯病。防治措施如下。

① 实行轮作，每 3~5 年要轮作 1 次。

② 播前每公顷用 70%敌磺钠（敌克松）15kg 处理土壤，或者用 1∶1∶100 波尔多液预防。

③发病初期用五氯硝基苯 200 倍液浇灌根际；或者用 50%甲基硫菌灵 1 500 倍液，或者用 50%多菌灵 500~600 倍液防治，或用 50%甲基硫菌灵可湿性粉剂 1 000 倍液喷雾防治。虫害主要有银纹夜蛾、地老虎、蝼蛄等，地老虎和银纹夜蛾幼虫，发生初期喷苏云金杆菌乳剂、灭幼脲或者用杀灭菊酯农药防治。地下害虫用辛硫磷进行土壤处理，毒饵诱杀。

6. 适时采收

荆芥定植后，苗高 15~20cm 时开始采摘嫩茎叶，以后每隔 1~2 周采收 1 次，采摘的嫩茎叶及时上市或外运销售。

三、主要品种简介

荆芥主要有尖叶品种和圆叶品种。圆叶品种茎较粗，节间短，叶片肥大、脆嫩、品质好，故一般栽培多选圆叶品种。

（1）尖叶荆芥。该品种植株较高，茎较细，节间长，分枝性强。叶瘦小，披针形，品质较差。

（2）圆叶荆芥。该品种株高中等，茎较粗，节间短，叶片肥大，所以，也叫大叶荆芥，叶片深绿色，生长势强，叶片比一般尖叶荆芥品种要大，味更鲜美，香味更浓郁，产量一般比其他荆芥品种增产 50%左右，亩可产鲜菜 3 500kg 以上。

（3）郑研超级大叶荆芥王。该品种是一种圆叶品种类型荆芥蔬菜，叶片嫩绿色，生长势强，叶片比一般大叶荆芥品种要大，菜味更鲜美，香味更浓郁，产量一般比其他荆芥品种增产50%左右，亩产菜 3 500 以上。

（4）紫荆芥。紫荆芥由中国农业科学院蔬菜研究所选育的优良新品种。特征特性：根系较发达，主要分布在 10~20cm 的耕层内。全株有稀疏柔毛，株高 45~60cm，叶茎均呈紫色，茎钝四棱形，叶对生，全缘，叶片卵圆形，叶腋多分枝，花分层轮生，成轮伞花序。该品种生育周期短，再生力强，一年中适宜生长的季节长，具有喜湿耐热、耐阴怕淹、耐瘠薄、不择地、对土壤要求不严格、耐旱等特性。富含芳香性植物油，以叶片含量最高，味鲜美。一般以嫩茎、叶作蔬菜或佐料，生熟食均可，以作凉拌佐料蔬菜食用较多。栽培要点：一般于早春或伏秋直播，采用平畦撒播、点播或条播均可，播种后用细土薄盖种子，5~7 天出土。真叶出现后，间除双株苗及杂草，一般间苗 2~3 次，定苗苗距 8~10cm。亦可以育苗移栽，育苗移栽时，定植株行距 8cm×15cm 为宜。施肥以基肥为主，农家肥 2 500kg/亩，复合肥 20kg/亩。追肥人粪尿 2 500kg/亩或尿素 20kg/亩，分 3~5 次施入。干旱时要及时浇水。苗高 6~7cm 时，开始间拔幼苗食用，以后可连续收获嫩茎、叶，现蕾后仍可以采摘嫩茎叶。采收嫩茎叶时应注意每次留下 2~3 个侧芽。

（5）裂叶荆芥。裂叶荆芥形态与普通荆芥相似，唯叶的最终裂片较宽，呈卵形或卵状披针形，花穗较大而疏，苞叶卵圆形，带蓝紫色比萼片长 1/2，分布于东北、华北、青海等省区。

四、种子生产技术

1. 原种生产技术

荆芥属穗状花序生在枝的顶端，花小而密集，每轮 6 朵花，对生，花冠白色，二唇形，上唇 4 裂（4 瓣）中央两瓣较小，下唇 1 裂。雄蕊 4 枚。浅紫色。子房上位，结 4 个小坚果。种子黑色，三棱、长椭圆形。为自花授粉作物，所以，原种生产需要空间隔离距离小（一般要求空间隔离距离最少四周 500m 内不能有花期相同的异品种荆芥种子生产田），原种生产多采用母系法和单株选择法。通常是在原原种繁育田或原种繁育田内进行选株，选择品种典型性特征明显的单株，让其自然授粉结子成熟。生产上多采用开春后 3 月中旬至 5 月上、中旬直播（或在 2 月底 3 月初温室温棚育苗，4 月下旬至 5 月上旬进行露地移栽定植），在出苗后，及时定苗，加强田间管理（方法见栽培部分），苗期至收获前，多次田间观察鉴选，选留具有本品种典型性性状、生长健壮、抗病性强、叶柄紧凑、品质优良、晚抽薹的单株。将选留的种株做好标记，单收单存放。然后再进行收获后的室内考种，从株高、结实性、籽粒饱满度、千粒重、品质等方面鉴定选择综合性状好的单株，下年进一步繁殖观察选择。其余未当选种子混合作为大田普通生产用种子。

第二年，将上年当选种子分株行种植（直播或育苗移栽）株行圃，为了便于比较，可在株行间种植若干行对照种或间隔 20 个株行加 1 个对照种。繁种田要施足有机肥，要高质量整地、做到畦面平整，一般畦宽 1.5~2m。直播时，行距 30cm、株距 5~8cm，播种前作好种子处理，严防混杂。出苗后至收获前，多次田间观察拣选，特别是在苗期、抽薹期、开花期、成熟期要重点观察比较，选择表现好的株行，及时淘汰劣行、变异、退化的株行，最后将当选株行单收、单晒、单存备用。

第三年，将上年当选株行种子分别种植（直播或育苗移栽），建立株系圃，为了便于比较，仍需要在株系间种植对照种或间隔 10~20 个株系加 1 个对照种。田间管理、施肥、畦面平整、播种等同前。出苗后~收获前，多次田间观察拣选，重点在苗期、抽薹期、开花期、成熟期要仔细观察比较，选择表现好的株系，及时淘汰劣系、变异系、退化的株系，最后将当选株系分别单收、单晒、考种合格后混合作为原种繁殖材料备用。

第四年，将上年选出的系种，混合种植（直播或育苗移栽），播种前可进行种子处理，生长期间进行鉴定选择，随时淘汰过早过晚抽薹、感病、变异等劣株，留下的入选种株在畦内继续生长、观察鉴定，种子成熟后，及时收获、脱粒、晾晒、入库保存。一般条件下，种子产量每亩 25~40kg，种子寿命 3~4 年，生产使用年限 2~3 年。

生产上为了缩短原种生产年限，也有用混合采种法，也称为简易原种生产法，即在纯度较高的繁种田内，采用大量选择符合品种典型性的优良单株，成熟后混合收获作为下年繁殖材料使用。混合选择法所产种子，没有母系鉴定选择过程，简化观察比较、鉴定选择程序，从而使选出具有本品种典型性状的种子质量相对来说要稍次一些，建议混合法生产的原种，一般只用于生产大田用种使用。

2. 大田用种的生产技术

大田生产用种的种子生产一般有埋头采种（即在入冬之前播种，翌年春季出苗，然后抽薹、开花、结实、采种）、育苗移栽（一般在 2 月上旬至 3 月上旬，先在阳畦或温室温棚中育苗，4月中下旬露地移栽定植）和露地直播（华北地区一般在 4 月中下旬）3 种方式。以春季露地直播繁种比较常用。

具体程序如下。

（1）地势。种子生产田宜选择在地势平坦，排灌方便，空间隔离距离符合要求（最少四周 300m 内不能有花期相同的异品种荆芥种子生产田），土质肥沃疏松的壤土地块。

（2）基肥。播种前施足基肥，每亩施有机肥 2 000~3 000kg，过磷酸钙 50kg 和 20kg 速效氮肥，撒施均匀，土壤深耕、精细整地、规划打畦，畦宽 1.5~2.0m。

（3）种子处理。即播种前晒种，再用 20℃左右温水浸种 20

~24小时，捞出沥水，保湿保温催芽，待种子萌发"露白"时播种。

（4）播种。播种方式条播、穴播、撒播均可，以条播省工较常用。播种规格因品种、土地肥力、管理水平等而异，多以行距25~50cm，株距10~20cm为宜，每亩用种量一般1~1.5kg。

（5）管理。种子田的管理基本同生产大田管理，此处，不再赘述，参见高产栽培管理。

（6）鉴选。做好田间鉴选，重点在苗期、抽薹期、开花期、成熟期及时进行田间观察、选择，及时淘汰生长势差、感病、变异、退化的劣株杂株，选择保留生长健壮、发育良好、具有原品种典型性特征的植株留种使之抽薹、开花、自然授粉结实。

（7）采收。及时采收种子，一般在6月上中旬至6月下旬开花，7月上中旬至7月下旬种子成熟，应掌握在种荚刚刚变黄时及时收获，以保证种子产量和质量，种子过熟后自然脱落影响产量。一般每亩的种子产量25~40kg。

第四节　薄　荷

一、概述

薄荷，又名水薄荷、苏薄荷、蕃荷叶、鱼香草、菝荷、人丹草、升阳草、夜息花、蕃荷菜、升阳菜等。为唇形科薄荷属多年生宿根性草本植物，全株具有浓烈的清凉香味，是一种适应性强、分布范围较广的菜、药兼用的有特殊芳香气味的植物资源。根状茎细长，白色或白绿色，具节。地上茎基部稍倾斜向上直立，茎四棱形，上部被倒向微柔毛及腺点。单叶对生，长圆状披针形、披针形、或椭圆形，两面沿叶脉密生微毛或具腺点，叶缘基部以上具整齐或不整齐扁尖锯齿。轮伞花序腋生，常由多朵花密集而成；花萼管状钟形或钟形，外面密生白色柔毛及腺点；花冠淡紫色，外被微毛，冠檐 4 裂。小坚果长圆形，黄褐色，无毛，花期 6—10 月，果期 9—11 月。

薄荷有疏风散热、开胃的作用。对于伤风感冒、哮喘、急性眼结膜炎、咽痛等病症有良好的疗效。薄荷营养价值丰富，嫩茎叶含有维生素 B、维生素 C、胡萝卜素、薄荷酮及多种游离氨基酸。嫩茎叶营养成分测试结果表明，薄荷嫩茎叶中维生素 B_2、维生素 C 和胡萝卜素含较高，是一般蔬菜含量的 2~10 倍，每百克鲜菜中含蛋白质 6.8%、含脂肪 3.9%、含薄荷油 1% 左右，其中，右旋薄荷酮占 42.9%，左旋薄荷酮占 33%，含维生素 E（T）4.69mg、含核黄素 0.4mg、含磷（P）22mg、含钠 17.5mg、含钙（Ca）341mg、含铁（Fe）4.2mg、含铜（Cu）2.09mg、含钾（K）0.45mg、含锰（Mn）1.75mg、含锌（Zn）1.64mg、含镁（Mg）133mg、其含量远远高于一般蔬菜，嫩茎叶还富含人体必需的各种氨基酸，氨基酸组成合理，薄荷嫩茎叶是一种集营养、保健和药用功能于一体的宝贵名菜资源。

鲜嫩叶片多制成饮品如薄荷茶、薄荷酒；焯熟后凉拌、与肉丝炒食或裹面炸食。薄荷不宜久煎，表虚自汗者不宜食用。薄荷主要采用地上茎、根状茎和种子繁殖。生产上常用的繁殖方法为根状茎繁殖和秧苗繁殖。

世界薄荷属植物约有 30 种；薄荷包含了 25 个种，除了少数为一年生植物外，大部分均为具有香味的多年生植物。中国现有 12 种，栽培类型以胡椒薄荷、苹果薄荷、绿薄荷较常见，野生的有辣椒荷、欧薄荷、留兰香圆叶薄荷及唇萼薄荷等。

二、高产栽培技术要点

1. 土地选择及整地

薄荷田应选择地势平坦，靠近水源，浇水、排灌方便，土质疏松，中等肥力以上的地块为宜，若田块高低不平，雨水较多时低洼的地方往往由于积水造成种根霉烂，地上部落叶严重，严重影响产量。前茬作物以冬小麦、豆类、绿肥、油菜为宜。种植前要求土地深翻 25cm 以上，并结合深翻施腐熟的有机肥 1 000~2 000kg/亩，磷酸二铵复合肥 15~20kg/亩、尿素 8~10kg/亩，钾肥 10~15kg/亩、且与土壤混合均匀作为基肥，深耕后耙糖平整待栽播。

2. 繁殖方法及种植技术

薄荷可以用种子繁殖，或用无性繁殖。无性繁殖有根茎繁殖、分株繁殖和插枝繁殖 3 种。

（1）种子繁殖法。一般于春天播种育苗，每亩用种量为 1~2kg，播种至发芽需 20 天左右。当苗高 15cm 左右时移栽大田。此法幼苗生长缓慢，易产生变异，成苗后植株萃取精油的品质较差，因此生产上一般很少采用。

（2）根状茎繁殖。栽植期为 10 月下旬至翌年 3—4 月，栽前在种子田将根茎挖出，截成 20~30cm 长的小段，按行距 20cm 开沟，沟深 6~10cm，按株距 10~15cm 放入种茎 2~3 条，覆土压实，每亩需根状茎 100~150kg。

（3）秧苗繁殖。选生长良好，品种纯一，无病虫害的田块作留种地，秋季收割后，立即中耕除草并追肥一次，翌年 4—5 月苗高 10~15cm 时，陆续拔苗移栽。按行株距 20cm×15cm 挖穴，深 6~10cm，每穴栽 1~2 苗，盖土压紧，浇水保墒。

（4）扦插繁殖。一般在 5—6 月将地上茎枝切成 10cm 长的插条，在整好的苗床上，按行株距 7cm×3cm 进行扦插育苗，待生根、发芽后移植到大田培育。无论用哪种繁殖方法，一般栽植 1 次，均可连续采收 2~3 年。大面积栽培多采用简单易行的分株繁殖法。

3. 播种方法

在生产上常用根状茎繁殖。应选择一年生粗壮、新鲜、无病虫危害的地下茎段或者匍匐茎作种根，种根挖出后应立即播种，最好随挖随栽。栽前可用 50% 多菌灵可湿性粉剂 600~800 倍溶液进行喷施处理，用根量 100~250kg/亩。薄荷种根宜选用整条播种，因种根顶端上的芽具有生长优势，而节上的芽相应地会受到抑制而不萌发。采用整条播种，养分供给充足，出苗壮而有力。但是如种根紧张，或为快速扩大新品种，则可以切断种根，每一段保留 2~3 个节，播后要及时镇压或浇水，保持土壤湿润，有利于每一节上的芽苗萌发，否则，易造成种根干枯而不易出苗。同时，还要开好排水沟防止积水过多，造成种根霉烂而影响出苗。

4. 定植时间和方法

薄荷定植时间一般分秋植和春植，秋植一般在 9 月中下旬至 11 月下旬土壤封冻前完成、春植一般在 2 月中下旬至 4 月中旬为宜，在早春尚未萌发之前移栽，可适当延长生长期，实现早栽早发芽，有利于高产。但两者比较以秋植为好，秋植也要选择最佳时间，过早播种，气温较高，种根当年出苗，冬天地上部分易冻死，春天虽可出苗，但因种根内部养分已耗损，影响幼苗生长和产量；播种过晚，土壤冻结，难以保全苗。春播由于缓苗和出苗时间较长而挤占了生长期，以致影响产量。定植方法 整好地后，采用机犁开沟条播，行距 20~40cm，沟深 6~8cm，栽种前从种苗田挖出种根，切成 10~15cm 长的茎段，按 6~10cm 株距将种根平放沟内，边摆边覆土，覆土深度 5~7cm，栽后立即镇压。栽植密度 1.5 万~1.8 万株/亩，高肥田 1.5 万株/亩，中低肥 1.8 万株/亩。

5. 加强田间管理

主要抓好以下管理工作。

（1）定植（播种）后要浇足定根水，使土壤保持湿润，出苗后及时查苗补缺，补栽后立即浇水，确保全苗。

（2）齐苗后，应注意中耕除草，保持田地疏松无杂草。分别在苗高 5~10cm 时、封行前（分枝期）、收割前田间观察去除杂株杂草，确保田间植株生长良好。

（3）苗期要做到浇 1 次水、松 1 次土，严格去杂株（去除杂株一般在苗期和现蕾始花前进行，依据所种薄荷良种的形态特征，及时将野杂薄荷苗连根拔起，为保证纯度，应反复多次清理）。

（4）化学除草。禾本科杂草在 3~5 叶期，用精稳杀得 75~100ml/亩或 12.5%盖草能 60~100g/亩对水 40kg 田间喷洒，阔叶杂草用 25%苯达松水剂 200~250g/亩对水 40kg 田间喷洒。

（5）适时施肥，最好能结合中耕除草进行，一般苗期轻施、中期重施、后期少施的原则，在苗高 5~15cm 时根据苗情施尿素 5~8kg/亩，苗高 40cm 左右，重施分枝肥尿素 10~15kg/亩，施肥后及时浇水。蕾花期要重施肥，施入量为 20~30kg/亩，同时可以用喷施宝 5~10ml/亩或磷酸二氢钾 200g/亩叶片喷施，可防止早衰、防止落叶，连喷施 2~3 次效果更理想。薄荷幼苗期根系尚未形成，需水量不大，但要及时小水灌溉，浇好促苗水，一般每隔 15~20 天灌一次水，全生育期灌水 5~6 次。总体来说苗期、分枝期需水较多，现蕾开花期对水分需求较少，收割前 4~5 天停止灌水。还要注意摘心打顶，当植株旺盛生长时，要及时摘去顶芽，促进侧枝茎叶生长，有利增产。

6. 病虫害防治

主要抓好薄荷锈病防治：发病初期用 25%粉绣宁可湿性粉剂 500~1 000 倍液，每隔 7~10 天喷洒 1 次，连喷 2 次；薄荷黑茎病防治：发病初期用 40%多菌灵胶悬剂 500 倍液，每隔 7~10 天喷 1 次，连喷 2 次；薄荷红蜘蛛防治：点片发生时用 73%克螨特乳油 50ml/亩对清水 40~50kg 田间喷洒。

7. 适时采收

一般薄荷主茎长到 20cm 左右时，就可采摘嫩茎叶做鲜菜食用。在有设施条件下一年四季都可采摘，黄淮流域露地栽培以5—10 月产量最高，品质也最好。温暖季节每隔 15~20 天采收 1次，寒冷季节每隔 30~40 天采收 1 次。每次采收后每亩要追施一次粪水或 0.3%尿素液 1 500kg。干旱天气及时浇水；阴雨天气及时排水。苗高 30cm 时打顶 1 次，以促使侧枝分发，增加有效茎叶数。由于薄荷油在花蕾期含量最高，薄荷脑在盛花期含量最高，因此，若作为药用材料提炼薄荷油、薄荷醇、薄荷脑等，最佳收获期应该在花蕾期至盛花期，即主茎 10%~30%花蕾盛开时收割，在一天当中又以 11：00~15：00 含油最高。头道薄荷收割后，应立即追肥 1 次：每亩追施尿素 10kg、磷酸二氢钾 10kg，为增加薄荷油产量，还可在薄荷生长期喷施薄荷增产剂，一年可收割 2~3 次。

三、主要品种简介

薄荷香味最能被人接受的是绿薄荷。观赏性最好的是凤梨薄荷和斑叶金钱薄荷。保健性能最佳的是胡椒薄荷，它兼有多种薄荷的药效。

（1）亚洲 39 号。该品种为多年生，根系分布为 0~10cm，以匍行根为主，分枝多，耐旱，适合河滩地堰生长。无论旱地、水地都能越冬，以种根繁殖为主。该品种一年可收获幼嫩茎叶多次，提取薄荷油一年可收枝叶 2~3 次，一般第一次收获在小暑后大暑前；第二次在寒露后霜降前。薄荷种根一般于秋季 11 月栽植，对土壤要求不严，适应沙性土和微酸性土，在偏碱性土上亦能生长。每年亩产薄荷鲜嫩茎叶 1 600~2 500kg；若蒸馏薄荷油，每年收割 2 茬，分别在 7 月初、10 月初当全田植株开花率达到 15%时收割，产油量可达 17.50~20.00kg。

（2）海香 1 号。该品种由江苏省海门县农科所选育而成具双亲优点的无性杂交品种。其特点是生长势旺，需肥量少，抗逆性略差于"68-7"，但出油率较高，品质好，含脑量高，一般在 80%以上。该品种植株高大，一般在 100cm 左右，茎方形，叶片大，头刀叶长 12.4cm，二刀 7.4cm，叶宽 4.2cm。叶缘锯齿深而密，并带微紫的叶晕，匍匐茎紫色，地下茎长而白，地上部生长旺盛，分枝较多。全年新鲜嫩茎叶产量每亩 3 000kg 左右，亩产薄荷油 13~15kg，香味清润。高产技术要点如下。

①适时播种：合理密植。秋播以 11 月中下旬为宜，播种量每亩 75~100kg（地下茎），播幅 30~60cm，行距 20~30cm，盖土 4.5~6cm，头刀苗要掌握在每亩 2 万~3 万株，二刀苗数约在 15 万株。

②合理施肥：海香 1 号有一定抗瘠能力，前期可以少施肥，追肥在 5 月底 6 月初施入。

③松土壅根：出苗以后，要进行松土壅根，防止倒伏。

④提纯复壮：建立留种田，薄荷品种容易变异退化，在田间要严格去杂去劣，保持良种特性。注意轮作换茬。以 1：10 的比例建立留种田，以保持和提高优良性状。

（3）江西 1 号、2 号。该品种由江西省中医中药研究所选出的 2 个良种。1 号属于青茎类型，2 号属于紫茎类型，其生活力、分枝力强，产叶量高，栽培过程中未发现锈病。且含油量高，干全草出油率达 2.6%~4.27%，其中，含脑量达 83%~85%。

（4）薄荷 351。该品种为上海中国薄荷育种场选育出的优良品种。特点是节间短、分枝多，老茎下端呈紫色，叶绿色，老熟时变成黯绿色，生长发育健壮，干全草出油率 1.5%左右，其中含脑量 80%以上，锈病很少发生。

（5）73-8。73-8 为上海香料工业科学研究所培育出来的一个高产油薄荷品种，植株较粗短，分枝部位多而细，叶小而密，先端较圆，香味浓，品质优，叶的出油率可达30%。

（6）海选。海选由江苏省海门县农科所选育而成的一个优质新品种。该品种品质较好，含脑量达85%~88%，苧烯、胡椒酮、异薄荷酮的含量均低于之前的栽培品种。同时，其香气纯，各项质量指标均符合我国薄荷油出口的要求。

（7）80-A-53。该品种由江苏省海门县农科所选育而成，其香气纯正、品质优良、丰产性好，具有抗倒性、耐盐性、中抗"黑胫病"、中等耐旱、抗逆性强等特点。

四、种子生产技术

1. 原种生产技术

薄荷为唇形科多年生宿根草本植物，属异花授粉作物，自花不能结实。花为轮伞花序，腋生，花冠唇形，花冠长4~5mm，正常发育的花有雄蕊4枚，有的薄荷品种花朵较小，雄蕊退化，仅残留有雄蕊退化的痕迹，雌蕊1枚。一年开花2次，花期分别在7月上旬和9月上旬，自现蕾至开花10~15天，自开花到种子成熟大约20天。薄荷种子属于小坚果，浅褐色或褐色，卵圆形或长卵圆形，长约1mm，千粒重0.1g左右，每千克种约1 000万粒。

薄荷种子繁育生产，有有性繁育（种子生产）和无性繁育（营养苗扩繁）等多种形式，且多以无性繁殖较常见。

（1）无性繁殖。建立留种田，培育优良原种苗。为充分发挥薄荷无性繁殖优势，给大田生产提供纯度高、质量好、数量足的种根种苗，生产上多以留种田进行营养体——植株繁殖。从出苗开始，及时进行田间鉴选，严格去杂去劣，随时拔除杂品种、变异株、退化株、感病株。留种田要加强管理，要给予比一般大田生产较为优越的栽培管理条件，培育出健壮、高产、高含有效成分的薄荷种根种苗。

（2）原种生产。为有性繁殖或种子繁殖，多采用单株选择法。播种时间、播种方法、株行距配置及田间管理参见前面高产栽培技术部分，这里不再赘述。关键技术是在原原种繁育田或纯度较高的原种繁育田中选择具有其品种的典型性性状、生长健壮、抗病性强、株型紧凑、叶片茂盛、叶色正常、叶片宽窄、长短、厚薄、香味的浓淡、分蘖能力强弱等符合原品种特点的优良单株作为种株，做好标记。为了选株方便，采种田采用稀播或单粒播种。从出苗——成熟的整个生育期内，特别是苗期、抽薹期、现蕾期、开花期、成熟期田间多次观察、鉴定、选择，及时淘汰杂株、变异株、感病株、退化株，当选株让其自然授粉，成熟时单独脱粒，下年进一步观察选择。也可混收作为简易繁殖材料供下年繁殖原种使用。

当年播种的繁殖材料出苗后，多次观察鉴定，及时拔除杂株、变异株、感病株、退化株后，对当选种株掐头去顶，延缓进入生殖生长，使种株一直处于营养生长阶段，促使其匍匐茎、地下茎生长。越冬后，于3月底到4月初将所选单株连根挖起，去掉根上泥土，留须根3~5cm，其余的剪掉，将地下茎分割成多段（分株）。若有抽出的新叶一般不剪，过长时也应剪掉一些。只留5cm左右，目的是减少叶面水分蒸腾，缩短移栽后的缓苗期。对植株进行以上处理后，定植于采种田，定植时要注意淘汰根部感病的植株，定植密度应比同一品种的大田生产稍低。采种田要求选择土质肥沃、排灌方便，隔离条件符合要求（繁种田四周2 000m以内不能有花期相同的异薄荷品种的种子生产）的田块或地区。开花后让各植株自然授粉，种子成熟变成黑褐色后，混合采种即为原种。

2. 大田用种的生产技术

在采种田或纯度较高的大田中选择具有本品种的典型性性

状、生长健壮、抗病性强、株型紧凑、叶片茂盛、叶色正常、叶片宽窄、长短、厚薄、香味的浓淡、分蘖能力强弱等符合原品种特点的优良单株作为种株，做好标记，并及时拔除杂株、变异株、感病株、退化株。为了选株方便，采种田应该稀播或单粒播种，当年对地上茎多次刈割，延缓进入生殖生长，使种株一直处于营养生长阶段，促使其匍匐茎、地下茎生长以培育更多的地下茎、匍匐茎。越冬后，于3月底至4月初将所选单株连根挖起分成小段，保留须根上的泥土，留须根3~5cm，其余的剪掉；已抽出的新叶一般不剪，过长时也应剪掉一些。只留5cm左右，目的是减少叶面水分蒸腾，缩短移栽后的缓苗期。对植株进行以上处理后，定植于采种田，定植时要注意淘汰根部感病的植株，定植密度应比同一品种的大田生产稍低。采种田要求选择土质肥沃、排灌方便，隔离条件符合要求的田块或地区（四周1 000m内不能有花期相同的其他薄荷品种繁种田）。开花后让采种田各植株自然授粉，种子成熟变成黑褐色后，混合采种即可作为大田用种利用。

第五节　茼　蒿

一、概述

茼蒿，又叫蓬蒿菜、蒿菜、蒿子秆、菊花菜等，属菊科菊属1~2年生草本植物。茼蒿是以幼嫩茎叶供食用的蔬菜，黄淮流域春、夏、秋均可露地栽培，冬季利用温室温棚保护设施栽培，可实现周年生产。茼蒿适应性较强，栽培容易，生长期短，可间作套种，也可作为主栽蔬菜的前后茬插空栽培，而且易获高产。据测定每100g鲜茼蒿中含水分93.6g，蛋白质1.9g，脂肪0.3g，碳水化合物3.9g，膳食纤维1.2g，维生素C 3.6mg，维生素 B_1、

维生素 B_2 分别为 0.04mg 和 0.18mg，维生素 E 0.92mg，尼可酸 0.4mg，硫胺素 0.4mg，核黄素 0.9mg，烟酸 0.6mg，胡萝卜素 1.7mg，还含有钙 130mg，磷 42mg，铁 32mg，茼蒿嫩茎叶中含有 13 种氨基酸，其中，丙氨酸、天门冬氨酸和脯氨酸含量最多，茼蒿具有特殊的清香气味，营养丰富，纤维少，品质优，食之风味独特，是蔬菜中的一个调剂品种，也是快餐业、火锅城、自助餐等不可缺少的一道爽口菜。茼蒿还容易栽培，生长快、周期短，可作保护地、露地主栽蔬菜的前、后茬搭配和间套、插空栽培的高效蔬菜品种类型。

茼蒿植株含有一种挥发性的精油，具有特殊的清香气味，对病虫有独特的驱避作用，因此，茼蒿病虫害相对较少，一般很少喷施农药，是理想的无公害蔬菜或者适宜作为无公害蔬菜栽培。它属于半耐寒性蔬菜，喜冷凉温和而湿润的气候，怕炎热。土壤相对湿度保持在 70%~80%、空气相对湿度 85%~95% 的环境下有利于其生长，在温度适合（10~30℃）条件下，周年均可播种，种子在 10℃ 即可正常发芽，发芽最适宜温度 15~20℃，10~30℃ 范围内均能生长，最适宜生长温度 17~20℃ 近年来，12℃ 以下，30℃ 以上生长缓慢。能耐短期的 0℃ 低温，30℃ 以上生长不良，叶片小而少，质地粗老、茎秆细弱，产量明显降低。冬、早春、晚秋季节保护地种植越来越普遍。一般播种后 40~50 天收获，温度低时生长期延长至 60~70 天。

二、高产栽培技术要点

1. 整地施肥

播种前应选肥沃的沙壤土或壤土地栽培有利高产，整地前要施足基肥，每亩施入腐熟有机肥 2 500~3 000kg、磷酸二铵 20~25kg 或氮磷钾复合肥 30kg，均匀撒在田内，翻耕耙平做成平畦，畦宽 1.5~2m，畦内再次耙平轻压，以防灌水后下陷。

2. 及时播种

无论直播或育苗，茼蒿种植主要采取撒播或条播，播种后覆土 1cm 左右，耙平镇压。春播一般在 3—4 月，早春播种天气还比较冷凉，常伴有倒春寒现象，因此，播种后需要在畦面上覆盖保温材料（作物秸秆、地膜或旧棚膜）防寒保温，待天气转暖，幼苗出土后揭开覆盖物。为了促进发芽出苗，播前应进行催芽处理，方法是将种子放在温水中浸泡 12~24 小时，捞出滤干，在 15~20℃ 条件下催芽，待种子露白时拌草木灰或细沙少许（便于种子分离）后即可播种。夏种一般在 5—6 月，夏种或早秋种植由于温度偏高应注意遮阴防高温日晒，每天浇（洒）水保持土壤湿润，一般 6~7 天出齐苗。秋种一般在 8—9 月，冬种一般在 11 至翌年 2 月，要利用保护性设施栽培。撒播用种量要多点，一般每亩 3~4kg，条播用种量要少点，一般每亩 2~3kg；小叶品种适于密植，用种量大，每亩 2~2.5kg；大叶品种侧枝多，开展度大，用种量小，每亩 1kg 左右。

3. 及时间苗除草

当幼苗长到 10cm 左右时，小叶品种按株、行距 3~5cm^2 间拔，大叶品种按 20cm^2 间拔，同时，铲除杂草。

4. 浇水与施肥

幼苗出土后开始肥水管理，浇水时间和次数要灵活掌握，以保持土壤湿润为标准，一般在苗高 10~12cm 时开始追肥浇水。每次采收前 10~15 天追施 1 次速效性氮肥，每亩施硝酸钾 15kg，尿素 8kg 左右。

5. 病虫害防治

茼蒿抗病虫害能力较强，一般不需要施用农药防治病虫危害，若发生炭疽病和霜霉病，可用 72% 普立克 1 000 倍液喷雾防治。若有蚜虫发生时喷施 10% 吡虫啉 1 200~1 500 倍液防治。

6. 及时收获上市

当幼苗长到20cm左右时,有13~14片真叶时收获,不宜太晚,以免影响品质。小叶品种在近地面一次性拔除或割收,洗净根部泥土,捆把上市。大叶茼蒿收获比较灵活,可一次性采收完,也可以采取1次播种多次采收,方法是:收获时留主茎基部4~5片叶或1~2个侧枝,用手掐或小刀割上部幼嫩主枝或侧枝,捆把上市,隔20天左右掐1次。每次收完及时浇水追肥,以促进侧枝萌发。

注意:①温室温棚栽培适宜选用较耐寒,香味浓,嫩枝细,生长快,成熟早,生长期40~50天的小叶品种。②应选择前茬未用过普施特、豆磺隆等长残效除草剂的地块种植。

三、主要品种简介

(1)大叶茼蒿。该品种又称板叶茼蒿、宽叶茼蒿或圆叶茼蒿。叶片宽大呈匙状,叶片大而肥厚,长18cm,宽10cm,叶面皱缩,绿色,有蜡粉。叶柄长1.4cm,宽0.35cm,浅绿色,叶簇半直立,叶缘缺刻少而浅,叶肉厚,嫩茎短粗,香味浓,质地柔嫩,纤维少,品质好,产量高。抗寒力差,比较耐热,生长慢,以食叶为主,适宜在夏季或南方栽培,春季种植亩产800~1 200kg,秋季种植亩产1 200~1 500kg。

(2)小叶茼蒿。该品种又称花叶茼蒿、细叶茼蒿。叶缘缺刻深,叶片狭长形细碎,长12cm,宽5cm,绿色,叶面较平,有不明显的白茸毛,稍弯袖。叶柄长2cm左右,浅绿色,叶肉薄,质地稍粗,品质稍差,幼株鲜嫩,香味浓。适应性强,产量较低,比较耐寒,生长期短,嫩茎和叶均可食用,为北方主栽类型或秋冬季节保护性设施栽培适用品种,一般亩产1 500kg左右。

(3)上海圆叶茼蒿。该品种是上海地方品种,属大叶型品种,叶缘缺刻浅,生长势较强,以食嫩茎叶为主,分枝性强,品

质好，产量高，但耐寒性不如小叶品种，一般亩产 1 500~
2 000kg。

（4）蒿子秆北京农家品种。该品种是北京市郊地方品种，
为食用嫩茎叶的小叶型品种。茎较细，主茎发达，直立。叶片狭
小，倒卵圆形至长椭圆形，叶缘为羽状深裂，叶面有不明显的细
茸毛。耐寒力较强，产量较高，一般亩产 1 500~2 000kg。

（5）花叶茼蒿。该品种是陕西省地方品种，属小叶型品种，
叶狭长，为羽状深裂，叶色淡绿，叶肉较薄，分枝较多，香味
浓，品质佳。生长期短，耐寒力强，产量较高。适于日光温室和
大棚种植，一般亩产可达 1 500~2 000kg。

（6）板叶茼蒿。该品种由中国台湾农友引进，半直立，分
枝力中等，株高 21cm 左右，开展度 28cm。茎短粗、节密，淡绿
色。叶大而肥厚，稍皱缩，绿色，有蜡粉。喜冷凉，不耐高温，
较耐旱、耐涝，病虫害少，适于日光温室和大棚种植。

（7）金赏御多福茼蒿。该品种由日本引进，为大叶茼蒿。
根浅生，须根多。株高 20~30cm。叶色浓绿，叶片宽大而肥厚，
呈板叶形，叶缘有浅缺刻。纤维少，香味浓，品质佳。生长速度
快，抽薹晚，可周年栽培，一般亩产 2 000kg 以上。

（8）香菊三号茼蒿。该品种由日本引进，中叶种。叶片略
大，叶色浓绿有光泽，茎秆空心少，质地柔软，植株直立，节间
短，分枝力强，产量高，耐霜霉病性强。

四、种子生产技术

1. 原种生产技术

茼蒿为头状花序，单花舌状，深黄色或黄白色，单瓣或重
瓣，着生在主茎和侧枝顶部，常招引昆虫进行异花授粉。所以，
原种生产需要严格的空间隔离，隔离距离要求 2 000m 以上。原
种生产多采用单株选择法和母系法，具体程序如下。

第一年，选择纯度较高的繁殖材料，通常是在原原种繁育田或原种繁育田内进行选株，选择品种典型性特征明显的单株，开春后在 3 月中旬至 5 月上、中旬直播（或在 2 月底 3 月初温室温棚播种育苗），4 月下旬至 5 月上旬进行露地定植，使植株在秋末长为成株结子成熟。在出苗后，及时定苗，加强田间管理，具体方法见栽培部分，苗期至收获前，多次田间观察拣选，选留具有本品种的典型性性状、生长健壮、抗病性强、叶柄紧凑、品质优良、晚抽薹的单株。将选留的种株做好标记，在收获后进行室内考种，选择综合性状好的单株种子分株单收单存，进一步观察选择，其他混合作为大田普通生产用种子。

第二年，将上年当选种子分株行露地播种（或育苗移栽），仍然要注意隔离距离需要符合要求，繁种田要施足有机肥，要高质量整地、做到畦面平整，一般畦宽 1.5～2m。直播时，行距 30cm、株距 5～8cm，播种前作好种子处理，严防混杂。出苗后至收获前，多次田间观察拣选，特别是在苗期、抽薹期、开花期、成熟期要重点观察比较，选择表现好的株行，为了便于比较，可在株行间种植若干行对照种或间隔 20 株行加一个对照种，及时淘汰劣行、变异、退化的株行，最后将当选株行单收、单晒、单存备用。

第三年，将上年当选种子分别露地播种（或育苗移栽），建立株系圃。注意隔离距离要符合 2 000m 以上的要求，田间管理、施肥、畦面平整、播种等同前。出苗后至收获前，多次田间观察拣选，重点在苗期、抽薹期、开花期、成熟期要仔细观察比较，选择表现好的株系，为了便于比较，可在株系间种植对照种或间隔 10～20 个株系加 1 个对照种，及时淘汰劣系、变异系、退化的株系，最后将当选株系分别单收、单晒、考种合格后混合作为原种繁殖材料备用。

第四年，将上年选出的系种，混合露地播种（或育苗移栽），播种前可进行种子处理，生长期间进行鉴定选择，随时淘汰未熟抽薹、感病、变异等劣株，留下的入选种株在畦内继续生长、观察鉴定，种子成熟后，及时收获、脱粒、晾晒、入库保存。一般条件下，种子寿命 2~3 年，生产使用年限 2 年。

生产上为了缩短原种生产年限，也有用混合采种法，称为简易原种生产法，即在纯度较高的繁种田内，采用大量选择符合品种典型性的优良单株，成熟后混合收获作为下年繁殖材料使用。混合选择法所产种子，没有母系鉴定选择过程，简化观察比较、鉴定选择程序，从而使选出具有本品种典型性状的种子质量相对来说要稍次一些，建议混合法生产的原种一般只用于生产大田用种时使用。

2. 大田用种的生产技术

茼蒿大田生产种子一般有埋头采种（即在入冬之前播种，翌年春季出苗，然后抽薹、开花、结实、采种）、育苗移栽（一般在 2 月上旬至 3 月上旬，先在阳畦或温室温棚中育苗，4 月上中旬露地移栽定植）和露地直播（华北地区一般在 3 月中下旬）3 种方式。以春季露地直播繁种比较常用。

具体程序如下。

（1）地势选择。茼蒿种子生产田宜选择地势平坦，排灌方便，空间隔离距离符合要求（最少四周 1 000m 内不能有花期相同的异品种茼蒿种子生产田），土质肥沃疏松的壤土地块。

（2）播种前施足基肥。每亩施有机肥 2 000~3 000kg，过磷酸钙 50kg 和 20kg 速效氮肥，撒施均匀，土壤深耕、精细整地、规划打畦，畦宽 1.5~2.0m。

（3）种子处理。即播种前晒种，再用 20℃ 左右温水浸种 20~24 小时，捞出沥水，保湿保温催芽，待种子萌发 "露白" 时播种。

（4）播种。播种方式条播、穴播、撒播均可，以条播省工较常用。播种规格因品种、土地肥力、管理水平等而异，多以行距 25~50cm，株距 10~20cm 为宜，每亩用种量一般 1~1.5kg。

（5）种子田的管理。基本同生产大田管理，此处不再赘述，参见高产栽培管理。

（6）做好田间鉴选。重点在苗期、抽薹期、开花期、成熟期及时进行田间观察、选择，及时淘汰生长势差、感病、变异、退化的劣株杂株，选择保留生长健壮、发育良好、具有原品种典型性特征的植株留种使之抽薹、开花、自然授粉结实。

（7）及时采收种子。一般在 5 月下旬至 6 月上中旬开花，6月下旬至 7 月上中旬种子成熟，成熟后适时收获，由于主茎花枝和侧枝花序的花期不一致，为保证种子产量和质量，种子采收一般分 2 次进行。第一次采收主茎枝和第一侧枝上的种子，第二次采收其他侧枝上的种子。一般每亩种子产量可 60~100kg。

第六节　芹　菜

一、概述

芹菜，别名芹、旱芹、药芹、野芫荽等，芹菜为伞形花科芹菜属两年生草本植物。原产地中海沿岸及瑞典、埃及和西亚的高加索等地的沼泽地区，由高加索传入我国，在我国栽培历史大约始于汉代，至今已有 2 000 多年的历史。主要以肥厚的叶柄供食用，叶柄纤维少，质脆味甜清香味宜人，含有丰富的营养物质，据测定每 100g 鲜菜中含水分约 94g，蛋白质 2.2g，碳水化合物 2.0g，脂肪 0.3g，粗纤维 0.6g，钙 160mg，铁 8.5mg，还含有多种维生素、芹菜苷、佛手苷、内脂、有机酸和挥发油等，有芳香味，能增进食欲，具有健脾养胃、润肺止咳、固肾止血、清肠利便、醒脑提神等功效，常食芹菜对高血压、血管硬化、失眠、糖尿病等有辅助治疗作用，对补充人体矿物质营养也有帮助。

目前，我国普遍栽培的芹菜根据叶柄的形态，可分为中国芹菜和西芹两大类型。中国芹菜又名本芹，叶柄细长，株高100cm左右，在我国栽培历史悠久。西芹又名洋芹、欧洲芹菜，是近代从国外引进的品种，多属欧洲类型，植株高度60~80cm，叶柄肥厚，宽2~4cm，多为实心，纤维少，脆嫩，味淡，产量较高，耐贮藏，商品性好。

二、高产栽培技术要点

1. 苗床选择

应选择向阳、背风、地势较高、排灌方便、保水保肥好的砂壤土，建苗床前，施足基肥，每亩施有机肥3 000~6 000kg、磷酸二铵25~30kg、尿素15~20kg，撒施均匀后深耕细耙，整平畦面，畦宽1.5~1.8m、长10~15m。一般情况下每25m² 苗床的幼苗可供1亩地的定植使用。

2. 播种育苗

芹菜主要分为春季和秋季种植，3—4月是春季种植的好时机，7月上旬是秋芹的最佳育苗时间，选用品种以美国西芹、天津实心芹、实心绿芹等品种为主，采用平畦撒（条）播种方法。芹菜种子细小、皮厚含油腺，不易发芽，一般采用育苗移栽。春播不需低温处理，而夏秋播种须经低温处理，根据芹菜的生物学特性——种子收获后有40~50天的休眠期，所以，秋播最好选用上一年的种子。播种前用清水浸24小时后捞起，用清水洗净，用手揉搓，用纱布包好，放在冰箱的冷藏室里催芽，也可吊入井中距水面40cm进行催芽。注意每天必须冲洗1次，约7天后露白。也可用5mg/kg赤霉素浸种打破种子休眠促进种子发芽。待50%种子露白时，即可播种。播前先浇足底墒水，待水全部下渗后播种，每亩苗床撒播种子1.0~1.5kg，由于种子细小不易撒匀可拌细沙土，一般种子与细沙土比例为 1：（3~4），播后覆土 5~6mm（提前配好、过筛的营养床土），由于种子顶土力弱，覆土不能过厚，播种覆土后再盖草帘或地膜保湿有利出苗，特别在高温期间育苗，覆盖塑料薄膜或草帘不仅有利保湿防晒，还可预防暴雨冲刷和大量雨水进入苗床。

芹菜虽然根系发达，但分布较浅，耐旱性较差，必须小水勤浇，保持畦面湿润，当幼苗 1~2 片真叶时，浇水后应向畦面撒一层细土，将露出地面的苗根盖住，每次浇水应在早晚进行（高温季节）气温低时要在中午浇水。防止苗期猝倒病用 70% 百菌清 600 倍液喷雾。苗期追肥 2~3 次，主要用尿素提苗，2 片真叶开始间苗 1 次，苗龄一般 50~60 天，幼苗 5~6 片真叶，苗高 10cm 以上即可定植。定植前 6~7 天要进行幼苗锻炼，逐渐去掉遮阳网。移栽前 1 周施 1 次送嫁肥，亩施硫酸铵或尿素 10~15kg，在定植前一天要浇水，利于起苗，实行带土移栽。

3. 适时定植

北方地区以 5 月下旬为适宜定植期，选择株高 10~15cm，具 5~6 片真叶的健壮幼苗，按行距 25cm、株距 10cm 定植，每亩保苗 2.5 万株（西洋芹植株高大，一般行距 30cm，株距 25~30cm。亩栽 5 000~7 500株。定植深度以"深不埋心、浅不露根"为标准，一定要栽实，为保证成活率，栽后立即浇定根水或者边定植边浇水，2~3 天后再补浇 1 次水。定植前亩施有机肥 7 000~8 000kg、磷酸二铵 25kg、尿素 10kg、硫酸钾 6kg。肥料撒施均匀，深翻 25~30cm，整平作畦，畦宽 1.8~2.0m，长度灵活掌握，因地而宜。芹菜根的再生能力很强，一般穴栽，可栽双株或 3~4 株，要达到一定的密度，一般穴距 16cm^2，每穴种 3~4 株，苗要分级移栽，晴天最好在 16：00 后移栽，阴天除外。

4. 加强田间管理

缓苗阶段（栽后 10~15 天）宜小水勤浇，缓苗后浇水时应及时追肥，亩施硫酸铵或尿素20kg，缓苗后少浇水，进行20天的蹲苗，有利根系下扎和心叶分化，蹲苗后气候转入凉爽时节，即进入旺盛生长期，要保持土壤湿润，然后进行第二次追肥，亩施硫酸铵30kg，随施肥随浇水。在整个生长期内以氮肥为主，氮素影响芹菜品质。忌用过多施用人粪尿，避免引起烂心和烂根，高温季节降雨过后，应及时浇灌井水降低地温。

芹菜需肥量大，除施足基肥外，还要勤施追肥。蹲苗后每周追肥1次，先施稀薄人粪尿，稀释浓度为10%左右，到生长中后期逐步加浓至30%至40%，并适当增施磷、钾肥。芹菜需水量大，根系浅。秋播芹菜苗期和生长前期正值高温季节，需做好菜田供水。高温干旱时期应行沟灌，以减少叶斑病的发生。苗期供水可结合施肥进行，浇透粪水，保持土壤湿润。

及时中耕除草，芹菜生长的苗期、前期和中期，行间空隙大，要经常进行中耕除草。移栽芹菜根系多分布表土层内。中耕宜浅不宜深，达到除草目的即可。

防寒保暖　西芹的耐热耐寒性均不及本芹，0℃以下就会受冻，一般11月中下旬盖好大棚膜进行保温，注意白天要进行通风换气，棚内温度白天不超过25℃，夜间不低于5℃。

激素和微肥的使用　在收获前30天和15天分别用赤霉素以40~50mg/kg的浓度连续喷施2次（1g小包装加水20~30kg），或用硕丰481喷施，能提高叶柄的长度，在茎叶生长期可喷0.3%~0.5%的磷酸二氢钾2~3次，还可喷施硼肥，丰收宝等其他微肥以提高产量和品质，克服生长过程中缺水缺肥使叶柄空心，芹菜缺硼导致叶柄开裂（定植前每亩施0.5~0.75kg的硼砂或叶面喷施硼肥）。

5. 病虫害的防治

芹菜主要病害是斑枯病、疫病和褐斑病，用75%甲基托布津1 000倍和用70%多菌灵600倍液交替使用，也可用75%的百菌清和80%的代森锌防治；主要的虫害是蚜虫：用40%的乐果1 000倍液或0.4%的杀蚜素400倍液防治。用15%的金好年或48%的毒死蜱且不可用高毒、高残留农药。或采用2 000～2 500倍一遍净喷雾。褐斑病也可用百菌清600～800倍液喷雾或用甲基托布津800～1 000倍液喷雾。

6. 保护设施栽培

秋季芹菜定植时间一般为9月上旬，10月上中旬扣棚膜，采用6m×1m平畦单株分级定植，栽植密度7cm×10cm。在培育健壮植株方面主要采取二次蹲苗法。每次蹲苗时间为15天左右。第一次蹲苗在缓苗7天后到扣棚膜前，第二次在温室扣棚膜初期。由于此阶段气候条件十分有利于芹菜生长，为防止徒长，必须采取蹲苗措施，控上促下，促进根系生长和茎基部增粗。第一次蹲苗以控水为主，一般7天左右浇1次水，维持畦面见湿见干而不裂的程度。第二次蹲苗以控温为主，控水为辅。做好扣棚膜初期通风降温工作，尤其严禁前半夜棚室内温度过高。一般白天15～25℃，夜间10～15℃，最低不低于5℃。通过蹲苗使植株基部直径达1.5cm左右，搭好丰产骨架。开春后天气转暖后，适当控制室内温度和光照时间，采取通风降温和适当晚揭草苫，早盖草苫，人为增加膜面附着物，控制光照时间和强度。白天温度控制在18～20℃，最高不超过25℃，当达到23℃时应放风降温，促进营养生长，控制生殖生长，推迟抽薹时间，延长采收期。

重施底肥、培肥地力、改善土壤的理化性状，是芹菜连续多年获得高产的主要措施。定植前结合深翻整地每亩施腐熟鸡粪、猪粪等优质农家肥10m³，磷酸二铵50kg，硫酸钾25kg。缓苗后一般15～20天结合灌水追肥1次，品种以氮肥与磷钾肥交替或混合施用为宜。每亩施尿素25kg或磷酸二铵20kg、硫酸钾10kg，如施三元素高效复合肥以亩施40～50kg为宜，并结合防病灭虫进行根外追肥，品种以喷施宝、叶面宝、云大120、硼砂等

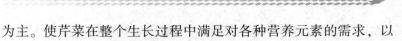

为主。使芹菜在整个生长过程中满足对各种营养元素的需求，以提高产量和增进品质，其他措施基本上同前所述。

三、主要品种简介

（1）美国西芹。美国西芹是从美国引进的西芹品种，植株高大，一般株高80cm左右，开展度42cm×34cm，叶柄肉厚绿色，长达46cm，宽2cm以上，叶鞘基部宽4cm左右，实心，质地嫩脆，纤维极少。平均单株重0.6~1kg，生熟均适。生长较慢，晚熟，生长期100~120天，耐寒又耐热，且耐贮藏。轻微感染黑心病，不易抽薹。株行距以25cm×25cm为宜，亩栽8 000~9 000株以上，单产净鲜菜6 000kg以上。

（2）意大利冬芹。该品种是从意大利引进，植株长势强，枝叶向上直立，株高80cm左右，叶柄粗大，实心，叶数多，叶柄长43cm，基部宽1.5cm，厚1cm，叶柄宽圆，茎叶表面光滑，质地脆嫩，纤维少，易于软化，药香味浓，单株平均重250g左右。可耐-10℃短期低温和35℃短期高温，适应性强。为南北各地主栽西芹品种，特别适合北方地区中小拱棚，改良阳畦及日光温室冬、春及秋延后栽培。

（3）津南实芹1号。该品种是津南区双港镇农科站选育。该品种生长势强，抽薹晚，分枝少。叶柄实心，品质好，抗病，适应性广，生长速度快，较抗寒，抗热，耐肥水，抗病毒病，斑点病。平均单株重0.5kg，平均亩产5 000~10 000kg，适合全国各地春秋露地及保护设施栽培。

（4）津南冬芹。津南冬芹是天津市宏程芹菜研究所推出的芹菜新品种。该品种叶柄较粗，淡绿色，适应性强，较耐寒，香味适口。株高90cm，单株重0.25kg，分枝极少，最适合冬季保护地生产使用。

（5）铁杆芹菜。该品种适宜秋季露地栽培，植株高达80~

100cm，生长势强，叶色深绿，有光泽，叶柄绿色长而肥大，实心，纤维少，品质好，抽薹晚，耐贮藏，单株重可达 1kg 以上，一般亩产 5 000kg 左右。

（6）美国西芹王。该品种在低温条件下生长较快，适宜冬春保护地及春秋露地栽培，抗叶斑病、枯萎病。生长势强，比同类品种生长迅速、上市早，株高可达 90cm 左右。叶色绿，叶柄肉厚嫩绿带淡黄色，有光泽，腹沟较平，基部宽厚，最大叶柄长46cm，宽 3cm，合抱紧凑，品质脆嫩，纤维极少而香味特浓。单株重可达 1kg，亩产可达 7 000kg 以上。

（7）开封玻璃脆。开封玻璃脆是河南开封引进培育改良，该品种适应性广，产量高，目前河北、河南等地栽培面积较大。株高可达66~80cm，叶片肥大，叶柄浅绿色，基部宽平，合抱呈四方形，叶柄基部宽 3.3cm，肥大鲜嫩，背面棱线粗，腹沟绿，实心，纤维少，不易老化，脆嫩，商品性好，香味较浓，品质佳。该品种耐热耐寒，耐贮藏，抗病性好，一年四季均可栽培，尤其适于秋季和冬季保护地栽培，综合性状优良，单株重量 0.5kg 以上，一般产量 5 000~8 000kg。

（8）种都西芹王。该品种抗逆性强，适应性广，适应秋露地及保护地越冬栽培。长势强劲，株高约 60cm，株型紧凑，叶色绿，叶柄宽可达 3cm，实心，色嫩绿带淡黄色，质地脆嫩，纤维少，味清香，单株重可达 800g。

（9）雪白实芹。雪白实芹是经多年群体混杂后单株定向选育成的新一代品种，其品质、抗病性、丰产性均优于其他同类品种，植株高可达 70cm。叶嫩绿肥大，叶柄宽厚，实心，腹沟深，雪白晶莹，口感脆嫩，香味浓。耐热抗寒，生长快，长势强，四季可栽培。以"独特的雪白晶莹、香味浓郁"深受广大消费者厚爱。

（10）金黄芹菜。金黄芹菜属新选品种，适宜我国大部分地区栽培，抗病性、丰产性极为突出。植株高大，长势强，株型较紧凑。叶柄半圆筒形，呈柔和蛋黄色。纤维少，质脆，香味浓，产量高。以"独特的亮丽色泽、香味浓郁"而深受喜爱金黄色芹菜地区的菜农种植。

（11）雪白芹菜。雪白芹菜属新选品种，适宜我国大部分地区栽培，其抗热、耐寒性较为突出。植株紧凑，株高 50～60cm。叶柄下部呈乳白色，逐渐从下至上过渡为大白色，叶柄半圆筒形，纤维少，味脆嫩可口，产量高。特别以"口感好、色白净、适应性强"而深受全国各地农户喜爱。

（12）郑州实秆青芹菜。郑州实秆芹菜为河南省郑州市地方品种。植株高大，株高 80cm 以上。最大叶柄长 30cm，宽 0.8cm，厚 2.1cm，叶柄绿色，实心，纤维较多，叶片浅绿色，单株重65g 以上，适于夏、秋季栽培。

四、种子生产技术

1. 原种生产技术

芹菜原种生产可采用混合选择法和母系法。具体程序是：越冬芹菜于 8 月中旬播种育苗，10 月定植，使植株在冬前长为成株，收获时选留具有本品种的典型性性状、生长健壮、抗病性强、叶柄紧凑脆嫩不分裂、不抽薹的单株。将选留的种株切去上部叶片，只留 17～20cm 的叶柄，在冬季可以越冬的地方将种株栽到留种田里，最好上面覆盖土杂肥或草帘越冬。冬季不能露地越冬的地方，可将种株假植于日光温室或阳畦中或地窖内越冬，冬季覆盖草帘防寒，翌年早春定植于露地，并进行严格的隔离，因为，芹菜为异花授粉植物，但也能自花授粉结实，为防止混杂，隔离距离要求 2 000m 以上，即原种种子繁育田四周 2 000m 内不能有花期相同的异品种芹菜种子繁育田。生长期间进行鉴定选择，淘汰未熟抽薹、受冻、感病、变异等劣株，留下的入选种

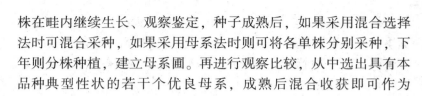

株在畦内继续生长、观察鉴定，种子成熟后，如果采用混合选择法时可混合采种，如果采用母系法时则可将各单株分别采种，下年则分株种植，建立母系圃。再进行观察比较，从中选出具有本品种典型性状的若干个优良母系，成熟后混合收获即可作为原种。

2. 大田用种的生产技术

（1）成株采种法。具体程序是：第一年秋季培育种株，即8月底至9月初播种，10月定植，按生产田的管理办法加强田间管理，使植株在冬前长到成株。并从中选择生长强健、具有原品种特征的植株，连根挖出冬贮。第二年春季将种株重新栽植在隔离区内（空间隔离距离要求在1 000m以上）使之抽薹、开花、自然授粉结实。成熟后采收种子即为良种。

（2）小株采种法。在不同地区的不同气候条件下，生产方式有多种，且空间隔离距离要求在1 000m以上。第一种方式是前一年底到当年年初苗床育苗，到2月底3月初定植于采种田，这是华北地区常用的方法；第二种是冬前露地直播（10月播种），以小苗越冬，开春后间苗、去杂去劣。翌年夏季收获种子。小株采种法生产的种子仅供生产之用。

第七节　韭　菜

一、概述

韭菜，又名韭，山韭，丰本，扁菜，草钟乳，起阳草，长生韭，懒人菜，属百合科葱属多年生宿根草本植物，原产于我国。主要以嫩叶和柔嫩的花茎为食，风味独特、辛香鲜美、营养丰富，据测定每100g食用部分含蛋白质2~2.85g，脂肪0.2~0.5g，碳水化合物2.4~6g，膳食纤维素1.4~3.2g，维生素E 0.96mg，胡萝卜素 0.08~3.26mg，核黄素 0.05~0.8mg，尼克酸 0.3~1mg，维生素 C 10~62.8mg，韭菜含的矿质元素也较多，含钙 10~86mg，磷 9~51mg，铁 0.6~2.4mg，镁 25mg，锰 0.43mg，锌 0.43mg，铜 0.08mg，硒 1.39μg。韭菜因抗寒耐热，适应性强，黄淮流域利用农业设施一年四季均可生产供应；种子和叶等可入药，有健胃、提神、止汗固涩、补肾助阳、固精等功效。韭菜在全国各地均有分布，品种资源较为丰富，各地都育出许多适应当地气候特点和食用习惯的优良品种，韭菜按食用器官分为根韭、叶韭、花韭和叶花兼用韭 4 个类型，栽培最普遍的是叶韭和叶花兼用韭。按叶片宽窄又分为宽叶韭和窄叶韭。韭菜是丰富蔬菜花色品种，满足消费者需求，增加农民收入的优质蔬菜作物。

二、高产栽培技术要点

1. 播前准备

可用干籽直播（春播为主）。也可用 30~40℃温水浸种 10~12 小时，清除杂质和瘪籽，将种子上的黏液洗净后用湿布包好，放在 15~20℃的环境中催芽，每天用清水冲洗 1~2 次，待 50% 的种子露白尖时播种（夏、秋播为主）。

2. 整地施肥

韭菜对土壤和前茬作物要求不严格，但应避免与葱蒜类蔬菜连作。应选择排灌方便，土壤肥沃疏松的沙壤土—壤质土，播前土壤深耕 25cm 左右，耕前重施基肥，每亩撒施优质腐熟有机肥 5 000~6 000kg，尿素 10kg，过磷酸钙 50kg 或使用等量有效养分的复混肥料。耕后细耙，整平做畦，多以平畦栽培，有条件的地方可起高垄栽培，以便于排水。

3. 适期早播

韭菜播种期不严格，播种时间在土壤解冻后到秋分可随时播种，生产上一般在 3 月下旬至 5 月上旬，以春季播种为宜，夏秋季播种宜早不宜迟。播种量因用途不同而异，大田直播，多采用条播或穴播，每亩需种 2~3kg。露地育苗多采用撒播，每亩需种 7.5~10kg，可移栽 10 亩大田。播种方法，播种前先准备部分过筛细土，以播种后覆土用，在畦内浅锄搂平，先浇 1 次底墒水，待水渗下后将种子均匀撒入，然后覆土 1.5cm 左右，保持表土既疏松又湿润，有利于种子发芽出土。天热时播后用草帘、秸秆或者地膜覆盖保墒，待有 30% 以上的种子出苗后，及时揭去地膜、草帘或秸秆，以防影响出苗，发现露白倒伏的要及时补些湿润的土。若采用"干播法"即用干种子直播，在整理好的畦内按行距 15~20cm，开成宽 10cm、深 2cm 左右的浅沟，将种子撒入沟内，然后覆土至沟平、压实，随即浇水，2~3 天后再重复浇 1 次水。在种子出土前后，要一直保持土壤处于湿润状态。

4. 加强苗期管理

韭菜播种后，一般经过 20~30 天可齐苗。苗期管理上重点抓好浇水、追肥、除草 3 项工作。韭菜子叶细弱，弯曲出土，阻力较大，只有保持土壤湿润和疏松，才有利于出土和生长，湿播在幼苗出土前一般不浇水，畦面干旱可浇小水，干播者若畦面落干，应及时小水轻浇，切忌大水漫灌。苗高 5cm 左右时，结合浇水追施速效氮肥 1 次，每亩追施尿素 6~8kg，定植前一般不收割，以促进韭苗养根，到定植时要达到壮苗标准。一般苗龄 80~90 天，苗高 15~20cm，单株无病虫，无倒伏现象。移栽前 1 周左右，适当控水蹲苗，以防徒长。及时除草：发现草苗后及时人工拔除，清除病残植株。也可用精喹禾灵、盖草能等除草剂防除单子叶杂草，或在播种后出苗前用 30% 除草通乳油每亩 100~150g，对水 50kg 喷洒畦面。

5. 定植与合理密植

韭菜定植时间应根据播种早晚、秧苗大小和气候条件综合考虑，一般春播苗应在夏至前后定植，夏播苗应在大暑前后定植。

定植时要错开高温天气（如晴天中午），因此，时不利于定植后韭菜缓苗生长。定植畦式及规格、施肥整地要求同前所述。定植方法有沟栽和穴栽两种，一般南北行向栽植，先开沟浇小水，水渗后栽苗。韭菜起苗后剪短须根（只留 3~6cm），剪短叶尖（留叶长 8~10cm）。在畦内按行距 18~20cm、穴距 10cm，每穴栽苗 7~10 株，适用于青韭；按行距 30~35cm 开沟，沟深 10~20cm，穴距 15cm，每穴栽苗 20~30 株，适于生产软化韭菜，栽培深度以埋没分蘖节而不超过叶鞘为宜。栽后确保根系与土壤密切接触，培土后韭菜沟比行间略低 4~6cm，以利逐年培土实现高产，防止跳根造成危害。栽培密度因品种的分蘖能力和栽培方式确定，分蘖力强的品种应稍稀，反之可稍密些，露地栽培比保护地栽培的稍稀点。

6. 定植后的田间管理

定植后，由于气温渐高，雨水增多，不适于韭菜的生长，立秋以前，一般不进行追肥、浇水和收割。8 月中旬以后，气温开始下降，为韭菜生长的旺盛期，当新根新叶出现时，即可追肥浇水，每亩随水追施尿素 10~15kg，幼苗 4 叶期，要控水防徒长，并加强中耕、除草。当长到 6 叶期开始分蘖时，这时可以进行盖沙、压土或扶垄培土，以免根系露出土面。当苗高 20cm 时，停止追肥浇水，以备收割。开始收割后每收割 1 次，追一次肥，在收割后 1~2 天内趁土壤湿润、韭菜伤口需要愈合之际及时松土，每亩施腐熟土杂肥 4 000kg，待新叶长出时再适时浇水，当株高长至 10cm 时，结合培土，施速效氮肥，每亩追施尿素 10kg 左右。夏季高温韭菜不宜收割，但要注意田间排水防涝，一般不施肥。秋季前期肥水齐促，以使茎叶旺盛生长，促进光和产物的转化、回流和贮存。后期控制肥水，确保鳞茎和根系积存的营养物质不致因韭菜贪青徒长而消耗，迫使营养物质向鳞茎和根系回流。冬季天气转冷，应停止浇水，立冬至封冻前应浇大水 1 次越冬，每亩施尿素 15~25kg 或用有机肥 3 000kg 覆盖防冻，以防因地温过低而影响韭菜根系生长和安全越冬。

7. 及时防治病虫害

按照"预防为主，综合防治"的方针，坚持无害化防治原则。农药不得施用国家明令禁止的高毒、高残留、高三致（致畸、致癌、致突变）农药及其混配农药。加强中耕除草，清洁田园，加强肥水管理，提高抗逆能力。利用糖酒醋液诱杀成虫，将糖、酒、醋、水、90%敌百虫晶体按 3∶3∶1∶10∶0.5 的比例制作溶液，每亩 1~3 盆（盒），随时添加，保持不干，诱杀各种蛾蝇类害虫。

（1）防治韭蛆。

①地面施药：成虫盛发期，顺垄撒施 2.5% 敌百虫粉剂，每亩撒施 2~3kg 或在 9∶00~11∶00 喷洒 40% 辛硫磷乳油 1 000 倍液或 2.5% 溴氰菊酯乳油 2 000 倍液，也可在浇水促使害虫上行后喷 75% 灭蝇胺，每亩 6~10g。

②灌根：幼蝇危害始盛期（早春在 4 月上中旬、晚秋在 10 月上中旬）进行药剂灌根防治。每亩用 1.1% 苦参碱粉剂 2~4kg，对水 1 000~2 000kg，也可每亩用 48% 地蛆灵乳油 300~400ml 对水 500 kg，或用 50% 辛硫磷乳油 500 倍液或 48% 乐斯本乳油 400~500ml 对水 1 000kg，灌根 1 次。灌根方法：扒开韭菜根茎附近表土，用去掉喷头的喷雾器对准韭菜根部喷药即可，喷后随即覆土。韭蛆发生较重的地块，在霜冻前 40 天左右，用 10% 菊马乳油 3 000 倍液，重点喷洒韭菜根部。

（2）防治潜叶蝇。在产卵盛期至幼虫孵化初期，喷 75% 灭蝇胺 5 000~7 000 倍液，或用 2.5% 溴氰菊酯、20% 氰戊菊酯或其他菊酯类农药 1 500~2 000 倍液喷雾。

（3）防治蓟马。在幼虫发生盛期，喷 50% 辛硫磷乳油 1 000 倍液，或用 10% 吡虫啉 4 000 倍液，或用 30% 啶虫脒 3 000 倍液，或用2.5%溴氰菊酯类农药1 500~2 000倍液。

（4）防治灰霉病。

①烟熏法：用45%百菌清或扑海因烟剂，每亩110g或10%腐霉利烟剂260~300g，分放5~6处，于傍晚点燃，关闭棚室熏一夜。

②粉尘法：用6.5%万霉灵粉尘剂，每亩1kg，7天喷1次，连喷2次。

③粉雾法：用50%速克灵可湿性粉剂1 000倍液，或异菌脲可湿性粉剂1 000~1 600倍液，或用65%硫菌、霉威可湿性粉剂1 000倍液喷雾，7天1次，连喷2次。

（5）防治疫病。

①粉尘法：同灰霉病。

②发病初期喷施25%甲霜灵可湿性粉剂750倍液或50%甲霜铜可湿性粉剂600倍液，或用72%霜脲锰锌可湿性粉剂、60%琥乙膦铝可湿性粉剂600倍液灌根或喷雾，10天喷（灌）1次，交替使用2~3次。防治锈病。发病初期用15%粉锈宁可湿性粉剂1 000~1 500倍液或25%敌力脱乳油3 000倍液，10天左右1次，连喷2次，也可用烯唑醇、三唑醇等防治。

8. 适时收割

定植当年着重"养根壮秧"一般不收割，如有韭菜花要及时摘除。当韭菜长到25cm左右时即可收割。选晴天的早晨收割，收割时刀距地面2~4cm，以割口呈黄色为宜，割口应整齐一致，一般每20~25天收割一茬。在收割的过程中所用工具要清洁、卫生、无污染。收割后的管理。每次收割后应及时把韭菜地锄挠一遍，把周边土锄松，待2~3天韭菜伤口愈合，新叶快出时进行浇水追肥，每亩施腐熟有机肥400kg，同时，冲施复合肥15kg。从第二年开始应每年给韭菜培1次土，以解决韭菜逐年跳根的问题。韭菜通常一年采收5~6次，如肥水条件好，管理得当，可采收 7~8 次。一般每次亩产量 4 000~5 000kg，高产可达 7 000~8 000kg，5 年为一个播种栽培周期，即一次播种收获 5 年。

有研究资料报道，韭菜种子育苗移栽的比用母株分株移栽的生长势旺、产品品质好、产量优势明显。高产栽培关键技术之一，就是要把好育苗关，培育壮苗，播种时要选择色泽鲜亮、籽粒饱满的新种播种。高产栽培关键技术之二，就是移栽定植时培土后韭菜沟比行间略低 4~6cm，以利逐年培土实现高产，防止跳根造成危害。高产栽培关键措施之三，就是养根促壮管理措施，第一年定植的韭菜推行不收割，第二年春季收割 2~3 刀后夏季不再收割鲜韭上市，目的是积累养分回转于韭根，确保秋、冬季韭菜早生快发、品质优良、产量高；实行生产 4~5 年后更新复壮，重新育苗进行移栽，以保持韭菜的产量和品质优势。

9. 保护地栽培应提早覆盖

霜降前后，韭叶逐渐失去生理功能，当韭叶营养生长停止向根和鳞茎回流时，即可割去韭叶，清扫畦面。立冬前后浇足越冬水，然后搭建拱棚，覆盖薄膜保温，薄膜要选用无滴韭菜专用膜，冬季薄膜要保持清洁，以增加透光率。加强温度管理，棚室密闭后，保持白天 20~24℃，夜间 12~14℃。株高长到 10cm 以上时，白天保持 16~20℃，棚内温度超过 24℃ 要放风降湿。冬季小拱棚栽培应加强保温，夜间保持在 6℃ 以上。

三、主要品种简介

（1）久星 10 号。该品种由河南省平顶山市园艺科学研究所培育而成的特抗寒性极强的韭菜新品种，株高 62cm 以上，株丛直立，生长旺盛。叶片浓绿色，宽大肥厚，平均叶宽 1cm，最宽可达 2.6cm，每株叶片 6~7 个，单株重 10g 左右，最大单株重 50g，粗纤维含量少，辛香味浓，鲜嫩，品质上等，商品性状特佳。地上叶鞘 1.6cm 以上，鞘粗 0.8cm，白色。分蘗力强，一年生单株分蘗 9 个左右，3 年生单株分蘗 35 个以上，抗衰老，持续产量高，年收割青韭 7~8 刀，亩产鲜菜 11 000kg/茬以上。当月平均气温 3.5℃，最低气温零下 5.5℃时，新叶日平均生长速度 1cm。适应各种保护地和露地生产的韭菜优良新品种，尤其是高寒地区的首选品种。

（2）久星 18 号。久星 18 号由平顶山市园艺科学研究所培育而成的特抗寒型韭菜新品种，母本 95-12-7 是桂林大叶韭通过钴 60 辐射处理，从变异单株中系选的优良株系。父本 95-23-5 是从久星 1 号韭菜中系选的优良株系，2005 年定名为久星 18 号。目前，已在河南省郑州、平顶山、周口、安阳、南阳、河北省乐亭、辽宁省辽中、山东省济南、山西省运城、江苏省盐城、广东省湛江等省市进行了试种推广，获得了很好的经济和社会效益。

（3）791 雪韭。该品种由河南省平顶山市农科所刘顺德先生培育而成，株高 50cm 左右，株丛直立、植株生长迅速，抗病、耐寒、耐热、生长势强，叶鞘长而粗壮，叶片宽大肥厚平均单株重 6g 以上，最大单株 43g，叶宽 1cm 左右，最大叶宽 2cm，棵大叶宽人称"韭王"；耐低温能力强，短期低温在-3℃仍能缓慢生长，收割食用，大雪纷飞还扬着绿叶，故称"雪韭"；年亩产 1万 kg，较川韭、汉中冬韭、钩头韭增产 20%、23% 和 25%，产量高、效益好，商品性状突出，辛香味辣，品质优、营养价值高，分蘗力强，年单株分蘗 6 个以上，露地栽培亩播量 1.5~2kg，保护地播种 3~4kg。适于我国大部分地区种植。一般年收割 6~7 刀，亩产鲜韭 11 000kg。株行距配置 15cm×25cm，每穴 5~8 株为宜。

（4）寿光独根红。寿光独根红为山东地方品种，为寿光韭菜中的当家品种。其特点是：抗逆性强，适应性广，芳香性物质含量高，香辣味浓，品质极优。植株粗壮，分株性较弱，假茎基部呈淡紫色，株高 40~50cm，叶片宽 1cm 左右，叶色浓绿，假茎粗 0.5~0.8cm，属于根茎休眠的品种。其耐寒力强，冬季可利用简单的风障进行阳畦生产，抗病性强，产量高，易管理。植株高大，假茎特高，叶片宽厚，叶色浓绿；生长势强、产量高。可生产韭青、韭苔，更适合生产韭黄。

（5）马莲韭。马莲韭为传统农家特色品种，株高 50cm 以上，株丛直立，植株生长迅速，长势强壮。叶鞘粗而长，叶片绿色，长而宽厚，叶宽 1cm 左右，最大单株重可达 40g 以上，分蘖力强，抗病，耐热，粗纤维少，商品性好，口感性好，韭味浓优，深受消费者喜爱，易销售，抗寒性强，产量高，效益好，适应性广，在我国各地均宜栽培种植。

（6）中华韭霸。该品种是利用韭菜雄性不育系和优良自交系杂交而成的，高抗寒，超高产，高抗病的韭菜一代杂交种（在月平均气温 4℃，最低气温−7℃时，日平均生长速度 1cm 以上），是全国各地日光温室、塑料大、小棚等保护地及露地栽培的新韭菜品种。株高 50cm 左右，株丛直立，叶片浓绿色，肥厚宽大、株型整齐，生长势强而迅速，20 天左右收割一茬。最大叶宽 2.2cm，最大单株重 60g，纤维含量细而少，口感辛香鲜嫩，高抗病、抗老化分蘖力强，一年生单株分蘖 9 个左右，3 年生单株分蘖 45 个，3 年后单株分蘖可达 80 个以上。露地年收割青韭 7~8 刀，每刀鲜韭的产量在 2 500kg 以上，亩产鲜韭最高可达 22 000kg。

（7）马蔺韭。马蔺韭为山东省寿光县地方品种。叶片直立，叶色深绿，纤维少，抽薹晚的；植株生长势旺，分蘖能力强，株高 35~40cm，株形直立性强。叶片呈宽条形，先端较小，叶深绿色，较宽，长 37~40cm，宽 0.8~0.9cm，叶面光滑，叶脉较明显，无蜡粉。成龄叶片自然开张下垂。假茎为紫色或紫红色。单株重 5~6g，叶片较厚，纤维少，香味略低，品质较好。较抗灰霉病，抗寒力强，丰产性好。

（8）大叶韭菜（福建大叶韭）。该品种迟熟，播种至采收约360天，分蘖中等，耐寒、耐雨、抗虫力强。抽薹较迟，6—8月采收韭菜，品质脆，产量较高，是生产青韭和韭黄的理想品种。

（9）汉中冬韭。汉中冬韭为陕西省汉中地方韭菜品种。株高30~35cm，植株较直立，生长势和分蘖力强。叶片呈宽条形，长36cm，宽1cm，叶端尖，叶淡绿色，无蜡粉。假茎绿色，横切面呈扁圆形。单株重7g左右。早熟，抗寒性强，冬季养分回流晚，春季萌发早，生长快，产量高，品质中等。

四、种子生产技术

1. 原种生产技术

由于韭菜是异花授粉作物，原种生产时品种间必须严格隔离，原种田空间隔离距离要求2 000m以上。韭菜通常在6—8月开花，种子常于10月间成熟，此时我国南北方的气候条件均比较适宜。所以，对于韭菜繁种地区的选择无特别的要求，原种主要有利用种子直接进行优选法；利用倒栽选择优良单株法。具体做法和程序是：

（1）利用品种纯正的种子直接进行生产。在采种田或纯度较高的大田中选择具有本品种的典型性性状、生长健壮、抗病性强、株型紧凑、叶片茂盛、叶色正常、叶片宽窄、长短、厚薄、香味的浓淡、分蘖能力强弱等符合原品种特点的优良单株作为种株，做好标记。为了选株方便，采种田稀播或单粒播种。越冬后，于3月底到4月初将所选单株连根挖起，去掉根上泥土，留须根3~5cm，其余的剪掉；已抽出的新叶一般不剪，过长时也应剪掉一些。只留10cm左右，目的是减少叶面水分蒸腾，缩短移栽后的缓苗期。对植株进行以上处理后，定植于采种田，定植时要注意淘汰根部感病的植株，定植密度应比同一品种的大田生产稍低。采种田要求选择土质肥沃、排灌方便，隔离条件符合要求的田块或地区。开花后让采种田各植株自然授粉，种子成熟变成黑褐色后，混合采种即为原种。

（2）倒栽选择法进行生产。在老采种田或纯度较高的老韭菜田中，在进行倒栽时要进行选择优良单株作为种株。具体时间是在韭菜生长旺盛时期的3—8月均可。通常多在越冬后的3月底到4月初进行，当韭菜返青生长到将要可以收割时，将韭菜植株连根挖起，选择具有本品种典型性状、假茎粗壮、耐寒性强的健壮单株作种株，去掉根上泥土，剪掉老根茎，留须根3~5cm，其余的剪掉；已抽出的新叶一般不剪，过长时也应剪掉一些。只留10cm左右，目的是减少叶面水分蒸腾，缩短移栽后的缓苗期。对植株进行以上选择处理后，定植于采种田，定植密度应比同一品种的大田生产稍低。采种田要求选择土质肥沃、排灌方便，隔离条件符合要求的田块或地区。开花后让采种田各植株自然授粉，种子成熟变成黑褐色后，混合采种即为原种。

2. 大田用种的生产技术

韭菜良种生产一般应用优质原种种子直接进行。由于韭菜是异花授粉作物，良种生产也必须采取严格的隔离措施，采种田空间隔离距离要求1 000m以上。具体做法和程序如下。

春季育苗或直接播种进行生产。若采用育苗移栽方式，一般在春季育苗，初秋定植。行距30~40cm，穴距20~25cm，每穴栽15~20株。第二年需要注意的是收割的次数不能太多，以不超过两次为宜，而且要留高桩，保留地面上3~5cm的假茎不受伤害。收割后2~3天追肥灌水，在生长期间，根据本品种的典型性、生长势、抗病性强弱、株型紧凑程度、叶色、叶片宽窄、长短、厚薄、香味的浓淡、分蘖能力强弱等原品种特点，及时去杂去劣。要求从7月停止收割，并减少灌水，同时，注意防治杂草和根蛆。以后种株陆续抽薹开花。开花后让采种田各植株自然授粉，种子成熟变成黑褐色后，混合采种即为大田用种子，但这一季种子产量不高。进入第三年后，可以收割 1~2 次韭菜，6 月适当蹲苗，到 7 月上中旬开始大量抽薹开花，种子产量较高。5~6 年生韭菜分蘖力减弱，并开始衰老，不宜继续采种，应倒栽复壮。方法参见韭菜原种生产的倒栽选择法。

　　韭菜属于绿体春化作物，所以，播种或移栽当年是不能抽薹开花的。韭菜为多年生作物，可一次定植多年采收种子。一般可采种 3~5 年，以第三年采种量最多（每公顷种子产量 1 500kg 左右），第六年是韭菜生长的老年期，植株开始衰老，一般情况下不再利用其生产种子。

第八节　紫苏

一、概述

　　紫苏，别名桂荏、赤苏、白苏、香苏等。植物学上为唇形科紫苏属一年生须根系草本植物，株高 1m 左右。原产中国和泰国，主要分布在东南亚各国，我国华北、华中、华南、西南及台湾省都有野生和栽培种。紫苏含有丰富的维生素和矿物质，还含有紫苏醛、紫苏醇、薄荷醇、丁香油酚、白苏烯酮等有机化学物质，紫苏叶具特异芳香，每 100g 幼嫩的茎叶中含蛋白质 3.8g、脂肪 1.3g、糖类 6.4g、粗纤维 1.5g、胡萝卜素 9.09mg、尼克酸 1.3mg、维生素 B_1 0.02mg、维生素 B_2 0.35mg、维生素 C 47mg、钙 3mg、磷 44mg、铁 23mg、紫苏籽出油率高达 45%，油中含亚麻酸 62.73%、亚油酸 15.43%、油酸 12.1%，具有杀菌防腐、解蟹毒的作用，常常与鱼配伍，日本名菜生鱼片，就要用苏子叶为配料，煮鱼时放入紫苏叶或紫苏穗，味道特别鲜美，紫苏叶还可以生食和腌渍。紫苏根、茎、叶、花、萼及果实均可入药，有散寒、理气、健胃、发汗、镇咳去痰、利尿、净血、镇定等作用和治疗外感风寒、头痛、胸腔闷等症状，是我国卫生部公布的第一批既是药品又是食品的植物之一，也是药品、食品兼用的高价值经济作物，更是一种极具发展前途的时尚性和保健性兼备的绿叶蔬菜。

二、高产栽培技术要点

1. 根据栽培条件、季节、方式，采取相应措施

北方地区大田多采取露地栽培，一般在晚霜过后的4—5月直接播种种植，也可育苗移栽，前一年自行散落田间的种子，在4月间可自行出苗而生长。冬季温室栽培较为困难，最好有加温和补光措施。温室栽培可于8—9月播种或育苗，于冬春季收获上市。

（1）露地栽培。选择地势平整、交通运输、排灌方便的地块。每公顷施腐熟有机肥3 000~5 000kg，复合肥50kg，撒施均匀后深翻耕，使肥与土壤混匀，耙平整地后，作成1.3~1.5m平畦，畦面要平，土要细，上虚下实，黄淮流域在4月中下旬至5月上旬条播、穴播或撒播，每公顷用种3kg左右，播后用脚踩实，不覆土，浇水后可覆盖地膜以利出苗。出苗后及时揭膜。也可在2月下旬至3月中旬在温室内育苗，4月下旬至5月上旬露地定植，育苗每公顷用种450~750g。

（2）保护地栽培。保护地栽培一般在冬季进行，依据采收方式不同可分为"芽紫苏""穗紫苏"和"叶紫苏"栽培。"芽紫苏"如同芽菜栽培，植株3~4片叶时即可收获。这种栽培最好是利用酿热物温床或地热线温床在温室内栽培，栽培要点是播种要密、地温要高，一般30天左右时间就可生产一茬。"穗紫苏"冬季栽培时，可用"芽紫苏"的育苗方式育苗，待幼苗2~4片真叶时移栽，行距20~30cm，丛距10~12cm定植，每3~4

株一丛，在冬季短日照的情况下，保持 20℃ 左右的室温度，一般 6~7 片叶时抽穗，穗长 6~8cm 时，及时采收，以每 10~15 株为一扎上市，产品以花色鲜明、花蕾密生为上品。以采收叶为目的的"叶紫苏"，冬季栽培时，可在 3~4 片真叶时进行夜间补光。将光照时间延长至 14 小时，可抑制花芽分化，增加叶数。"叶紫苏"栽培时，密度宜稀，行株距在 30cm×30cm 左右。

2. 加强田间管理

（1）苗期管理。出苗后，注意保持地面湿润，缺苗断垄严重的地块要及时补种或移栽，2 片真叶时开始间苗，苗距 7~8cm，第二次间苗苗距 15~20cm，5 片真叶时定植，株行距为 20~30cm^2。土壤干燥时及时浇水，定苗后视苗情追速效氮肥，一般 3~5kg 尿素稀释液或 1 000kg 人粪尿稀释液。若育苗移栽，2 片真叶时进行间苗，留苗 3cm^2，苗龄 20 天即可定苗，定植行株距 30cm^2，每穴 1 株，栽植后及时浇水，确保成活，一般每亩留苗 7 500 株左右。

（2）中后期管理。紫苏幼苗期生长缓慢，前期要注意除草，定苗后，进入 6 月以后，随着温度升高，紫苏生长速度加快，需肥需水较多，要注意加强田间肥水管理，保持田间地面湿润，并注意视苗情追施肥料，一般每采收 1 次，就要补充施肥 1 次，一般 3~5kg 尿素稀释液或 1 000kg 人粪尿稀释液，能有效提高产品紫苏的产量与质量。紫苏抗性强，生长期间病虫害发生较少，但个别地块个别年份也有紫苏猝倒病、紫苏锈病、紫苏白粉病、紫苏斑枯病、紫苏根腐病、菟丝子以及红蜘蛛、大青叶蝉、野螟、蚜虫、银纹夜蛾等发生，一般不考虑药剂防治。若发生较严重时选用前述的常规药剂防治即可。

（3）及时采收。根据不同的目的可进行不同方式的采收。紫苏分枝能力强，及时采收可促进分枝，若采食嫩叶，可摘除花芽分化的顶端，消除生殖生长，陆续采收叶片上市。需要叶片，可选择植株上部的嫩叶采收，也可以掐尖收获。"芽紫苏"是收割法，"穗紫苏"为整株收获。

3. 贮藏

紫苏种子在常温下不耐贮藏，据试验紫苏种子收获晒干后放在牛皮纸袋中室温下存放 2 年，发芽率仅有 0.3% 左右；紫苏种子放在 5~8℃、湿度 80%~90% 条件下贮藏，贮存期 15~20 天。而在低温干燥条件下存放数年而不影响发芽出苗。

三、主要品种简介

（1）皱叶紫苏。该品种又称回回苏、鸡冠紫苏，红紫苏，特点是叶片大，卵圆形，多皱，有紫色和绿色之分，分枝较多，我国各地栽培较多，其种子较少，褐色。

（2）尖叶紫苏。该品种又称野生紫苏，白紫苏，叶片长椭圆形，叶面平，多茸毛，北方常在房前、篱边种植，其种子较大，灰色，常作鸟食出售，也有绿色、紫色、正面绿背面紫之分。

（3）红紫苏。该品种又名家苏叶，系栽培品种，为商品主流。其叶片多皱缩卷曲，常破碎，完整的叶片呈卵圆形，长径 5~12cm，宽径 4~8.5cm，叶先端急尖，边缘有锯齿，基部广楔形，有叶柄。叶片两面紫色或上表面绿色，下表面紫色或紫红色，叶上面被灰白色稀毛，质脆易碎，气芳香，味微辛。

（4）青紫苏。该品种又名野苏叶，多系野生品种。其不同于红紫苏之处为叶片较小，叶形渐尖，叶两面均为绿色或灰绿色，被灰白色毛，气微，但带有青草味。

四、种子生产技术

1. 原种生产技术

一般应选择土壤肥力高，技术管理水平高，交通方便，四周

500m 内没有花期相同的其他紫苏异品种的种子生产地块，以确保繁种纯度。一般多采用"四年三圃"提纯复壮法进行原种种子生产繁育。第一年，选单株，在长势良好、纯度较高的种子繁育田或系圃田中选择原品种特征明显的优良单株，注意在苗期、抽薹期、现蕾期、开花期、成熟期等各个生育关键时期做好田间观察鉴选，及时淘汰病、弱、杂、变异株，当选单株在种子成熟时及时收获，结合室内考种结果决选，当选植株单收、单晒、单存。要选籽粒性状、千粒重、株型整体度、生长势强等符合原品种典型性状的单株，当选数量应根据繁殖面积而定。第二年，建立株行圃，将第一年筛选的优良单株种子，每株种植 1 行，每10~20 个株行设置 1 行对照（用原来品种的原种种子），在出苗、抽薹、现蕾、开花、成熟等各个生育期做好田间观察鉴定，及时淘汰变异、感病、杂、弱株行，将品种典型性突出、纯度高、长势好的株行当选，做到单收、单晒、单存。第三年，建立株系圃，将第二年筛选的当选株行种子，分别种植，成为株系圃，在出苗、抽薹、现蕾、开花、成熟等各个生育期做好田间观察鉴定，及时淘汰变异、感病、杂、弱株系，将品种典型性突出、纯度高、长势好的株系当选，分株系单收、单晒、单存。第四年，建立原种圃，将第三年筛选的优良株系种子，混系种植，在各个生育期做好田间观察鉴定，及时淘汰变异、感病、杂、弱株，将品种典型性突出、纯度高、长势好的植株当选，混收即为原种。为了缩短选择繁殖年限，也可在选择株行，建立株系圃的同时，采用大量的优良单株选择，分株行比较，将当选优良株行混合繁殖作为简易原种。

2. 大田用种生产技术

（1）普通良种生产法。一般应选择土壤质地结构良好，土壤肥力高，技术管理水平高，交通方便，四周 200m 内没有花期相同的其他紫苏品种繁种的地块，播种要求用上年生产的原种或混系种子，种子纯度要高，品质要好，在开春4月播种，在出苗后的幼苗期、间苗、定苗、抽穗、现蕾、开花、籽粒成熟等主要生育时期，加强田间观察，多次田间鉴选，及时淘汰变异、杂、弱、感病植株，随时发现随时拔除，选留健壮、原品种特征特性突出的优良单株，适时收获。紫苏花序花期不一致，导致种子成熟期不同，为了避免成熟种子散落，最好分次收获。第一次收获一般在全田果穗40%种子成熟时进行；第二次一般在全田果穗90%种子成熟时进行。收割后，及时晾晒，脱粒，扬净，贴好种子标签，入库贮藏待用或上市销售。

（2）简易留种法。一般采用在田间选取植株生长健壮，符合原品种特征特性、纯度高的无病虫害的优良植株作为种株，于6月定植在留种田内，注意四周留有足够的隔离空间，周围无异品种留种，以免发生自然杂交。株行距为30~40cm²，定植后加强田间管理，10月种子逐渐成熟，应分次剪取成熟的花序，晒种3~5天后，脱粒扬净，待完全干燥后贴上标签，收藏存贮备用。一般每亩可收获种子产量100kg左右。

第九节　罗　勒

一、概述

罗勒，别名又叫毛罗勒、九层塔、、五香薄荷、零陵香、兰香草、光明子、省头草，植物学分类上为唇形科罗勒属一年生草本植物，属喜温暖湿润、耐热不耐寒类蔬菜、绿化、药用兼备植物，在欧、美各国为常用的香辛类调味蔬菜，食用部分为嫩叶或嫩茎梢，据测定每100g鲜罗勒的嫩茎叶中含水分88.g，还原糖0.74g，蛋白质3.77g，纤维素3.86g，β-胡萝卜素2.464mg，维生素C 5.3mg，钾576mg，钠5.69mg，钙285mg，镁106mg，磷

65.3mg，铜 0.91mg，铁 4.42mg，锌 0.523mg，锶 1.36mg，锰 0.68mg，硒 1.07μg，还含芳香油、茴香醚、罗勒烯、芳樟醇、甲基胡椒酚、丁香香油酚、丁香油酚甲醚、蒎烯、柠株烯、糠醛等成分。芳香油的主要成分为罗勒烯、1，8-桉叶素、芳樟醇、丁香油酚、茴香醚和桂皮酸甲酯等，有促进肠道蠕动、有助于消化、也可清肠明目、化湿、消食、活血、解毒和行气等作用。由于含有特别芳香的气味，也是一种珍稀的保健蔬菜，具有去腥效果，可凉拌、油炸、热炒、做汤等烹调，也可作炖肉的香料，经常食用有驱蚊灭菌、消暑解毒、去痛健胃、通利血脉、强壮身体等效果，并逐渐被广大市民所接受，植株形状漂亮可供观赏，叶色翠绿或紫红色，分枝多，既可美化环境，又可驱避蚊蝇，还能用做蔬菜。

二、高产栽培技术要点

1. 选地

罗勒根系发达，根入土深达 0.5~1m，栽培生产宜选排水良好、肥沃疏松的壤土或沙质壤土地块，栽前施优质有机粪肥 3 000~5 000kg/亩、尿素 10~15kg，氯化钾 10~15kg，撒施均匀后深耕细耙平整，作宽 1.5m 左右的平畦或高畦待播种或移栽之用。

2. 栽培方式

有露地栽培或温室温棚设施栽培，可直播、可育苗。露地栽培一般在春季、秋季进行，可直播亦可育苗移栽。直播有行播、穴播、撒播，黄淮流域一般在晚霜期过后的 4 月中下旬进行直接播种，以行播为主。育苗一般在 2 月底至 3 月上中旬，4 月中下旬至 5 月移栽。温室温棚设施栽培一年四季均可进行，只是冬季需要注意保温 16℃以上。

3. 做好种子处理

（1）播前晒种。选晴朗天气晒种 2~3 天，可促进种子吸水速率，杀死种子表面部分病菌。

（2）温汤浸种。将种子放入纱布袋里浸泡在 50℃左右温水中 10 分钟杀菌消毒，再用湿毛巾或纱布盖好，保温保湿，放在 25℃左右的温度下进行催芽。每天用清水漂洗 1 次，控净，如种子量大，每天翻动 1~2 次，使温度均衡，出芽整齐。当种子露白时，温度要降到 18~20℃有利于出芽粗壮整齐。芽出齐后，如遇到特殊天气，可将发芽种子移到 5~10℃的地方，控制芽子生长，等待播种。

4. 及时播种或育苗移栽

（1）直接播种。露地播种时间：南方 3—4 月，北方 4 月下旬至 5 月上旬，播种应选择晴天进行，条播按行距 35cm 左右开沟，穴播按穴距 25cm 挖穴，深 1.5~2.0cm，浇足底墒水，待水下渗后，把浸种催芽处理好的种子均匀撒入沟里或穴里，覆盖 1cm 厚的薄土，并保持土壤湿润，每亩用种子 0.2~0.3kg，为了撒种均匀，将种子（1 份）与沙子（3 份）混合均匀后再撒种。

（2）育苗。先用过筛的细土和腐熟的有机肥按 8∶2 或 7∶3 的比例混合均匀备用。选择建苗床或用穴盘，先将营养土装入苗床（厚度 5~10cm）或穴盘内，用水（有条件最好用热温水）浇透，等水渗下后，将催出芽的种子均匀播于苗床或穴盘内，上面覆盖 1cm 厚细土，盖上塑料薄膜，保温保湿。育苗时间南方一般在 1 月中下旬至 2 月上旬，北方一般在 2 月底至 3 月份进行，播种盖床土后，加强苗床管理。

（3）适时移栽。当苗高 10~15cm 时带土移栽于大田，随移栽随浇水，确保成活。移栽行株距配置为（40~60）cm×（20~25）cm，每亩栽植 5 000 株左右。

5. 加强田间管理

直播田出苗后，在苗高 6~10cm 时进行间苗、补苗，6~7 片真叶时定苗，穴播每穴留苗 2~3 株，条播按 10cm 左右留 1 株。苗期一般中耕除草 2 次，分别在出苗后 10~20 天，浅锄表土。5月上旬至 6 月上旬，植株封行前，每次中耕后都要施入人畜粪水。罗勒喜湿润，怕干旱，幼苗期要注意及时浇水。

6. 适时采收

一般在出苗后 30~40 天，当植株 30cm 高、封垄后即可开始进行采收嫩梢和嫩叶上市出售，采收时用剪刀或镰刀在离地面 10~15cm 处剪割，过低会影响再生能力，要避免带出根系和伤口感染，为了保证鲜菜质量，应选择未抽薹的幼嫩枝条前端采收，长度 5~10cm 为宜。采收时先采大苗、旺苗，留小苗生长几天再采收，一般每 7~15 天采收 1 次，一茬可采收 3~4 次。每次采收后都要加强肥水管理，促其重新萌发新的茎叶。若种植用于提炼调味精油，应选择在花序出齐时进行割取全草，除去细根和杂质，晒干待用。收割后应尽快进行加工，以免伤口及叶片变褐发黄，影响精油品质。

7. 病虫害防治

在虫害方面，主要有蚜虫、日本甲虫、蓟马、潜叶蝇、蜗牛及蛞蝓。有机栽培可用喷清水驱离蚜虫以及用手捉日本甲虫丢进肥皂水中。对于蛞蝓及蜗牛，可用小的啤酒容器诱杀或者在距植株基部 5cm 处（10cm 处更佳）绑铜片，由于铜片与蛞蝓黏液作用，致使入侵昆虫退却。

在病害方面，罗勒品种对于真菌性萎凋病呈高度感染。病原菌从根的微管束侵入，阻害植株生育，导致叶片萎凋。病原菌在土中可潜伏多年。另外，高湿及排水不良也较易感染真菌性叶斑病。

罗勒与芦笋、胡椒、蕃茄及大部分的蔬菜可以混植，能增加该等作物之生长及风味，唯不能与甘蓝及菜豆混植。此外，也要远离芸香科植物。由于具有特殊味道，因此，可阻绝粉虱及天蛾幼虫。蛞蝓也不太喜欢罗勒的味道。含有特殊的气味，这些气味对某些害虫而言，本身即有忌避作用，但是有一些害虫照样会啃食叶片，如夜盗虫，可以用手抓除，或用防虫网罩住隔离。病害的防治则以预防为主，方法是不要使用栽培过的旧土去种香草，因为，内藏的病原菌会成为感染源，另外，要在合适的季节或环境下栽培罗勒，这样，植株强壮自然可抵抗病害的侵袭。在新鲜香草使用时，都是可以生食或短暂加热，如含有农药成分，对健康会有不良影响。

三、主要品种简介

（1）甜罗勒。该品种为罗勒属中以幼嫩茎叶为食的一年生草本植物，矮生，栽培最为广泛，在我国也较为常见，形成紧实的植株丛，株高 25～30cm，叶片亮绿色，长 2.5～2.7cm，花白色，花茎较长，分层较多。

（2）斑叶罗勒。该品种株高及其他特性同甜罗勒，不同点在于茎深紫色至棕色，花紫色，叶片具有紫色斑点。

（3）丁香罗勒。该品种顶生圆锥花序，花冠白色。丁香罗勒是提取丁香酚的原料植物，用以配制香水、花露水，并作为罐头食品和防腐剂和香料，使用于牙科的消毒剂。

（4）矮生罗勒。此品种植株较为矮小，密生，分枝性比较强，叶片很小，花白色，种子和其他品种无大区别。

（5）绿罗勒。此品种植株绿色，比较适合种植在花盆中，因其鲜嫩明快的翠绿色和特殊的芳香气息很受人们的欢迎，花多为簇生，整个植株贴地面生长，花数量很大，形成很小的花簇，花色由玫瑰色至白色，与叶片深绿的颜色形成鲜明的对比，多用做园艺植物。

（6）密生罗勒。此品种最明显的特征在于能够形成大量的枝条，整个植株十分繁密，外形为一个密密的、翠绿色的圆球状植株体，更适合作观赏植物，可种植在花盆中或放在花瓶中，是一种极佳的绿色草本园艺植物。

（7）紫罗勒。该品种紫红色，叶子沿中脉上折，叶片卷曲有褶皱。一般用来泡酒制滋补品，具有壮阳作用。

（8）紫红罗勒。该品种花粉红色，茎叶暗紫红色，叶具丁香气味。一般用作食用绿酱汁的基本原料及加工提炼精油用。

（9）茴香罗勒。该品种茎黑色，叶脉紫色，叶绿色，椭圆形至卵圆形，具茴香气味。

四、种子生产技术

1. 原种生产技术

原种生产一般应选择土壤肥力高，技术管理水平高，交通方便，四周500m内没有花期相同的其他菊花脑异品种繁种的地块，采用"四年三圃"提纯复壮法生产原种种子。第一年，选单株，在长势良好、纯度高的种子繁育田或系圃田中选择单株，注意在各个生育关键时期做好田间观察鉴选，及时淘汰病、弱、杂、变异株，当选单株一般在9月开花，10—11月种子成熟。当选植株单收单晒，考种筛选。要选籽粒性状、千粒重、株型整体度、生长势强、符合原品种典型性状的单株，当选数量应根据繁殖面积而定。第二年，建立株行圃，将第一年筛选的优良单株种子，每株种植1行，在各个生育期做好田间观察鉴定，及时淘汰变异、感病、杂、弱株行，将品种典型性突出、纯度高、长势好的株行当选，单收单晒单存。第三年，建立株系圃，将第二年筛选的当选株行种子，分别种植，在各个生育期做好田间观察鉴定，及时淘汰变异、感病、杂、弱株系，将品种典型性突出、纯度高、长势好的株系当选，分株系单收单晒单存。第四年，建立原种圃，将第三年筛选的优良株系种子，混系种植，在各个生育期做好田间观察鉴定，及时淘汰变异、感病、杂、弱株，将品种典型性突出、纯度高、长势好的植株当选，混收即为原种。为了缩短选择繁殖年限，也可在选择株行，建立株系圃的同时，采用大量的优良单株选择，分株行比较，将当选优良株行混合繁殖作为简易原种。

种子生产繁殖一般南方 3—4 月播种，北方 4—5 月初播种，条播按行距 35cm 左右开浅沟，穴播按穴距 25cm 开浅穴，匀撒入沟里或穴里，盖一层薄土，并保持土壤湿润，每亩用种子 0.2~0.3kg。亦可采用育苗移栽，北方可于 3 月阳畦育苗，苗高 10~15cm 时带土移栽于大田。移栽后踏实浇水。

在苗高 6~10cm 时进行间苗、补苗，穴播每穴留苗 2~3 株，条播按 10cm 左右留 1 株。一般中耕除草 2 次，第一次于出苗后 10~20 天，浅锄表土。第二次在 5 月上旬至 6 月上旬，苗封行前，每次中耕后都要施入人畜粪水。幼苗期怕干旱，要注意及时浇水。

罗勒种子采收在 8—9 月种子成熟时收割全草，后熟几天，打下种子簸净杂质晒干，标好标签，入库保存备用或上市销售。

2. 大田用种生产技术

一般应选择土壤质地结构良好，土壤肥力高，技术管理水平高，交通方便，四周 200m 内没有花期相同的其他罗勒品种繁种的地块，播种要求用纯度高，品质好的原种种子，在 4 月播种，在苗期、现蕾、开花、籽粒成熟等主要生育时期，加强田间观察拣选，及时淘汰变异、杂、弱、感病植株，选留健壮、原品种特征特性突出的优良单株，适时收获，脱粒晒干扬净，贴好种子标签，上市或入库待用。

第十节 香 芹

一、概述

香芹，又名洋香菜，别名法国香菜、洋芫荽、洋香菜、旱芹菜、荷兰芹、欧芹、番荽、蕃茜、香茜等，植物学属双子叶伞形花科欧芹属 1～2 年生草本植物。原产地中海沿岸，株高 30～100cm，叶子呈深绿色，极有光泽，主根肉质粗大，呈长圆锥形，外表浅棕色。茎多数三棱，实心。叶为二回羽状复叶，小叶缘具锯齿。伞形花序花乳白色，花期夏季。果卵形，有果棱两条，成熟时果皮自两侧向外卷，种子细小，棕灰色，有芳香味。原产地为地中海沿岸，生产于欧洲西部及南部。我国各地均有栽培，亦有野生状态分布。香芹的根和叶均可作蔬菜食用，或将叶速干燥切碎作香辛料。叶含有挥发油，主要成分为豆蔻醚和芹菜醛，类黄酮，香豆素，维生素 A、C 和 E 等，据测定每 100g 嫩叶中含蛋白质 3.67g，纤维素 4.14g，还原糖 1.22g，胡萝卜素 4.302mg，维生素 B_1 0.08mg，维生素 B_2 0.11mg，维生素 C 76～90mg，钾 693.5mg，钠 67.01mg，钙 200.5mg，镁 64.13mg，磷 60.42mg，铜 0.091mg，铁 7.656mg，锌 0.663mg，锶 1.164mg，锰 0.7603mg，硒 3.89μg，被称为高（富）硒类蔬菜，也是种植效益较高的特菜之一。

二、高产栽培技术要点

1. 选地整地

香芹喜湿润、怕涝，因此，种植香芹宜选择地势较高、排水良好、灌溉方便的地块。种植前要施入充足的腐熟有机质肥料作基肥，一般每亩 3 000～5 000kg；可用鸡粪和厩圈粪各半，撒施均匀后深耕20~25cm、晒田、平整，视当地气候、地下水深浅及渗水、排水情况作成宽1.5m的平畦或高畦。老菜地最好用氧化钴进行土壤杀菌消毒以及消灭地下害虫。

2. 播种方式

可直播也可育苗，以育苗移栽为好。直播用种量7.5~11.25kg/hm²，育苗用种量2~3kg/hm²。因香芹种子的皮厚而且坚硬，并有油腺，难吸水，发芽慢而参差不齐，故播种时应进行浸种催芽。用25℃左右温水浸种12~14小时后用清水冲洗，并轻揉搓去老皮，摊开晾爽再播种。

3. 培育壮苗

育苗宜采用穴盘育苗，用288孔苗盘，种植密度30cm×20cm每亩需苗盘40个。配制床土时加入N：P：K为15：15：15复合肥1kg。育苗时，要加强苗床管理，使苗床内的温度白天维持20~25℃，夜间不低于15℃。齐苗后苗床温度白天20℃，夜间10~15℃。小水勤喷，苗盘育苗要看苗势结合喷水进行1~2次叶面喷肥，也可用0.1%的磷酸二氢钾+0.2%尿素混合液。

4. 适时移栽定植

育苗移栽的应在幼苗有5~6片真叶时定植到大田。行距30~40cm，株距12~20cm。移栽定植时，开沟要直，深2.5~4cm，栽植后随即浇好定根水，3~5天后再次浇水保活。直播田在幼苗1~2片真叶时，进行间苗并结合除草，一般间苗2~3次后待5~6片真叶时按株行距定苗。

5. 加强田间管理

香芹整个生长期对氮肥需求量较大，其次是磷肥、钾肥。在整地时要施足底肥，底肥以优质的农家肥为主，配以二铵或三元复合肥料，然后精耕细作。在田间管理中，结合浇水，冲施尿素3~4次或腐熟的人粪尿4~5次，两者交替施用，为避免伤根，一般追肥不进行土壤深施。因香芹多为生食，追肥不宜用未腐熟的人粪尿肥，应以基肥为主，还要减少农药化肥用量，降低残留毒素。施入基肥要充分腐熟倒细，追肥宜用复合肥或尿素，坚持每一个月追肥一次。采收期间每采收 1~2 次后，追施尿素 75~150kg，或用 0.3%~0.5% 尿素加 0.3% 磷酸二氢钾进行叶面喷肥。缺硼可用 0.5% 硼砂，缺钾用 0.3% 硫酸钾或磷酸二氢钾在早晨、阴天喷雾。

6. 搞好病虫害防治

香芹因本身具有特殊气味，病虫害相对较少。主要虫害为蚜虫，可用 50% 抗蚜威或辟蚜雾可湿性粉剂 2 000~2 500 倍液＋新高脂膜 600~800 倍液进行防治。常见病害是早疫病，也称斑点病，可用 70% 代森锰锌或甲基托布津 400~600 倍液，或用 50% 扑海因可湿性粉剂＋新高脂膜 600~800 倍液提高药效。

7. 适时采收

香芹可一次性采收或分期采收。当香芹株高达到商品性状时，可适时进行采收。分期采收可从基部剪（掰）取 15~20cm 长的外叶，留取心叶使其继续生长，剪取时应轻轻剪断叶柄，基部留 1~2cm，注意不要损伤植株和嫩叶，这样可使香芹的生长不受影响，采收期延长，以提高产量和经济效益。

三、主要品种简介

香芹品种可分为皱叶种、板叶种、芹叶种、蕨叶种 4 种类型，以皱叶种类型较为常见。

（1）皱叶种。皱叶种又称卷叶种，叶面曲皱，卷皱呈鸡冠状，叶缘呈弯卷形，短缩茎，株高约 30cm，基出叶簇生，深绿色，卷曲皱缩，一株叶可多达 50 余片，叶片供食，品质较好，应用较多的品种有元首、柏拉马温涛、中里、新西兰、重皱、犹他女王、加拿大香芹等。

（2）板叶种。板叶种又称平叶种，叶片扁平而尖，缺刻大，卷皱少，根、叶供食，又称意大利欧芹，多用在调理食品上，风味类似原始芹菜；加拿大香芹由加拿大引进，最大叶柄长15cm，宽3cm，厚0.4cm，叶柄淡绿色，单株170g，生长速度快。

（3）德国香芹。德国香芹是从德国引进的一种香芹新品种，味道同芹菜一模一样。特点是下面有大块茎（块茎有1~1.5kg重）也是芹菜的味道。一般的绿叶芹菜只能炒菜或凉拌。属块茎类的芹菜还可以同土豆萝卜一样炖着吃。另外，它还适合长期存放。

（4）荷兰香芹。荷兰香芹为荷兰地方品种，营养成分较好，叶之浸出液可护肤养发，叶、根及种子均利尿助消化，含有止痛的成分亦可缓解风湿疼痛，有助产后子宫复原，药糊可治扭伤及创伤等。

四、种子生产技术

1. 原种生产技术

香芹为异花授粉蔬菜作物，繁殖种子时要注意隔离防杂。一般应选择土壤肥力高，技术管理水平高，灌、排水方便，四周2 000m内没有花期相同的香芹类其他异品种种子生产的地块，采用"四年三圃制"提纯复壮法生产原种种子。第一年，选单株，在长势良好、纯度高的种子繁育田或系圃田中选优良单株，注意在各个生育关键时期做好田间观察鉴选，及时淘汰病、弱、杂、变异株，当选单株（秋播秋末初冬栽植）一般在5月开花，6—7月种子成熟；早春播春末初夏栽植一般在8—9月开花，10—11月种子成熟。当选植株单收单晒，考种筛选。要选籽粒性状、千粒重、株型整体度、生长势强、符合原品种典型性状的单株，当选数量多少应根据繁殖面积而定。第二年，建立株行圃，将第一年筛选的优良单株种子，每株种植1行，在各个关键生育期做好田间观察鉴定，及时淘汰变异、感病、杂、弱株等株行，将品种典型性突出、纯度高、长势好的株行当选，单收单晒单存。第三年，建立株系圃，将第二年筛选的当选株行种子，分别种植，在各个生育期做好田间观察鉴定，及时淘汰变异、感病、杂、弱株系，将品种典型性突出、纯度高、长势好的株系当选，分株系单收单晒单存。第四年，建立原种圃，将第三年筛选的优良株系种子，混系种植，在各个生育期做好田间观察鉴定，及时淘汰变异、感病、杂、弱株，将品种典型性突出、纯度高、长势好的植株当选，混收即为原种。为了缩短选择繁殖年限，也可在选择株行，建立株系圃的同时，采用大量的优良单株选择，分株行比较，将当选优良株行混合繁殖作为简易原种。

2. 大田用种生产技术

一般应选择土壤质地结构良好，土壤肥力高，技术管理水平高，交通方便，四周至少 500m 内没有花期相同的其他香芹品种繁种的地块，播种要求用纯度高，品质好的原种种子，在 4 月播种，在苗期、现蕾、开花、籽粒成熟等主要生育时期，加强田间观察拣选，及时淘汰变异、杂、弱、感病植株，选留健壮、原品种特征特性突出的优良单株，适时收获，脱粒晒干扬净，贴好种子标签，上市或入库待用。

第十一节　莳　萝

一、概述

莳萝，别名土茴香、香丝菜，谷茴香，古称"洋茴香"，植物学分类为伞形目伞形科，莳萝属 1～2 年生草本植物，株高 60～120cm，茎单一，直立，圆柱形，有纵长细条纹，茎粗 0.5～1.5cm。光滑，全株无毛，有强烈香味。基生叶有柄，叶柄长 4～6cm，基部有宽阔叶鞘，边缘膜质；叶片宽卵形、矩圆形至倒卵形，长 10～35cm，2～4 回羽状全裂，最终裂片丝状，长 4～20mm，茎上部叶较小，分裂次数少，无叶柄，仅有叶鞘。复伞形花序顶生，直径约 15cm；无总苞及小苞；花瓣黄色，内曲，早落。双悬果椭圆形，背棱稍突起，侧棱狭扁带状。外表看起来像茴香，原为生长于印度的植物，自地中海沿岸传至欧洲各国。莳萝叶片鲜绿色，呈羽毛状，种子呈细小圆扁平状，味道辛香甘甜，果入药，有祛风、健胃、散瘀、催乳作用。果实可提芳香油，多用作调和香精的原料或食油调味，有促进消化之效用，可作小茴香的代用品，油中主要成分为藏茴香酮、柠檬烯、水芹烯，及脂肪油。我国东北、甘肃、广东、广西等省区栽培，河南等省也有少量种植。莳萝芳香开胃，增进食欲。

菜用部分为嫩茎叶，可炒食或作调味品，也可作切碎置于肉或蛋汤中，增加香味。菜用莳萝在出苗后 30～40 天采收全株，食其嫩茎叶，莳萝香气近似于香芹而更强烈一些有点清凉味，温和而不刺激，味道辛香甘甜。如作调味香料则在抽薹开花后采收。莳萝为半耐寒蔬菜，喜欢冷凉，湿润的气候，若只收获小苗，生长期较短。为均衡供应，可进行分批播种，莳萝抗逆性强，并具有特殊的风味，栽培容易，病虫害很少发生。

二、高产栽培技术要点

1. 选择适宜种植的地块

一般选择地势较高，土壤肥力较好的地块作苗床，大田用种量为 0.2～0.25kg/亩，育苗移栽的，苗床与大田之比一般为1：（15～20）的比例。播种前要施足基肥、深耕细耙、精心平整，使土壤达到深、熟、细、透、平等标准，然后在对土壤进行药剂处理，以防治地下害虫，最后种子拌细土进行均匀播种，为促进根部的快速生长，移栽前最好进行假植，假植的时间常常在 9 月中旬前后即幼苗 6～8 叶期时进行，假植的种植标准是每亩要栽植 3 000~5 000株，栽植深度以 13~17cm 为宜，假植活棵后以稀薄粪水或肥水浇施以加快其生长。

2. 做好种子处理

播种前可用冷水或 40~50℃ 温水浸种 4~5 天。每天换水一次，捞出沥干水分即可播种。也可用3%的硫酸铜或1%尿素溶液浸种，有益于发芽，用甲醇浸种 5 分钟可提高发芽率和提早发芽。近年来，采取长期冷水浸种，也获得较好的效果。

3. 高质量播种

莳萝对土壤 pH 值反应较为敏感，中性或微碱性土壤育苗，常出现幼苗黄化现象，生长不良，故宜选地下水位较高，pH 值 5~6.5 偏酸性土壤环境较好，多用肥沃湿润的沙壤土播种育苗。冬季播种以 12 月为好，春季播种宜在 2 月中、下旬进行。莳萝幼苗出土力弱，覆土不宜太厚，以 2cm 左右为宜。覆土后随即覆盖一层稻草或地膜，以利保墒并防止土壤板结。每米（开沟）条播下种 30~50 粒为宜。莳萝幼苗不仅具有耐水湿的特点，还具有一定程度的耐旱性。适宜栽植于土壤饱和水或渍水的环境中，在干旱条件下应注意浇水抗旱，促使莳萝正常的生长发育。

4. 田间生产管理

（1）莳萝出苗期胚轴长且脆嫩，应及时揭去覆草，以防伤苗。

（2）根据出苗情况，及早进行疏密补缺，使苗齐、苗全、苗匀，有利均衡生长。

（3）莳萝幼苗期对水分亏缺反应敏感，水分管理尤当细心，应经常保持地面湿润。此后追肥要注意多次少量（浓度低些），从 5 月下旬至 8 月中旬，每隔 2~4 周追速效肥 1 次。

（4）为防苗期黄化，还应及时施入适量的硫酸亚铁。每次施肥、灌水后应及时松土、除草、保墒。

5. 做好病虫害防治

莳萝因其自身具有特殊芳香气味，一般病虫害发生较轻，具有抵抗病虫害能力，正常年份可以不用喷洒药剂防虫治病。但个别地块个别年份也偶有病虫为害，常见的蚜虫、潜叶蝇等。

6. 适时收获上市

作为叶菜类蔬菜，适时收获对单位面积蔬菜产量、蔬菜质量都较为重要，一般是幼嫩未木质化前就应该及时收获上市销售，以获得较高的经济效益。

三、主要品种简介

（1）野生类型。特征特性为多年或一年生草本，株高 60～90cm；茎直立，无毛。2～3 回羽状全裂，最终裂片丝状。复伞形花序顶生，果实可提芳香油，为调和香精的原料；可作小茴香的代用品；果入药，有祛风、健胃、散瘀、催乳作用。

（2）俄罗斯莳萝。该品种也称洋茴香，特征特性硬柄上带有非常纤细的羽状叶片，外表看起来像茴香，它的香气近似于香芹但更浓烈一些，有点清凉味，味道辛香甘甜。因此经常用来烹调鱼类，烘焙面包，做汤，调味酱和腌制。

（3）卷叶莳萝。该类型植株高 60～90cm，叶片羽毛状，叶片卷曲明显，鲜绿色，味道辛香甘甜，适用于炖菜、海鲜、等佐味香料。种子细小，圆扁平状。

（4）扁叶（平叶）莳萝。该类型株高 60～120cm，叶片鲜绿色，呈羽毛状，味道辛香甘甜，适用于炖菜、海鲜、等佐味香料。种子细小，圆扁平状。

四、种子生产技术

莳萝繁殖方式有 2 种，一是繁育种子，通过播种进行蔬菜生产；二是扦插繁殖，通过无形繁殖进行蔬菜生产。大田生产中，以种子繁殖方法为主。

1. 原种生产技术

多采用四年三圃制，首先要选择隔离条件良好、土壤肥沃，灌排方便，管理水平较高、基础条件较好的地块，四周500m内没有花期相同的异品种莳萝繁种田。第一年在品种纯度较高的繁种田中选择优良单株，建立种子田和采穗园。在出苗、定苗、幼苗等不同阶段的关键时期做好田间拣选，及时拔除感病、变异、杂株等，保留生长整齐一致、纯度高、原品种特征特性明显的单株，并加强田间管理，促使当选单株健壮生长以繁殖高质量的种子，一般情况下最好进行人工辅助授粉，多在盛花期间重复授粉5~6次，确保授粉良好以提高种子产量，种子成熟时（当球果由黄绿色变为黄褐色，种皮由黄褐色变为深褐色时，表明种子已经成熟，即可采收），适时分株采收保存。第二年，分株种植成株行圃，每隔10~20个株行，种植1个对照行，在出苗、定苗、幼苗等不同阶段的关键时期做好田间拣选，及时淘汰有感病、变异、杂株等表现的株行，保留生长整齐一致、纯度高、原品种特征特性明显的株行，并加强田间管理，促使当选株行植株健壮生长，以繁殖高质量的种子，一般情况下可在盛花期间进行人工辅助授粉5~6次，确保授粉良好以提高种子产量，种子成熟时，适时分株行采收保存，以供下年使用。第三年，将当选的优良株行种子分别种植，建立株系圃，每隔10~20个株系，种植1个对照（原品种的原种），在出苗、定苗、幼苗、成株、开花等不同阶段的关键时期做好田间拣选，及时淘汰有感病、变异、杂株等表现的株系，保留生长整齐一致、纯度高、原品种特征特性明显的株系，并加强田间管理，促使当选株系植株健壮生长，以繁殖高质量的种子，一般情况下可在盛花期间进行人工辅助授粉5~6次，确保授粉良好以提高种子产量，种子成熟时，适时分株系采收保存，以供下年使用。第四年，将当选的优良株系种子混系种植，建立原种圃，并种植对照圃，在出苗、定苗、幼苗、成株、开花等不同阶段的关键时期做好田间拣选，及时淘汰有感病、变异、杂株等表现的单株，保留生长整齐一致、纯度高、原品种特征特性明显的植株，并加强田间管理，促使当原种圃植株健壮生长，以繁殖高质量的种子，一般情况下可在盛花期间进行人工辅助授粉5~6次，确保授粉良好以提高种子产量，种子成熟时，适时采收保存供做原种种子使用。

注意事项：在种子生产的各个环节都要树立质量观念，严防混杂，确保种子纯度、净度、发芽率达标合格，莳萝的花期较长，种子成熟时间不一致，必须分批采摘。一般于6月中旬开始陆续进入采收期，7月上中旬采收结束，先成熟先采收，确保籽粒饱满度良好，提高品质和上市价格。

2. 大田用种生产技术

一般应选择土壤质地结构良好，土壤肥力高，技术管理水平高，交通方便，四周200m内没有花期相同的其他莳萝品种繁种的地块，播种要求用纯度高，品质好的原种种子，在4月份播种，在苗期、现蕾、开花、籽粒成熟等主要生育时期，加强田间观察拣选，及时淘汰变异、杂、弱、感病植株，选留健壮、原品种特征特性突出的优良单株，适时收获，脱粒晒干扬净，贴好种子标签，上市或入库待用。

3. 扦插繁殖

近几年，由于气候反常对种子的影响较大，莳萝的播种繁殖发芽率较低。在种源不足的情况下，扦插育苗是莳萝繁殖的主要方法之一。扦插繁殖时，为了扩大条源、加速繁殖，除了硬枝扦插外，还可在夏、秋季节用嫩枝扦插。扦插宜用幼龄树的秋稍带踵扦插。插条用高锰酸钾液浸泡2h，效果好。移植要带土球，小苗沾泥。具体做法：嫩枝扦插，6—8月在中幼龄树上选取萌发的侧枝，剪成插穗，上部留叶3~5片，用沙壤土做基质，以

5cm×10cm 的株行距插于苗床，并搭棚遮阴，保持床面湿润，一般 9 月中下旬即可愈合生根；硬枝扦插时，插条的好坏直接关系到成苗率的高低和苗木的品质，硬枝扦插成活率除与母体有关外，还与插穗剪取的部位密切相关，以枝条的基部为最好，中部次之，梢部最差。

第十二节 鸭儿芹

一、概述

鸭儿芹，别名又称三叶芹、鸭脚板、鸭掌菜、野芹菜、山芹菜、野蜀葵、三蜀葵、六月寒、水蒲莲、水芹菜等，植物学属伞形科鸭儿芹属多年生草本植物，鸭儿芹近年在传统药用基础上扩展到保健特色蔬菜和园艺地被植物。食用部分为柔嫩的茎叶，营养丰富，具有特殊的芳香风味，是大众喜食的绿叶调味蔬菜，又因其易于生长，繁殖简易，耐阴湿环境，也可作地被植物，应用于园艺造景中的角落、林下等荫蔽环境。据测定每 100g 鲜嫩茎叶中含蛋白质 2.7~11g，脂肪 2.6g，糖类 9g，维生素 A100 国际单位，维生素 B_1 0.06mg，维生素 B_2 0.26mg，维生素 C 18mg，钙 44mg，磷 46mg，铁 0.8mg，另外，还含有鸭儿烯、开加烯、开加醇等挥发油，该菜特点是维生素含量较高，铁含量特高。而且全草入药，活血祛淤，镇痛止痒，消炎解毒，主治跌打损伤，皮肤瘙痒症，对身体虚弱，尿闭及肿毒等症有疗效。株高 30~90cm 左右，茎直立，光滑，有分枝，表面有时略带淡紫色。基生叶或上部叶有柄，叶柄长 5~20cm，叶鞘边缘膜质，叶片轮廓三角形至广卵形，通常为 3 小叶；中间小叶片呈菱状倒卵形或心形，顶端短尖，基部楔形；两侧小叶片斜倒卵形至长卵形，近无柄，所有的小叶片边缘有不规则的尖锐重锯齿，表面绿色，背面淡绿色，两面叶脉隆起，最上部的茎生叶近无柄。复伞形花序呈圆锥状，花序梗不等长，花瓣白色，花期4—5月，果期6—10月。

二、高产栽培技术要点

1. 青芹栽培

露地栽培季节从4月底至10月底都可播种、可育苗。以直接播种方式生产叶菜比较常用，若利用温室温棚等设施条件则可周年生产上市。

（1）选择适宜地块。播种育苗前应选择土壤肥沃，地下水位低，灌、排水良好的地块来种植利用。

（2）施足底肥，培肥地力。为了更好地满足鸭儿芹生长需要，一般每亩地基施优质有机肥3 000~5 000kg，复合肥20kg，撒施均匀，深翻25cm左右，细耙平整，整成畦宽1.5m左右的平畦或高畦，采用撒播或条播。

（3）搞好种子处理。播前7~10天进行种子处理。先选择晴天晒种1~2天；然后用清水浸种24小时，种子捞出晾干后用1 000倍的高锰酸钾处理15分钟。因鸭儿芹种子休眠期长，浸种消毒后要进行冷藏处理。具体做法是：将经上述处理后的种子洗净后放冰箱冷藏室（5~7℃）中处理20天，其间每隔5~7天清洗种子1次。

（4）高质量播种。整好地的畦面，播种量每亩2kg左右，开浅沟条播或撒播，播后浅盖土或用扫扫轻轻地扫一下，使种子落入沟内土粒间隙中，用脚踏实镇压，浇透水，覆盖薄膜或稻草保湿，10天左右可以出苗。出苗后及时去除覆盖物，分次间苗，当苗高5~10cm时即可定苗，苗距5cm左右。

（5）加强田间管理。幼苗期间保持田间湿润，苗期一般不浇水，可早晚喷水保持田面湿润，夏季气温高，应覆盖遮阳网降温，早春及晚秋应覆盖小拱棚保温，尽可能创造适于鸭儿芹生长的环境条件，以获得高产优质商品蔬菜。由于鸭儿芹抗逆性、生长力强，适应性广，一般不需要施药防治，个别年份或地方需要防病，可使用波尔多液稀释喷施即可。

2. 软化栽培

（1）利用春播培养成的健壮根株进行软化栽培。播种及管理技术与青芹相似，10月下旬，小心地将根株挖出，用稻草轻轻的捆成直径10cm粗的小宿束，假植于田间挖掘的浅沟中，四周培土，以备栽培用。

（2）软化沟软化。冬季选择避风向阳的大棚或场所，挖深60～70cm，宽90～120cm，长度因地因棚灵活掌握。沟底层铺稻草，其上铺肥土5～6cm，也可在沟床地底铺电热线，功率为每平方米50～60W，将鸭儿芹根株地上部分留5～6cm剪齐，密植于沟底床土中，然后，每平方米浇水20kg，根株上覆盖草帘，再覆盖稻草捆，沟面覆盖塑料薄膜，其上再覆盖一层黑色薄膜，在该稻草，做到保温遮光，发芽前保持25～27℃，发芽后保持18～25℃，以后每天浇15～20℃温水，芽高10cm时，透弱光2～3天，采收前5天，除去覆盖物，见光，一般25～30天后，当苗高20cm时，可第一次收割，一般可收割2～3次。

（3）培土软化。春季5月播种时，做成1.2～1.5m宽的平畦，按照60cm或75cm行距播种2行，培土前摘除枯叶，中耕施肥，分次培土，厚15cm左右，温度低可扣小拱棚，床温保持在15～18℃，当床温超过20～25℃时要通风换气，当软化部分达到12cm左右时，地上部分茎叶总长达24cm时，即可收获，采收植株留根须长5cm左右。

三、主要品种简介

按茎与叶柄的不同颜色可将鸭儿芹分为青梗和白梗等类型。

目前，常用的栽培品种如下。

（1）青梗鸭儿芹。该品种三出复叶，短缩茎浅绿，叶柄绿色，抗逆性强。

（2）白茎鸭儿芹。该品种最早引自日本推广品种，三出复叶，植株健壮，抗逆性较好，适应性突出，茎和叶柄呈奶白色，叶片绿色，作一般栽培及软化栽培均可。

（3）紫叶鸭儿芹。该品种株高 30～70cm，呈叉式分枝。叶片广卵形，长 5～18cm，3 出叶，中间小叶片菱状倒卵形，长 3～10cm，宽 2.5～7cm，顶端短尖，基部楔形，两侧小叶片斜倒卵形，小叶片边缘有锯齿或有时 2～3 浅裂。叶柄长 5～17cm，茎上部的叶无柄，小叶片披针形。整个花序呈圆锥形，果棱细线状圆钝。花期 4—5 月。不耐高温，在 25℃ 以上生长明显减慢，30℃ 以上时从下部叶片开始发黄，但较耐低温。鸭儿芹对光照强度要求较低，光补偿点和光饱和点仅为芹菜的 1/2 左右。

（4）大叶鸭儿芹。该品种植株呈开张状或直立状，株高 35～40cm，叶片为三出复叶，绿色，叶柄长达 26cm，复叶基部成鞘膜质状，密植时叶柄和茎均为淡绿色，遇低温或强光时叶柄变成淡紫红色，该品种香味浓郁，质地柔嫩，品质上佳。

四、种子生产技术

1. 原种生产技术

一般应选择土壤肥力高，技术管理水平高，交通方便，四周 1 000m 内没有花期相同的其他鸭儿芹异品种种子繁育地块，采用"四年三圃"提纯复壮法生产原种种子。第一年，选单株，在长势良好、纯度高的种子繁育田或系圃田中选择单株，注意在各个生育关键时期做好田间观察鉴选，及时淘汰病、弱、杂、变异株，当选单株一般在 5—6 月开花，7—8 月种子成熟。当选植株单收单晒，考种筛选。要选籽粒性状、千粒重、株型整体度、生长势强、符合原品种典型性状的单株，当选数量应根据繁殖面积而定。第二年，建立株行圃，将第一年筛选的优良单株种子，每株种植1行，在各个生育期做好田间观察鉴定，及时淘汰变异、感病、杂、弱株行，将品种典型性突出、纯度高、长势好的株行当选，单收单晒单存。第三年，建立株系圃，将第二年筛选的当选株行种子，分别种植，在各个生育期做好田间观察鉴定，及时淘汰变异、感病、杂、弱株系，将品种典型性突出、纯度高、长势好的株系当选，分株系单收单晒单存。第四年，建立原种圃，将第三年筛选的优良株系种子，混系种植，在各个生育期做好田间观察鉴定，及时淘汰变异、感病、杂、弱株，将品种典型性突出、纯度高、长势好的植株当选，混收即为原种。为了缩短选择繁殖年限，也可在选择株行，建立株系圃的同时，采用大量的优良单株选择，分株行比较，将当选优良株行混合繁殖作为简易原种。

2. 大田用种生产技术

一般应选择土壤质地结构良好，土壤肥力高，技术管理水平高，交通方便，四周500m内没有花期相同的其他鸭儿芹品种繁种的地块，播种要求用纯度高，品质好的原种种子，黄淮流域多在9—10月播种，翌年初夏开花结籽。在苗期、抽薹期、现蕾期、开花期、籽粒成熟期等各个主要生育时期，加强田间观察拣选，及时淘汰变异、杂、弱、感病植株，选留健壮、原品种特征特性突出的优良单株，种子成熟后适时收获，脱粒晒干扬净，贴好种子标签，上市或入库待用。

【思考题与训练】

1. 谈谈芫荽（香菜）高产优质的栽培技术？
2. 简述芫荽（香菜）种子繁殖生产的技术要点？
3. 论述茴香高产优质栽培的关键性技术要点？

4. 简述茴香种子繁育技术要点是什么？

5. 试述荆芥高产优质栽培的主要技术环节有哪些？

6. 简述荆芥种子繁殖技术要点？

7. 如何高效栽培薄荷？目前利用品种资源有哪些？

8. 如何繁育薄荷大田用原种种子？

9. 简述茼蒿的优质高产栽培技术要点？

10. 试述茼蒿种子生产方法？

11. 芹菜高产优质技术要点有哪些？生产上有哪些优良品种？

12. 简述芹菜种子繁育生产技术要点？

13. 韭菜高产优质生产技术要点有哪些？生产上利用的良种品种有哪些？

14. 韭菜种子如何生产繁育？

15. 简述紫苏高产栽培技术要点和种子繁育要点？

16. 简述罗勒栽培技术和种子生产技术要点？

17. 试述莳萝栽培技术和种子生产技术要点？

18. 试述香芹栽培技术和种子生产技术要点？

19. 试述鸭儿芹栽培技术和种子生产技术要点？

20. 根据自身具体情况和条件，设计一个周年高效益生产香辛类蔬菜种植计划或生产方案，并经过实施验证加以补充完善。

附表 1　叶菜类蔬菜种子寿命、农业利用年限、繁种隔离距离

作物名称	种子寿命	农业利用年限	授粉方式	空间隔离距离
小白菜	3~4	2~3	异花授粉，虫媒花	原种 2 000m、大田种 1 000m以上
菠菜	3~5	2~3	异花授粉	原种 2 000m；大田种子 1 000m以上
茼蒿	8~15	1~2	自花授粉为主，亦有少数异花授粉	原种 1 000m、大田种 500m以上
茴香	3~5	2~3	异花授粉，虫媒花	原种 2 000m、大田种 1 000m以上
白菜、娃娃菜	3~5	2~3	异花授粉	原种 2 000m、大田种 1 000m以上
洋白菜（包心菜）	3~4	2~3	异花授粉	原种 2 000m、大田种 1 000m以上
雪里蕻（叶用芥菜）	3~4	2~3	常异花授粉	原种 2 000m、大田种 1 000m以上
香菜（芫荽）	4~5	2~3	常异花授粉	原种 1 000m、大田种 500m以上
生菜	3~4	1~3	自花授粉	原种 500m、大田种 300m以上
油麦菜	3~4	1~3	自花授粉	原种 500m、大田种 300m以上
苦菊菜	1~10	2~3	异花授粉	原种 2 000m、大田种 1 000m以上
荆芥	1~3	1~2	自花授粉	原种 500m、大田种 300m以上
苋菜	3~5	1~2	异花授粉	原种 2 000m、大田种 1 000m以上
荠菜	3~5	2~3	异花授粉	原种 2 000m、大田种 1 000m以上
薄荷	3~4	1~2	异花授粉	原种 2 000m、大田种 1 000m以上
芹菜	4~5	2~3	异花授粉	原种 2 000m、大田种 1 000m以上
韭菜	3~4	1~2	异花授粉	原种 2 000m、大田种 1 000m以上

（续表）

作物名称	种子寿命	农业利用年限	授粉方式	空间隔离距离
甜菜	5-9	2-4	异花授粉	原种 2 000m、大田种 1 000m 以上
珍珠菜	2-3	1-2		
京水菜	3-4	1-3		
地榆	2-3	1-2		
马兰	2-3	1-2		
莙荙菜	3-6	2-3		
菜苜蓿	2-15	2-5		
菊花脑				
冬寒菜				
莳萝	2-3	1-2		
鸭儿芹	1-3	1	异花授粉	原种 2 000m、大田种 1 000m 以上
番杏	5	1-3		
罗勒	3	1-2		
叶用枸杞	3	1-3	专性异交	原种 1 000m、大田种 500m 以上
紫背天葵	3	1-2		
莴苣	3-5	2-3	自花授粉	原种 500m、大田种 300m 以上
茼蒿	2-3	1-2	自花授粉	原种 500m、大田种 300m 以上
梅菜	2-3	1-2		
茴香	1-3	1-2	异花授粉	原种 2 000m、大田种 1 000m 以上
菠菜	3-4	2-3	异花授粉	原种 2 000m、大田种 1 000m 以上

附表 2　主要叶菜类蔬菜种子新陈特征识别

蔬菜种类	新种子	陈种子
油菜、油麦菜、生菜等	剥去种皮观察，幼芽、幼根带青白色，子叶带青绿色、黄白色、黄色	剥去种皮观察，幼芽、幼根带褐色，子叶呈褐黄色
白菜、小青菜、萝卜等蔬菜	表皮光滑，有清香味，用指甲压后呈饼状，油脂较多，子叶浅黄色或绿黄色	表皮发暗无光泽，常有一层"白霜"，用指甲压易碎而种皮易脱落，不易呈饼状，油脂较少，子叶深黄色，有"哈喇"味
芹菜	表皮土黄色稍带绿，坚韧有光泽，辛香气味较浓。	表皮为深土黄色，缺少光泽，辛香气味较淡
菠菜	表皮黄绿色，有光泽，清香气味较浓，种子内部淀粉为白色	表皮土黄色或灰黄色，种皮脆无光泽，有霉味，种子内部淀粉浅灰色到灰色
芫荽（香菜）	种仁白色，有香味且较浓	种仁黄色或深黄色，无香味或气味变淡
韭菜、韭葱、大葱、圆葱等	种皮色泽亮黑，胚乳白色。表面皱褶，富有光泽，种脐上有一个明显的小白点，具有该品种原有的香（腥）味	种子表皮失去光泽，种皮外部附有一层"白霉"，胚乳由白变（发）黄
荆芥	种皮黑色新鲜、具光泽、种仁洁白，荆芥香味浓	种皮外表无光泽，灰黑色暗，种仁颜色白变乳白，含水量降低，无本品种特有香味
茼蒿	种皮褐色，具光泽，光滑新鲜，种仁洁白，具有本蔬菜特殊浓香味	种皮外表无光泽，褐色变暗，种仁颜色由白色变为乳（黄）白色，含水量降低
甜菜	种子有些发黄，具有光泽	种皮发灰，缺乏光泽
木耳菜	种皮色泽鲜、具光泽、种仁洁白，本菜味浓	种皮外表无光泽，由黑色、黑褐色变为灰黑色，暗灰褐色，种仁颜色亮白变乳白，含水量降低，质地变脆，指甲掐易断裂

附表 3　叶类蔬菜主要品种明细参考

类别	主要类别	主要品种	别　　　　名
辛香叶菜类	辛味类	韭菜	草钟乳、起阳草、懒人菜、韭黄
		大葱	木葱、汉葱
		洋葱	葱头、圆葱
		蒜苗	蒜黄、青蒜
		分葱	四季葱、菜葱、冬葱
		胡葱	蒜头葱、瓣子葱、火葱、肉葱
		细香葱	四季葱、香葱、蝦夷葱
		韭葱	扁葱、扁叶葱、洋蒜苗
	香味类	芹菜	芹、药芹、苦堇、堇葵、堇菜、旱芹
		芫荽	香菜、胡荽、香荽
		茴香	小茴香、香丝菜、结球茴香、鲜茎茴香、甜茴香
		罗勒	毛罗勒、九层塔、零陵香、兰香草、光明子、省头草
		薄荷	山野薄荷、蕃荷菜
		莳萝	土茴香、草茴香、小茴香
		鸭儿芹	鸭脚板、三叶芹、山芹菜、野蜀葵、三蜀葵、水芹菜
		紫苏	荏、赤苏、白苏、香苏、苏叶、桂荏、回回苏
		香芹菜	兰芹、洋芫荽、欧芹、法国香菜、旱芹菜
		荆芥	
普通叶菜类	常见叶菜类	菠菜	菠菱菜、赤根菜、角菜、波斯草
		莴苣	莴笋、生菜、青笋、莴苣笋、莴菜、油麦菜、莜麦菜
		蕹菜	空心菜、竹叶菜、通菜、藤菜、蕹菜
		苋菜	米苋、赤苋、刺苋、青香苋、苋
		叶菾菜	君荙菜、牛皮菜、厚皮菜、光菜、叶甜菜
		菊苣	欧洲菊苣、苞菜、吉康菜、法国莒荬菜
		冬寒菜	冬苋菜、冬葵、葵菜、滑肠菜

（续表）

类别	主要类别	主要品种	别　名
普通叶菜类	常见叶菜类	落葵	木耳菜、软浆叶、染浆叶、胭脂豆、豆腐菜、藤菜、紫菜
		茼蒿	蒿子秆、大叶茼蒿、蓬蒿、春菊
		马齿苋	马齿菜、长命菜、五行草、瓜子菜、马蛇子菜
		榆钱菠菜	食用滨藜、洋菠菜、山菠菜、山菠菱草
		菊花脑	菊花叶、黄菊籽、路边黄、黄菊仔
		荠菜	护生草、菱角菜、地米菜、扇子草
		菜苜蓿	草头、金花菜、黄花苜蓿、刺苜蓿、南苜蓿、黄花草子
		番杏	新西兰菠菜、洋菠菜、夏菠菜、白番苋、海滨莴苣、宾菜、蔓菜
		苦苣	花叶生菜、花苣
		紫背天葵	血皮菜、紫背菜、红凤菜、观音苋、双色三七草
		蕺菜	鱼腥草、蕺儿根、侧耳根、狗帖耳、鱼鳞草、菹菜
		蒲公英	黄花苗、黄花地丁、婆婆丁、蒲公草
		马兰	马兰头、红梗菜、紫菊、田边菊、马兰菊、鸡儿肠、竹节草
		珍珠菜	角菜、白苞蒿、山芹菜、珍珠花菜、甜菜子、鸭脚艾、乳白艾
	芥菜类	茎芥	茎瘤芥、青菜头、菜头、包包菜、羊角菜、菱角菜、抱子芥、儿菜、娃娃菜、笋子芥、棒菜
		叶芥	青菜、苦菜、春菜、辣菜、雪里蕻
		芥菜型油菜	油菜、花叶油菜、芥菜油菜
结球叶菜类	白菜类	大白菜	结球白菜、黄芽菜、包心白菜
		普通白菜	白菜、小白菜、青菜、油菜
		乌塌菜	榻菜、塌棵菜、榻地菘、黑菜
		菜薹	菜心、绿菜薹、菜尖
		紫菜薹	红菜薹

类别	主要类别	主要品种	别　　　名
结球叶菜类	白菜类	小青菜	小白菜、青菜、油菜、大叶青、勺儿菜
		黑油菜	小油菜、油菜、黑青菜
		白菜型油菜	油菜、小油菜、白菜油菜
	甘蓝类	结球甘蓝	洋白菜、卷心菜、包心菜、椰菜、莲花白、包包白、圆白菜、苗子白
		抱子甘蓝	芽甘蓝、子持甘蓝
		羽衣甘蓝	绿叶甘蓝、菜用羽衣甘蓝、叶牡丹、花包菜
		甘蓝型油菜	油菜、洋油菜、甘蓝油菜
水生叶菜类	水生蔬菜	水芹	刀芹、楚葵、蜀芹、紫堇、蕲
		豆瓣菜	西洋菜、水田芥、水蔊菜
		芡实	鸡头米、鸡头、水底黄蜂
		莼菜	马蹄草、水葵、水荷叶、湖菜、露葵
		海带	江白菜、昆布、纶布、江白菜、海马蘭、海草
		紫菜	海产红毛藻、海苔、子菜、甘紫菜
芽苗叶菜类	苗稍类菜（嫩叶茎稍）	香椿	香椿树、红椿、白椿、椿花、椿甜树
		枸杞	枸杞菜、枸杞头、枸杞芽
		花椒	花椒嫩茎叶、麻椒嫩茎叶
		菜蓟	朝鲜蓟、洋蓟、荷兰百合、法国百合
		辣根	西洋山萮菜、山葵萝卜
		食用大黄	原叶大黄、圆叶大黄
		蕨	蕨菜、蕨苔、龙头菜、蕨儿菜、鹿蕨菜
		乾苔	发菜、头发菜、石发
		蒌蒿	芦蒿、水蒿、香艾蒿、小艾、水艾
		薇菜	野豌豆、大巢菜、斑矛架、野苕子
		车前草	车轮菜、牛舌菜、蛤蟆衣
		食用菊	甘菊、臭菊

类别	主要类别	主要品种	别　　　名
	芽菜类	绿豆芽	绿豆芽幼芽
		黄豆芽	黄豆幼芽
		黑豆芽	黑豆幼芽
		青豆芽	青豆幼芽
		红豆芽	红豆幼芽
		蚕豆芽	蚕豆幼芽
		红小豆芽	红小豆幼芽
		豌豆芽	豌豆幼芽
		花生芽	花生幼芽
		苜蓿芽	苜蓿幼芽或幼苗
		小扁豆芽	小扁豆幼芽或幼苗
		萝卜芽	萝卜芽幼苗
		菘蓝芽	菘蓝幼芽或幼苗
		沙芥芽	沙芥幼芽或幼苗
		芥菜芽	芥菜幼芽或幼苗
		芥蓝芽	芥蓝幼芽或幼苗
		白菜芽	白菜幼芽或幼苗
		独行菜芽	独行菜幼苗
		香椿芽	香椿幼苗
		向日葵芽	向日葵幼芽
		荞麦芽	荞麦幼苗
		胡椒芽	胡椒幼芽或幼苗
		紫苏芽	紫苏幼芽或幼苗
		水芹芽	水芹幼苗
		小麦芽	小麦幼苗

（续表）

类别	主要类别	主要品种	别 名
	芽菜类	胡麻芽	胡麻幼芽或幼苗
		蕹菜芽	蕹菜幼苗
		芝麻芽	芝麻幼芽或幼苗
		黄秋葵芽	黄秋葵幼苗
		花椒脑	花椒嫩芽
		芽球菊苣	菊苣芽球
		苦苣芽	苦苣幼芽或幼苗
		佛手瓜稍	佛手瓜苗幼稍
		南瓜稍	南瓜苗幼稍
		辣椒苗尖	辣椒苗幼稍
		豌豆尖	豌豆苗幼稍
		草芽	草芽幼嫩假茎
		碧玉笋	黄花菜幼嫩假茎

参考文献

陈德明，郁樊敏．2013．蔬菜标准化生产技术规范［M］.上海：上海科学技术出版社，1．

陈明刚．2009．雪里蕻高产优质栽培技术［J］.耕作与栽培（3）：64．

邓英，吴康云，郭惊涛，等．2012．叶用芥菜新品种黔青2号［J］.中国蔬菜（23）：35．

丁云花，康俊根，简元才．2010．紫甘蓝新品种紫甘2号的选育［J］.中国蔬菜（2）：79-81．

丁云花，康俊根，简元才．2011．紫甘蓝新品种紫甘3号的选育［J］.中国蔬菜（12）：91-93．

方剑飞．2012．空心菜高产高效栽培技术［J］.现代农村科技（7）：19．

郭尚．2010．蔬菜良种繁育学［M］.北京：中国农业科学技术出版社，5．

何永梅．2011．无公害落葵露地栽培技术［J］.种养科学（7）：25-26．

黄玲，曹银萍，孙好亮．2016．测土配方科学施肥技术［M］.北京：中国农业科学技术出版社，6．

蒋涛．1998．名特蔬菜优良品种［M］.北京：中国农业科技出版社，12．

金莹，金彦文．2008．茼蒿越夏优质高效栽培技术［J］.西北园艺（5）：21-22．

金波．2002．新型特菜图谱［M］.北京：中国农业出版社，9.

晋四清．2010.落葵高产栽培技术［J］.乡村科技（8）：20.

李留红．2012.芫荽的夏季栽培技术［J］.河南农业（3）：39.

刘乐承，张洪涛．2010.茼蒿品种比较试验［J］.西北园艺（23）：34-36.

卢云丽．2013.娃娃菜高产栽培技术［J］.吉林农业（4）：150.

吕振家，韩忠安，张守辉，等．1996.白花落葵的形态观察研究初报［J］.吉林蔬菜（4）：28.

莫有言．2012.茴香种植方法［J］.农家之友（1）：47.

阮海星，俞红，殷忠，等．2008.茼蒿营养成分分析及评价［J］.微量元素与健康研究，25（2）：38-40.

申书兴．2001.蔬菜制种可学可做［M］.北京：中国农业出版社，3.

宋明．2000.叶菜类蔬菜栽培新技术［M］.四川科学技术出版社，6.

宋喜军，朱德波，邓丙祥．2010.北方栽培空心菜的关键技术［J］.中国园艺文摘（11）：129.

佟俊华，周兴军，张春生，等．2010.茼蒿一年三茬高产栽培［J］.乡村科技（9）：19.

童恩莲．2004.叶菜型芥菜雪里蕻栽培技术［J］.安徽农学通报，10（4）：60.

汪炳良，郑积荣，黄怡弘．1999.蔬菜制种技术问答［M］.北京：中国农业科技出版社，1.

汪炳良．2006.蔬菜制种百问百答［M］.北京：中国农业出版社，1.

王常波．2012.叶用芥菜的高产栽培技术［J］.吉林农业

（8）：88.

王春虎，杨靖．2016．中草药高效生产技术［M］．北京：中国农业科学技术出版社，6.

王春虎．2013．种子代销员［M］．郑州：中原农民出版社，12.

王迪轩．2011．蕹菜主要病虫害综合防治技术［J］．农药市场信息（10）：44-45.

王其创，陈传兴．2011．大棚茼蒿春季生产技术［J］．西北园艺（7）：23.

王志强，郑远征，孙磊挺．2008．芫荽（香菜）的反季节栽培技术［J］．现代农业（3）：16.

吴宝山．2013．春季保护地娃娃菜高产栽培技术［J］．农业开发与装备（6）：93.

吴页宝，詹焕永，漆燕青，等．2009．蕹菜新品种赣蕹2号［J］．中国种业（10）：73.

徐坤，范国强，徐怀信．2002．绿色食品蔬菜生产技术全编［M］．北京：中国农业出版社，5.

颜启传．2001．种子学［M］．北京：中国农业出版社，7.

曾敬富，邓银宝，肖艳，等．2007．吉安大叶空心菜良种繁育技术［J］．农业科技通讯（5）：38-39.

翟洪民．2011．茴香的品种选择及栽培要点［J］．四川农业科技（09）：31-32.

翟洪民．2011．茴香的品种选择及栽培要点［J］．农家科技（8）：43.

张爱慧，沈健，朱士农．2009．南京雪里蕻新品种引进筛选评价［J］．江苏农业科学（1）：168-169.

张连平．2011．落葵露地高产栽培技术［J］．北京农业（15）：37-38.